GONGCHENG JIXIE GUZHANG ZHENDUAN YU WEIXIU

工程机械故障诊断与维修

张 青　王晓伟　何 芹　等编著

化学工业出版社

·北京·

本书主要介绍了工程机械故障诊断与维修的基本原理、方法、工艺、典型案例等。全书突出实用性，介绍大量的现代典型工程机械常见的故障诊断与维修案例，涵盖推土机、铲运机、装载机、平地机、挖掘机、压路机、摊铺机、混凝土搅拌机、混凝土泵车、汽车起重机、履带起重机、塔式起重机、凿岩机、掘进机和叉车等典型机型。

本书可供工程机械使用、维修的工程技术人员、管理人员参考，也可作为高等院校、职业院校工程机械类专业学生的教材。

图书在版编目（CIP）数据

工程机械故障诊断与维修/张青，王晓伟，何芹等编著. —北京：化学工业出版社，2012.12（2023.2重印）

ISBN 978-7-122-15524-5

Ⅰ.①工… Ⅱ.①张…②王…③何… Ⅲ.①工程机械-故障诊断②工程机械-故障修复 Ⅳ.①TU607

中国版本图书馆CIP数据核字（2012）第237684号

责任编辑：张兴辉　　文字编辑：陈　喆

责任校对：边　涛　　装帧设计：王晓宇

出版发行：化学工业出版社（北京市东城区青年湖南街13号　邮政编码100011）

印　　装：涿州市般润文化传播有限公司

787mm×1092mm　1/16　印张14½　字数355千字　2023年2月北京第1版第3次印刷

购书咨询：010-64518888　　售后服务：010-64518899

网　　址：http://www.cip.com.cn

凡购买本书，如有缺损质量问题，本社销售中心负责调换。

定　　价：48.00元

前言

Foreword

工程机械是我国国民经济三大支柱产业之一。工程机械种类繁多，应用十分广泛。随着全球市场国际化的飞跃，工程机械发展异常迅猛、持续火爆，新理念、新技术、新工艺、新材料不断给予工程机械新的活力，因而工程机械行业的工程技术人员随之面临着新的挑战和考验。

工程机械具有流动性大、工作条件差、使用不均衡、使用年限长和缺乏宏观管理的作业特点，这些特点说明了工程机械管理、维护的重要性，也说明了实施管理、维护工作的复杂性和艰巨性。

本书重点介绍了工程机械故障诊断与维修的相关知识与应用。首先介绍了工程机械的分类、组成和基本结构，然后介绍了工程机械故障诊断与维修的基本原理、方法、工艺等基本知识，最后介绍了现代典型工程机械——推土机、铲运机、装载机、平地机、挖掘机、压路机、摊铺机、混凝土搅拌机、混凝土泵车、汽车起重机、履带起重机、塔式起重机、凿岩机、掘进机和叉车等的常见故障诊断与维修。

本书可作为工程机械类专业学生的教材，也可供工程机械的相关专业从业技术人员学习、工作参考。

本书共 6 章。其中第 1、6 章主要由张青编写，第 2、5 章主要由王晓伟编写，第 3、4 章由何芹编写，全书由张青统稿。参加编写的还有张瑞军、王胜春、靳同红、王积永、宋世军等。

本书在编写的过程中，得到了各界同仁和朋友的大力支持、鼓励和帮助，在此一并表示感谢！

由于编者水平有限，书中不足之处在所难免，敬请读者批评指正，提出宝贵意见。

编著者

目 录
Contents

第1章 工程机械的分类和组成

1.1 工程机械的概念

工程机械行业是机械工业主要支柱产业之一，我国是国际工程机械制造业的四大基地（美国、日本、欧盟、中国）之一。我国的工程机械工业，在国内已经发展成了机械工业十大行业之一，在世界上也进入了工程机械生产大国行列。在国内需求、政策扶持和出口增长的带动下，中国的机械行业将从装备中国逐步走向装备世界，成为国家的支柱产业。

概括地说：凡土方工程、石方工程、流动起重装卸工程、人货升降输送工程和各种建筑工程，综合机械化施工以及同上述工程相关的工业生产过程机械化作业所必需的机械设备，称为工程机械。

土方工程种类繁多，分布广泛，但按工程特点分析却只有两种基本形式——挖方和填方。所谓挖方，是指在建设地点将多余土方挖掉，或者在某地挖取土方用作它用而言；所谓填方，是指在建设地点进行建设时，要从别处运来土方将地面构筑得适合建设要求而言。例如，露天矿山建设过程的大量土方工程多为挖方形式。筑路工程（铁路与公路）的土方工程，凡在高于路基设计高程要求的地方施工，多为挖方形式；凡在低于路面设计高程要求之处施工，则多为填方形式。

石方工程分布也很广泛，而且往往与土方工程相伴交叉出现，即土方工程中含有石方工程，石方工程中含有土方工程（如建筑场地平整工程、路基建设工程等）；也有单纯的石方工程，如隧道工程、建筑石料开采工程、井下矿山巷道掘进工程、井下采矿工程、露天金属矿采矿工程等。

流动起重装卸工程，包括建筑、安装工程的起重，调整工程、港口、车站以及各种企业生产过程中的起重装卸工程等。所用的各种工程起重机、建筑起重机以及各种叉车和其他搬运机械，能够根据工程要求而自由地移动，不受作业地点限制，故亦称流动起重装卸机械。人货升降输送工程（垂直或倾斜升降），包括在高层建筑物对人的升降运送和对货物的升降运输，采用载人电梯、扶梯和载货电梯等。

各种建筑工程范围更为广泛，除房屋建筑和市政建设外，还包括公路、铁路、机场、水坝、隧道、地下港口、地下管线、新城建设和旧城改造等各种基础设施工程，需要各种工程机械施工。

综合机械化施工，是指工程工序均用相应成套的工程机械去完成而言，人力在工程中只起辅助作用和组织管理作用。综合机械化水平越高，则使用的人力就越少。

相关的工业生产过程，是指与土方工程、石方工程、流动起重装卸工程、人货升降运送工程和各种建筑工程有关的工业生产过程而言。如储煤场的装卸工程、工业企业内部生产过程的装卸与运输、各种电梯的工作等。

20世纪60年代以前，我国建设工程机械化施工用的设备又少又落后，因而使用部门机械化施工水平很低。在计划经济条件下，当时机械制造部门只安排少数矿山机械制造厂和起重运输机械制造厂兼产一小部分技术性能一般化的工程机械产品。随着各种建设施工技术的发展，机械制造部门生产的工程机械产品满足不了用户需求，有关使用部门被迫利用修理厂生产部分简易的施工机具和设备自用，并根据各自不同的使用特点确定了不同的名字。那时，建筑工程系统把自己所需要的一部分工程机械称为建筑与筑路工程机械（简称筑路机械），铁道系统需要的一部分工程机械称为线路工程机械（简称线路机械，其中包括一部分线路专用设备），水电系统需要的一部分工程机械称为水利工程机械（简称水工机械），在各种矿山现场使用的工程机械一般称为矿山工程机械。尽管各部门所需的产品重点不同，但都是为土方工程、石方工程、不受地点限制的起重装卸工程、人货升降输送工程以及各种建筑工程机械化施工和相应生产过程的作业服务的，在国际上均属于同一大类机械产品。1960年冬，国务院和中央军委联合决定：第一机械工业部负责组织并加速发展为军委工程兵、铁道兵和民用部门工程施工用的机械设备；发展方针是：以军为主，兼顾民用。当时国家计委、国家经委、国家科委会同一机部研究发展方案时，首先要给这一类设备统一命名。经过讨论，决定把各部门命名中的专用形容词去掉，统称为“工程机械”。

改革开放后，我国工程机械行业已为世界各国所认定；经过国际合作交往，已明确了与有关国家相应的行业名字。其中美国和英国称为“建筑与矿山机械”，日本称为“建设机械”，德国称为“建筑机械与装置”，前苏联与东欧诸国统称为“建筑与筑路机械”。虽然各国对该行业确定的产品范围互有差异，但其主要服务领域、产品分类、生产工艺技术、科研设计理论、试验方案以及采用的各种标准等，基本上是一致的。

工程机械的用途分施工和作业，这是两个不同的概念。所谓施工，是指工程机械在各种建设工程中的工作而言，一旦工程完成了，工程机械也就撤走了。如修筑高速公路要使用相应的工程机械，当高速公路建成后，除去少数对公路进行维护保养的工程机械产品之外，建设过程中所用的工程机械都见不到了。工程机械在这种情况下的工作，称为施工。所谓作业，是指工程机械在工业生产过程中的工作而言。如金属露天矿掌子面要使用挖掘机、推土机等工程机械产品，爆破后挖掘机将矿石装到运输车上，推土机将散落的矿石收集到装车地点。挖掘机和推土机周而复始地重复进行工作，这就是作业。

纵观我国工程机械行业的发展历史，大致可划分为三个阶段：第一阶段为创业时期（1949～1960年）；第二阶段为行业形成时期（1961～1978年）；第三阶段为全面发展时期（1979年至现在）。2007年，全国已有工程机械生产企业及科研单位2000多家；全行业固定资产净值270多亿元，是1978年的16倍；产品年销售额达2223亿元人民币，是1978年的122倍；利润总额175亿元人民币，比2006年增长48%（同期GDP增长11.4%）；产品现在已经出口到了197个国家和地区，创汇额度也超过87.0亿美元。

1.2 工程机械的种类

我国的工程机械是各使用部门施工和作业所用机械的总称，包括建筑机械、铁路与公路工程机械、矿山机械、水电工程机械、林业机械、港口机械、起重运输机械等。更详细地说，本书将工程机械划分为以下 18 种类型。

① 挖掘机械。包括单斗挖掘机、挖掘装载机、斗轮挖掘机、掘进机械等。

② 铲土运输机械。包括推土机、装载机、铲运机、平地机、自卸车等。

③ 压实机械。包括压路机、夯实机械等。

④ 起重机械。包括塔式起重机、轮式起重机、履带式起重机、卷扬机、缆索起重机、桅杆起重机、施工升降机、桥式起重机、门式起重机、高空作业机械等。

⑤ 桩工机械。包括打桩机、压桩机、钻孔机等。

⑥ 混凝土机械。包括混凝土搅拌机、搅拌楼、混凝土搅拌运输车、振动器、混凝土泵、混凝土泵车、喷射机、浇注机、混凝土制品机械等。

⑦ 运输车辆与机械。包括工程运输车辆（载重汽车、自卸汽车、牵引车、挂车、翻斗车等）、连续运输机械（带式输送机、斗式提升机等）和装卸机械（叉车、堆垛机、翻车机、装车机、卸车机等）三类。

⑧ 路面机械。包括摊铺机、拌和设备、路面养护机械等。

⑨ 铁道线路机械。包括道床作业机械、轨排轨枕机械、线路养护机械等。

⑩ 凿岩机械与气动工具。包括凿岩机、破碎机、钻机（车）、回转式及冲击式气动工具、气动马达等。

⑪ 钢筋和预应力机械。包括钢筋加工机械、预应力机械、钢筋焊机等。

⑫ 市政工程与环卫机械。包括市政机械、环卫机械、垃圾处理设备、园林机械等。

⑬ 装修机械。包括涂料喷刷机械、地面修整机械、擦窗机等。

⑭ 军用工程机械。包括路桥机械、军用工程车辆、挖壕机等。

⑮ 电梯与扶梯。包括电梯、扶梯、自动人行道等。

⑯ 机械式停车场设备。

⑰ 门窗加工机械。

⑱ 其他专用工程机械。包括电站专用、水利专用工程机械等。

1.3 工程机械的基本组成

工程机械同一般机械一样，是把某种形式的能（如势能、电能等）转换为机械功，从而完成某些生产任务的装置。如图 1-1 所示的卷扬机，它是建筑工地上最常用的一种提升机械。这种机械把电能经过电动机 1 转换为机械能，即电动机的转子转动输出。经 V 带 2、轴 3、齿轮 4、5 减速后再带动卷筒 6 旋转。卷筒卷绕钢丝绳 7 并通过滑轮组 8、9，使起重机吊钩 10 提升或落下载荷，把机械能转变为机械功，完成载荷的垂直运输装卸工作。

图 1-2 是一台液压操纵式自卸式汽车。它是利用液压油缸 1 推动车厢 2 绕铰销 3 转动，车厢后倾则物料靠自重卸出。这种液压操纵式自卸汽车，首先通过发动机带动液压泵，将燃料的热能转化为液体的压力能；再经操纵阀 5 的控制，可使液压缸 1 的活塞杆伸出。此时，又将液压能转变为机械能并且做功，完成车厢绕铰销的倾翻，即物料的卸载工作。

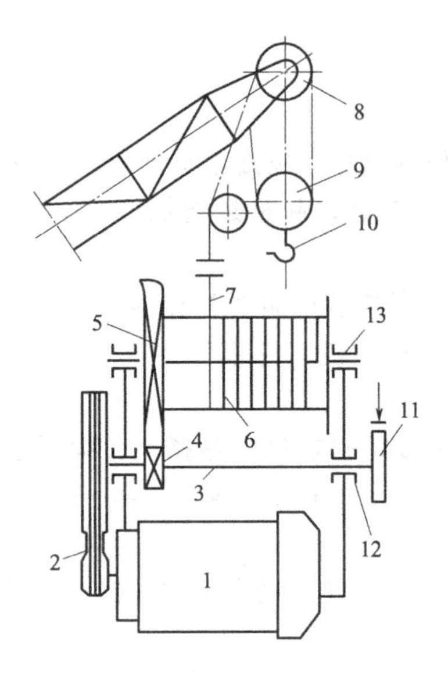

图 1-1 卷扬机

1—电动机；2—V 带；3—传动轴；4、5—齿轮；6—卷筒；7—钢丝绳；8—定滑轮；9—动滑轮；10—起重机吊钩；11—制动器；12、13—轴承

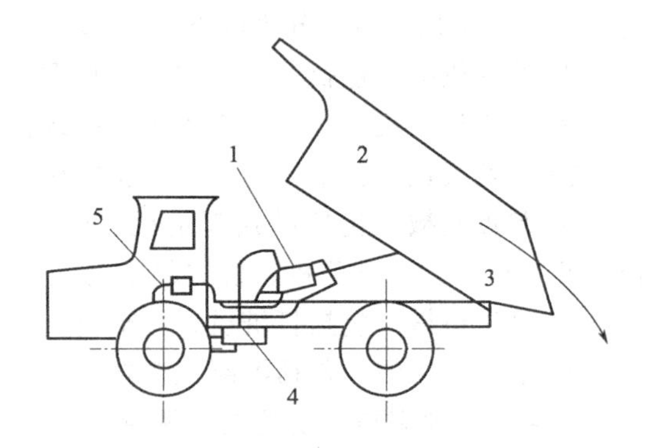

图 1-2 自卸式汽车

1—液压油缸；2—车厢；3—铰销；4—液压泵；5—操纵阀

从以上两个例子的分析，可以明显地看到任何一台完整的工程机械是由动力装置、传动装置和工作装置三部分组成。

（1）动力装置

为工程机械提供动力的原动机称为动力装置。目前在工程机械上采用的动力装置有电动机、内燃机、空气压缩机、蒸汽机等。常用的为电动机和内燃机。

① 电动机　电动机是将电能转变为机械功的原动机，它在工程机械中应用极广。具有启动与停机方便、结构简单、体积小、造价低等优点。当电动机所需电力能稳定供应，工程机械工作地点比较固定时，普遍选用电动机作动力。电动机有直流和交流两大类。建筑机械上广泛采用交流电动机，常用的有 Y 系列（笼式）和 YZR 系列（绕线式）三相异步电动机。

② 内燃机　内燃机是燃料和空气的混合物在汽缸内燃烧放出热能，通过活塞往复运动，使热能转变为机械功的原动机。它工作效率高、体积小、重量轻、发动较快，常用于大、中、小型工程机械上作动力装置。内燃机只要有足够的燃油，就不受其他动力能源的限制。内燃机的这一突出优点使它广泛应用于需要经常作大范围、长距离移动的机械或无电源供应地区。

内燃机分为汽油机、柴油机、煤气机等，在工程机械上常用柴油机。内燃机作为动力装置在工程机械上使用时，尚需与变速器或液力变矩器等部件匹配工作，从而使内燃机本身和工程机械均具有防止过载的能力，有效地解决内燃机的特性与机械工作装置的要求不相适应的矛盾，并使内燃机在高效区工作。

③ 空气压缩机　空气压缩机是一种以内燃机或电动机为动力，将空气压缩成高压气流的二次动力装置。它结构简单可靠、工作速度快、操作管理方便，常作为中小型工程机械的动力，如风动磨光机等。

④ 蒸汽机　蒸汽机是发展最早的动力装置，由于该设备庞大笨重，工作效率不高，又

需特设锅炉，现在已很少使用。但因其工作耐久、价格低廉、并具有可逆性，可在超载下工作，所以在个别工程机械中还用作动力装置，如蒸汽打桩机等。

(2) 传动装置

传动装置用来将动力装置的机械能传递给工作装置。它一般有机械传动、液压传动、液力机械传动和电传动四种形式。工程机械中最常用的是机械传动和液压传动。

① 机械传动　机械传动依靠皮带、链条、齿轮、蜗轮蜗杆等机械零部件来传递动力和运动。机械传动结构简单、加工制造容易、制造成本低，是工程机械上应用最普遍的传动形式。

② 液压传动　液压传动以液压油为工作介质来传递动力和运动。液压传动能无级调速，且调速范围宽广，能吸收冲击与振动。传动平稳、操纵省力、布置方便以及易实现自动化等为其主要优点。但液压元件制造困难、成本高，目前在挖掘机、装载机、推土机、平地机、汽车起重机等大型工程机械上应用较多。

③ 液力机械传动　在自行式工程机械的传动系统中，以液力变矩器来取代主离合器，即构成液力机械传动系统。采用液力机械传动系统，能使机械对外载荷具有自动适应性，可无级调速，能吸收冲击和振动，提高机械使用寿命，操纵轻便、生产率高。其缺点是结构复杂、成本高、油耗大。但由于它的优点突出，目前在装载机、推土机等铲土运输机械上发展较快。

④ 电传动　电传动可在较宽的范围内实现无级调速，功率可充分利用，具有牵引性好、速度快、维修简单、工作可靠、动力传动平滑、启动和制动平稳等优点。但目前，除了大吨位的翻斗汽车外，电传动在工程机械上采用尚少。

(3) 工作装置

工作装置是工程机械中直接完成作业要求的部件，如卷扬机的卷筒、起重机的吊臂和吊钩、装载机的动臂和铲斗等。对工程机械工作装置的要求是高效、多功能、适合于多种工作条件。例如，挖掘机已发展到可换装数十种工作装置，除正、反铲外，尚可更换起重、推土、装载、钻孔、破碎、松土等作业需要的工作装置。

工作装置是根据各种工程机械具体工作要求而设计的。例如推土机的推土装置是沿着地面来推送土壤，所以它是带刀片的推土板；挖掘机的挖掘装置是由铲斗、斗柄及动臂组成机构，由该机构经驱动力施于铲斗来实现挖掘、装卸土壤；自落式混凝土搅拌机是靠滚筒旋转来搅拌均匀混凝土拌和料；强制式混凝土搅拌机是靠旋转的叶片来搅拌。所以工程机械的工作装置必须满足基本建设施工中各种作业的要求，而且要达到高效、多能，否则随着科学技术的发展会被淘汰。例如中小型机械传动式单斗挖掘机目前已被液压传动式所取代。因为液压式单斗挖掘机的工作性能，不仅具有一般液压传动的优点，而且使挖掘机的挖掘力提高30%左右，整机质量降低40%左右，使用性能和用途均得到改善。

动力、传动和工作装置是工程机械的主要组成部分。此外还有操纵控制装置和机架，前者是操纵、控制机械运转的部分，后者则将以上的各部分连成一整体，使之互相保持确定的相对位置，它又是整机的基础。

多数工程机械尤其是流动式工程机械具有一个称为底盘的重要部分，也有资料将动力装置、底盘和工作装置称做工程机械的三个基本组成。

底盘是工程机械车架和机械传动、行走、转向、制动、悬挂等系统的总称。底盘是整机的支承并能使整机以所需的速度和牵引力沿规定的方向行驶。工程机械的底盘根据行走装置分为履带式、轮胎式和汽车式等。底盘中最主要的是传动系统。它是动力装置和工作装置或行走机构之间的动力传动和操纵、控制机构组成的系统。

一般说来，在进行工程机械的设计时，首先是确定工作装置，随后才是动力装置和传动装置的设计。因此作为基本建设工程的机械化施工技术人员应根据施工方法和施工作业的要求，能对工程机械工作装置的设计提出合理的要求或者同机械技术人员一起大胆构思，创造出新颖的工程机械，来满足机械化施工的需要，更好地为施工服务。

1.4 工程机械的技术参数

工程机械的技术参数是表征机械性能、工作能力的物理量，简称为机械参数。机械参数均有量纲。工程机械的技术参数包括如下几类。

① 尺寸参数　有工作尺寸、整机外形尺寸和工作装置尺寸等。

② 质量参数（习惯称重量参数）　有整机质量、各主要部件（或总成）质量、结构质量、作业质量等。

③ 功率参数　有动力装置（如电动机、内燃机）的功率、力（或力矩）和速度；液压和气力装置的压力、流量和功率等。

④ 经济指标参数　有作业周期、生产率等。

一台工程机械有许多机械参数，其中重要者称为主要参数，或称基本参数。主要参数是标志工程机械主要技术性能的内容，一般产品说明书上均需明确注明，以便于用户选用。主要参数中最重要的参数又称为主参数。工程机械的主参数是工程机械产品代号的重要组成部分，它反映出该机构的级别。

为了促进我国工程机械的发展，有关部门对各类工程机械都制定了基本参数系列标准，使用或设计工程机械产品时都应符合标准中的规定。

1.5 工程机械的装备和工作特点

（1）工程机械的装备特点

① 机械类型繁多。施工企业装备的主要工程机械就有几十种，而每种机械又有繁多的规格、型号，加上近年来又从很多国家引进不同规格、型号的机械，使机型越来越多，而同型的台数增加极少，多数机型在一个施工企业只有几台，甚至只有一台。

② 各种工程机械的差别悬殊。名义上同属施工机械，但各种机械的性能参数差别很大，在机械的质量、功率、价格等方面，很多相差几十倍甚至百倍以上，有的小型机械还不如大型机械的一个组合件；在其对生产的重要程度上也有很大差别，有些单一的关键设备，损坏后将影响全局，而有的损坏后容易得到替换，对生产影响较小。因此，在使用要求上也存在很大差异。

③ 新老机械并存。工程机械利用率低、折旧年限长、更新迟缓，一般施工企业都有一些技术或经济寿命已经终止的老旧机械，与新增的新型机械并存。

（2）工程机械的作业特点

① 流动性大。一般工厂的生产设备是固定的，而产品是流动的。与此相反，广义的建筑行业是产品固定，设备流动。这个特点对施工机械提出了特殊要求，即机动性要好，适宜于移动作业和频繁调动。

② 工作条件差。机械施工一般在野外露天进行作业，有的还要在高空或地下作业，要

经受寒冷、炎热、雨雪、风沙等恶劣气候条件的影响，并能在缺乏维护设施的苛刻环境下保持正常作业。

③ 使用不均衡。建筑施工不可能均衡连续作业的特点，决定了施工机械忙闲不均。需要时，机械三班倒，满负荷甚至超负荷运行；不需要时就可能长期闲置。

④ 使用年限长。由于施工机械利用率和效率极低，造成使用年限长，折旧率低，更新困难。

⑤ 缺乏宏观管理。现代化设备与落后的个体化管理之间的矛盾，在施工企业更为突出。诸如设备维修、配件储备供应、检测诊断技术、专用油料供应、操作人员培训等，都不是单个施工企业能解决的，也不可能每个企业都各搞一套，但当前还缺乏社会化的宏观管理。

以上这些特点，说明了工程机械管理、维护的重要性，也说明了实施管理、维护工作的复杂性和艰巨性。

第2章 工程机械的故障诊断

2.1 工程机械技术状况变化的原因和规律

工程机械在使用过程中，随着运转时间的增加，其技术状况会不断发生变化，使用性能也逐渐变坏，直至丧失工作能力。因此，必须对机械技术状况变化的规律、现象和原因，进行分析研究，有针对性地采取维护保养和定期检查等措施，以延缓机械技术状况的变化，维持其正常使用寿命。

2.1.1 机械的组成

任何机械都是由数量众多的零部件组成。这些零部件按其功能分为零件、合件、组合件及总成等装配单元。它们各自具有一定的作用，相互之间又有一定的配合关系。将所有这些装配单元有机地组合起来，便成为一台完整的机械。

(1) 零件

零件是机械最基本的组成部件，它是不可拆卸的一个整体。根据零件本身性质，又可分为通用的标准零件（如螺钉、垫圈等）和专用零件（如活塞、气门等)。在装配合件、组合件和总成时，从某一个专用零件开始，这个零件称为基础零件（汽缸体、变速器壳等)。

(2) 合件

两个或两个以上零件装合成一体，起着单一零件作用的，称为合件（如带盖的连杆，成对的轴承衬瓦等)。在装配组合件或总成时，开始装配的某一个合件称为基础合件。

(3) 组合件

组合件是由几个零件或合件连成一体，零件与零件之间有着一定的运动关系，但尚不能起着单独完整的机构作用的装配单元（如活塞连杆组合、变速器盖组合等)。

(4) 总成

由若干个零件、合件、组合件连成一体，能单独起一定作用的装配单元称为总成（如发动机总成、变速器总成等)。按总成在机械上的工作性质，又可分为主要总成（如发动机总成、变速器总成等）和辅助总成（如水泵总成、分电器总成等)。

机械在使用中，由于零件技术状况的变化，引起合件、组合件和总成技术状况的变化，从而引起整个机械技术状况的变化。

机械的性能往往是由主要总成性能决定的，而总成性能往往是由关键零部件的技术状况决定的。每个零件应该符合一定的技术标准，每个合件、组合件、总成则应符合一定的装配技术标准，才能保证机械应有的技术性能。

2.1.2 机械技术状况变化的原因

机械零件在使用过程中，由于磨损、疲劳、腐蚀等产生的损伤，使零件原有的几何形状、尺寸、表面粗糙度、硬度、强度以及弹性等发生变化，破坏了零件间的配合特性和合理位置，造成零件技术性能的变坏或失效，引起机械技术状况发生变化。

零件损伤的原因按其性质可分为自然性损伤和事故性损伤。自然性损伤是不可避免的，但是随着科学技术的发展，机械设计、制造、使用和维修水平的提高，可以使损伤避免发生或延期发生；事故性损伤是人为的，只要认真注意是可以避免的。这两种损伤产生的形式归纳如图 2-1 所示。

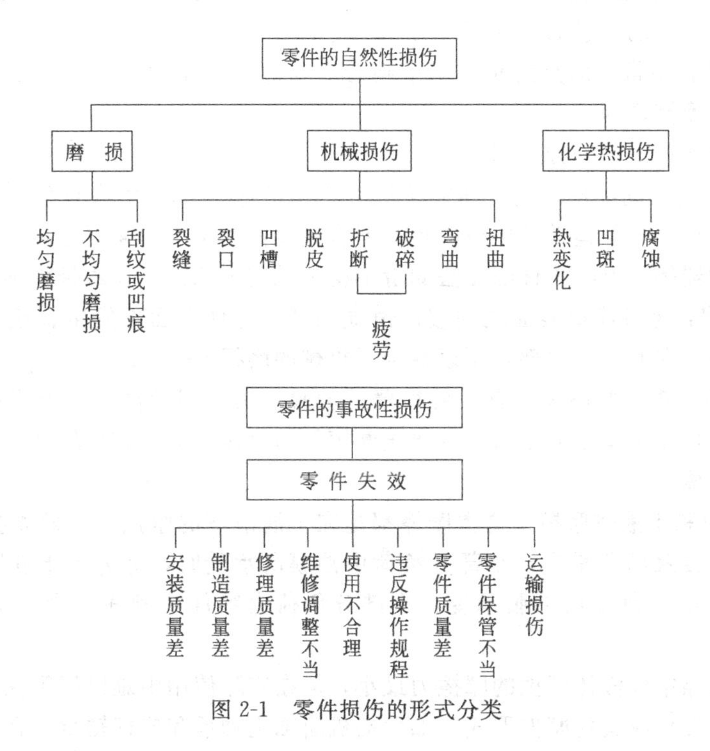

图 2-1 零件损伤的形式分类

2.1.3 机械零件的损伤

机械零件的损伤可分为磨损、机械损伤和化学热损伤三类，其中造成机械技术状况变化最普遍、最主要的原因是磨损。

（1）摩擦与磨损

机械在使用过程中，由于相对运动零件的表面产生摩擦而使其形状、尺寸和表面质量不断发生变化的现象称为磨损。

① 磨损产生的原因。磨损产生于摩擦，摩擦是两个接触的物体相互运动时产生阻力的现象，这种阻力称为摩擦力。摩擦与磨损是相伴发生的，摩擦是现象，磨损是摩擦的结果，润滑是降低摩擦力、减少磨损的重要措施，三者之间存在密切的关系。随着科学技术的发

展，摩擦、磨损与润滑已形成一门新的基础学科，统称为摩擦学。

任何零件表面，即使加工表面光洁度很高，仍存在着微观不平度。当两个运动零件表面相接触时，其接触面中存在着凹凸不平的接触点，在载荷作用下，接触点的单位压力增大，使凸出点被压平。在压合的接触表面上，将产生足够大的分子吸引力，两个表面间接触距离愈大，分子的吸引力就愈小。摩擦是分子相互作用和机械作用相结合的结果。当两个零件表面比较粗糙时，摩擦力以机械阻力为主；当表面光洁度很高时，摩擦力以分子吸引力为主。

为了减少摩擦表面的分子吸引力和摩擦力，必须避免零件摩擦表面的直接接触，只要在摩擦表面之间加入适当润滑油，就能达到这个目的。

② 摩擦分类。

按摩擦零件的运动特点分类如下。

a. 滑动摩擦：它是相对工作的两零件发生相对位移而产生的摩擦。这是机械结构中最普遍的形式。如曲轴与轴承间、活塞与缸套间都属于滑动摩擦。

b. 滚动摩擦：它是通过滚动轴承（包括滚珠、滚柱、滚针轴承）改变了滑动摩擦的形式，从而减小了零件的接触面和摩擦阻力。

c. 混合摩擦：最常见的是齿轮传动中啮合表面之间的摩擦，即属于混合摩擦。它介于滑动摩擦与滚动摩擦之间。

按摩擦零件的润滑情况分类如下。

a. 干摩擦：是运动零件表面之间完全没有润滑的摩擦。干摩擦的摩擦系数很大，摩擦也很强烈，磨损快，一般运动件中应避免。但有些零件为了工作需要必须采用干摩擦，如干式离合器、制动器等。有些零件因无法润滑不得不采用干摩擦，如履带板和履带销。

b. 液体摩擦：零件摩擦表面之间被润滑油隔开，零件表面不发生直接接触，由于这种摩擦大部分是发生在润滑油内部，所以减少了机械的磨损。

c. 边界摩擦：零件摩擦表面有一层很薄的油膜，由于润滑油具有吸附能力，形成的油膜有很高的强度，能承受很大压力，可防止摩擦面的直接接触。如齿轮啮合表面间的摩擦就属于这类边界摩擦。

d. 半干摩擦和半液体摩擦：这类摩擦都是在半润滑下的摩擦。如两摩擦零件间的大部分负荷是由零件接触面所承受，小部分负荷由油膜所承受时，称为半干性摩擦；如与之相反，两零件间大部分负荷由油膜承受，小部分负荷由零件接触面所承受时，称为半液体摩擦。

上述各种摩擦中以液体摩擦的摩擦力最小，但在实际使用中难以得到保证，在外界条件变化时，往往会转化成其他摩擦形式。如发动机曲轴主轴承和连杆轴承，在正常运转时处于液体摩擦，但在转速急剧下降时，即转化为半液体摩擦，在初启动时是处于边界摩擦。活塞组在工作过程中，随着行程的改变，温度、速度、润滑油黏度的不同，能转化成液体摩擦、边界摩擦、甚至是半干摩擦。

③ 磨损分类。根据零件表面的磨损情况，可分为以下三类。

a. 机械性磨损：零件表面存在微观不平，相对运动时，由于摩擦力、承受力的作用，使其凸起和凹坑相互嵌合而刮平，或因凸起部位的塑性变形而碾平。这种零件表面发生的磨损，称为机械性磨损。它只有几何形状的变化。

b. 磨料性磨损：由于运动零件表面进入空气中的灰砂或零件本身磨掉下来的金属微粒，以及积炭等与运动零件表面作用而引起的磨损，称为磨料性磨损。这类磨损是造成机械零件磨损的主要原因，其磨损程度大于机械性磨损。

c. 黏附性磨损：运动零件摩擦表面之间，由于承受较大的载荷，单位压力大，破坏了正常的润滑条件；同时，由于零件的滑动摩擦速度很高，使零件表面产生的热量不容易扩散；零件表面的温度越高则强度越低；使零件表面因高温而局部熔化并黏附在另一个零件的表面上，继续相对运动时被撕脱下来，这种过程称为黏附性磨损。

这种磨损的产生，取决于金属材料的塑性（塑性愈大愈容易产生黏附）、工作条件（如工作温度、压力、摩擦速度、润滑条件等）和配合表面的粗糙度，并与零件的材质有关，钢对铜、镍、生铁等都容易产生黏附性磨损；此外，零件装配间隙过小，润滑油不足，也容易产生黏附性磨损。这种磨损的特点是一旦发生就发展很快，短时间内就能使零件受到破坏。在发动机零件磨损中约20%属于黏附性磨损，如“拉缸”、“烧瓦”等都属于这类磨损。

（2）机械损伤

零件的机械损伤有以下几种形式。

① 变形。零件变形，一般表现为弯曲、扭转、翘曲等几何外形的变化。造成变形的原因，主要是零件承受的外力（载荷）与内应力不平衡，或由于加工过程的残余应力未消除（如未经热处理或时效处理）而出现的内应力不平衡。这些情况，有的属于热加工应力（如铸件或焊件在加工过程中某些部位冷缩不均匀，产生压缩应力），有的属于冷加工应力（如冷冲压过程产生的局部晶格歪曲而形成残余应力）。这些应力如超过零件材料的屈服极限，就会产生塑性变形，超过强度极限，就会产生破裂。

② 破损。零件破损，一般表现为折断、裂纹和刮伤等。这类破损比较容易察觉，其中疲劳裂纹也是造成零件断裂的原因之一，必须采用特殊的检验方法。零件破损的原因，大致有以下几种情况。

a. 零件的变形或疲劳超过其材料极限强度，使零件应力集中部位产生裂纹，并逐步扩展到断裂。

b. 零件内部隐伤（如气孔、夹渣、裂隙）所形成的应力集中，从隐伤薄弱处产生裂纹，逐渐向外扩展，直至断裂。

c. 零件刮伤的原因，大多数是由于修理不当而引起的。如活塞销的卡簧脱出，致使活塞销端部刮伤汽缸壁。机油内的机械杂质刮伤汽缸壁和活塞等。

③ 疲劳。零件表面作滚动或混合摩擦时，在长期交变载荷下，由于损伤的积累，零件表面材料疲劳剥落或断裂。零件在使用中，由于额外振动造成的附加载荷；润滑油不清洁或零件表面粗糙使载荷应力集中到某些部位；零件的磨损和腐蚀使零件表面粗糙；修理或加工质量不高，使零件的耐疲劳程度削弱，这些因素，都加速疲劳损伤的发生。

（3）化学热损伤

零件化学热损伤主要是机械在使用、保管过程中，受到化学腐蚀介质发生化学或电化反应，使零件发生腐蚀损伤。根据零件材质，可分为金属腐蚀和非金属腐蚀两类。

① 金属腐蚀。一般分为化学腐蚀和电化学腐蚀。

a. 化学腐蚀：金属表面与周围介质直接发生化学作用，而使零件遭受损伤的现象称为化学腐蚀。它发生在金属与非电解物质如高温气体、有机液体、汽油等接触时，发生化学反应后生成金属锈，不断脱落又不断生成。最常见的化学腐蚀为金属氧化。氧化使有些金属的结构松弛，强度降低。

b. 电化学腐蚀：金属与电解质溶液接触时，发生电化学作用而引起的腐蚀为电化学腐蚀。产生电化学腐蚀必须具备三个条件。

• 金属表面要有两种不同的电极。如两种不同元素的金属，金属内含有杂质，或金属表面粘有脏物等，只要性质不同，就会形成两个电极。

- 要有能生成电解质的物质。如二氧化碳、二氧化硫、氯化氢等。
- 要有水，能形成合适的电解质溶液。

上述三个条件，在机械上是经常存在的。例如：只要接触空气就会产生对金属的电化学腐蚀，因此电化学腐蚀对机械腐蚀是比较普遍的。

金属腐蚀除以上两类外，还有穴蚀、烧损等。

② 非金属零件的腐蚀变质。机械上还有很多非金属零件，包括大量的橡胶制品、塑料制品、胶木制品、木制品等，在使用和保管过程中，也会发生腐蚀和变质现象。例如橡胶制品会发生霉菌腐蚀、老化、硫化、溶胀等腐蚀和变质现象。

上述几种零件损伤是引起机械技术状况发生变化的主要原因。它们所起的作用是不同的，在使用过程中引起机械技术状况变化的主要原因是磨损造成的；在保管过程中引起机械技术状况变化的主要原因是腐蚀造成的；在干燥地区由于尘土多，容易加速磨料性磨损；在潮湿地区容易受到化学腐蚀。虽然引起机械技术状况变化的原因是多方面的，而其直接原因是由于零件损伤，其中绝大部分是零件磨损。

2.1.4　机械零件磨损规律

机械零件所处的工作条件各不相同，引起磨损的程度和因素也不完全一样。绝大部分零件是受交变载荷的作用，因而其磨损是不均匀的。各个零件的磨损也都有它的个性特点，但在正常磨损过程中，任何摩擦副的磨损都具有一定的共性规律。在正常情况下，机械零件配合表面的磨损量是随零件工作时间的增加而增长的，这种磨损变化规律的曲线，称为磨损规律曲线。

(1) 机械零件磨损规律曲线

图 2-2 所示为机械零件磨损规律曲线，其中横坐标表示机械工作时间，纵坐标表示磨损量，曲线的斜率表示这一时间磨损的增长率。在正常情况下，零件配合表面的磨损量是随着机械工作时间的增加而增长的。从图中表示磨损量增长的曲线斜率的变化，可分为三个阶段。

① 第一阶段为磨合阶段（曲线 OB），包括生产磨合（OA）和运用磨合（AB）两个时期。机械零件加工不论多么精密，其加工表面都必然具有一定的微观不平度，磨合开始时，磨损增长非常迅速，曲线斜率很大，当零件表面加工的凸峰逐渐磨平时，磨损的增长率逐渐降低，达到某一程度后趋向稳定，为第一阶段结束，此时的磨损量称为初期磨损。正确使用和维护保养，可以减少初期磨损，延长机械使用寿命。

② 第二阶段为正常工作阶段（曲线 BC）。由于零件已经磨合，其工作表面已达到相当光洁程度，润滑条件已有相当改善，因此，磨损增长缓慢，而且在较长时间内均匀增长，但到后期，磨损增加率又逐渐增大。在此期内，合理使用机械，认真进行保养维修，就能降低磨损增长率，进一步延长机械使用寿命（到 C_1）。否则将缩短使用寿命，到 C_2 点就达到极限磨损而不能正常工作。

③ 第三阶段为事故性磨损阶段，由于自然磨损的增加，零件磨损增加到极限磨损 C 点（包括 C_1、C_2）时，因间隙增大而使冲击载荷增加，同时润滑条件恶化，使零件磨损急剧增加，甚至会导致损坏，还可能引起其他零件或总成的损坏。

大部分零件到达极限磨损时，机械技术状况急剧恶化；故障频繁；工作性能明显下降，工作质量降低到允许限度以下；燃、润油料和动力消耗过大。总之，引起机械的动力性能、

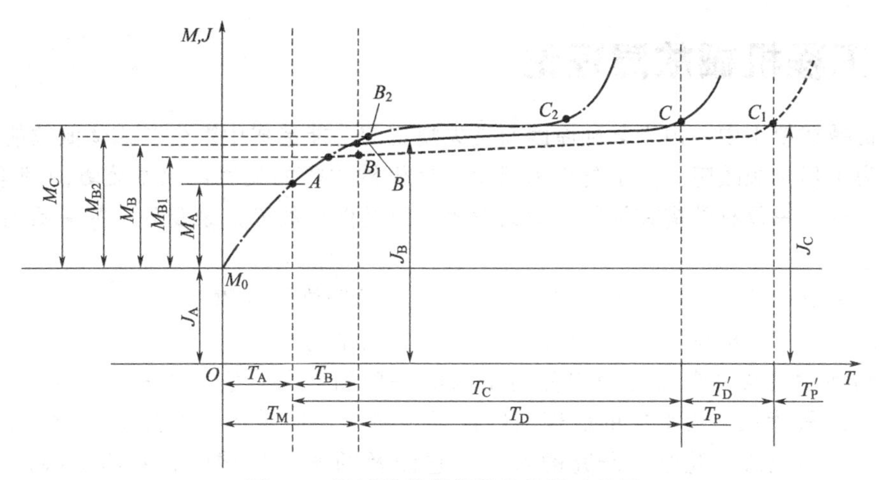

图 2-2 机械零件磨损规律曲线示意图

T—机械工作时间；J—零件尺寸和间隙；M—磨损量；M_0—开始磨损点；T_M—磨合期；T_A—生产磨合期；T_B—运用磨合期；T_C—大修间隔期；T_D—使用期；T'_D—延长使用期；T_P—破坏期；T'_P—延长破坏期；M_A—生产磨合期磨损；M_B—初期磨损；M_{B1}—降低了的初期磨损；M_{B2}—增加了的初期磨损；M_C—极限磨损；J_A—新机大修尺寸和间隙；J_B—开始正常工作的尺寸和间隙；J_C—最大允许的尺寸和间隙

经济性能和安全可靠性能的明显降低，不能正常工作，必须及时修复。

上述零件的磨损规律是机械使用中技术状况变化的主要原因。由此可见，零件的磨损规律客观地成为机械技术状况变化的规律。

零件已经有一定程度的磨损，但还没有达到极限磨损程度，这种磨损称为容许磨损。在容许磨损范围内的零件，还有一定的使用寿命，应充分使用，不要轻易报废，到达极限磨损即到达最大允许使用限度的零件即应报废，不要继续使用。

（2）机械零件磨损规律的作用

① 机械零件磨损规律是机械管理的基本规律，一切机械管理工作的基本点就是要最大限度地发挥机械效能，降低消耗，延长使用寿命。掌握和运用机械零件磨损规律，减少磨合阶段的磨损，延长正常的使用阶段，避免早期发生事故性磨损，这些都是为了保证这个基本点的实现。

② 机械零件磨损规律作用于机械从初期走合、使用直到报废的全过程，并对机械的自然寿命和经济寿命起到决定性作用。

③ 机械管理各项工作，都是以机械零件磨损规律为主要内容的。如机械的正确使用和维护保养，都是为了减少零件磨损，保持机械完好的技术状态。而修理则是为了及时更换或修复达到磨损极限的零件，恢复机械完好的技术状态。

④ 零件磨损规律又是制定机械技术管理各种技术文件（如规程、规范、制度、标准等）的主要依据。如机械走合期，规定是为了减少初期磨损，机械操作规程和使用规程都是为了在各种条件下正确使用机械，减少正常使用期的磨损；机械维修中的修理间隔期、送修标志、作业内容、装配标准、质量检验等技术要求，以及配件的分类、储备和消耗定额等，都是根据零件磨损规律制订的。

⑤ 机械零件磨损规律又是机械技术状况变化的基本规律。掌握零件磨损规律，才能充分认识机械管理全过程各项工作的内在联系和本质的区别，以及各自的作用和地位，才能做好机械管理工作。

2.2 工程机械故障理论

工程机械在使用中，由于某种原因而丧失规定的功能造成中断生产或降低效能的事件或现象，称为工程机械故障。为了防止和减少工程机械故障的发生，探索故障的理论和规律，分析故障机理，采取有效措施控制故障的发生，以及做好故障记录及分析等一系列工作，称为故障管理。

工程机械故障理论是全员生产维修（TPM）和预防维修（PM）的理论基础。也可以认为，故障理论是工程机械管理与维修的认识论与方法论的基础。

故障物理学是从可靠性工程中分离出来的一门新学科，它是对故障进行物理的、化学的剖析，对故障从苗头形成的机理加以探索和研究，即对形成故障的材质、制造工艺、试验方法等进行物理和化学的研究的科学。它涉及的学科领域和技术门类很广，实用性强，对运用故障分析理论，认识和掌握故障的规律，有效地实施故障管理，发挥了重要的促进作用。

2.2.1 工程机械故障类型

机械故障类型是故障物理学中的一个重要组成部分，可以从它的性质、原因、影响、特点等情况作如下分类。

（1）按故障的性质划分

① 间断性故障。是指只在短期内丧失其某些功能，稍加调整或修理就能恢复，不需要更换零件。

② 永久性故障。是指某些零部件已损坏，需要更换或修理后才能恢复。

（2）按故障的影响程度划分

永久性故障按造成的功能丧失程度划分：

① 完全性故障。是指导致机械完全丧失功能。

② 部分性故障。是指导致机械某些功能的丧失。

（3）按故障产生的特征划分

① 劣化性故障。是指零部件的性能逐渐劣化而产生的故障，它的特征是缓慢发生的。

② 突发性故障。是指突然发生并使机能完全丧失的故障，它的特征是急速发生的。

（4）按故障发生的原因划分

① 外因造成的故障。是指由于外界因素而引起的故障，又可分为：

a. 环境因素：例如温度、湿度、气压、振动、冲击、日照、放射能、暴风、沙尘、有毒气体等。

b. 使用因素：是指机械使用中，零部件承受的应力超过其设计规定值。

c. 时间因素：是指物质的老化和劣化，大多数取决于时间的长短。

② 内因造成的故障。是指由于内部原因造成的故障。又可分为：

a. 磨损性故障：是指由于机械设计时预料中的正常磨损造成的故障。

b. 固有的薄弱性故障：是指由于零部件材料强度下降等原因诱发产生的故障。

（5）按故障的发生、发展规律划分

① 随机故障。是指故障发生的时间是随机的。

② 有规则故障。是指故障的发生比较有规则。

2.2.2 工程机械故障规律

使用经验及试验表明，机械在使用期内所发生的故障率随时间变化的规律，可用图 2-3 所示浴盆曲线表示。机械的故障率随时间的变化大致分为 3 个阶段：早期故障期、偶发故障期和耗损故障期。

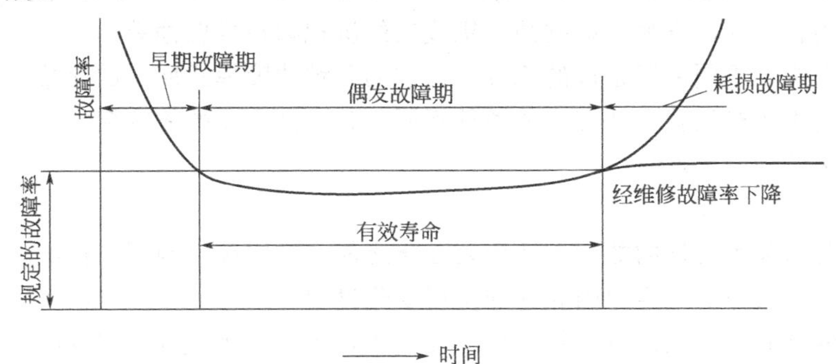

图 2-3 典型故障率曲线——浴盆曲线

(1) 早期故障期

它出现在机械使用的早期，其特点是故障率较高，且故障随时间的增加而迅速下降。它一般是由于设计、制造上的缺陷等原因引起的。机械进行大修理或改造后，再次使用时，也会出现这种情况。机械使用初期经过运转磨合和调整，原有的缺陷逐步消除，运转趋于正常，从而故障逐渐减少。

(2) 偶发故障期

它是机械的有效寿命期，在这个阶段故障率低而稳定，近似为常数。偶发故障是由于使用不当、维护不良等偶然因素引起的，故障不能预测，也不能通过延长磨合期来消除。设计缺点、零部件缺陷、操作不当、维护不良等都会造成偶发故障。

(3) 耗损故障期

它出现在机械使用的后期，其特点是故障率随运转时间的增加而增高。它是由于机械零部件的磨损、疲劳、老化、腐蚀等造成的。这类故障是机械部件接近寿命末期的征兆。如事先进行预防性维修，可经济而有效地降低故障率。

对机械故障的规律与过程进行分析，可以探索出减少机械故障的适当措施，见表 2-1。

表 2-1 减少机械故障措施

故障阶段	早期故障期	偶发故障期	耗损故障期
故障原因	设计、制造、装配等存在的缺陷	不合理的使用与维护	机械磨损严重
减少故障措施	精心检查、认真维护。做好选型购置，加强初期管理，认真分析缺陷，采取改造措施并反馈给生产厂	定人定机，合理使用，遵章操作，搞好状态检查，加强维护保养，重视改善维修	进行状态监测维修，合理改装，大修或更新

2.2.3 工程机械故障的模式和机理

(1) 机械故障的模式

机械的每一种故障都有其主要特征，即所谓故障模式或故障状态。机械的结构千变万化，其故障状态也是相当复杂的，但归纳它们的共同形态，常见的有下列数种：异常振动；磨损；疲劳；裂纹；破裂；过度变形；腐蚀；剥离；渗漏；堵塞；松弛；熔融；蒸发；绝缘劣化；异常响声；油质劣化；材质劣化；其他。

上述的每一种故障模式中，包含由于不同原因产生的故障现象。例如：

疲劳：应力集中增高引起的疲劳；侵蚀引起的疲劳；材料表面下的缺陷引起的疲劳等。

磨损：微量切削性磨损；腐蚀性磨损；疲劳（点蚀）磨损；咬接性磨损。

过度变形：压陷、碎裂、静载荷下断裂、拉伸、压缩、弯曲、扭力等作用下过度变形而损坏。

腐蚀：应力性腐蚀、汽蚀、酸腐蚀、钒或铅的沉积物造成腐蚀等。

对于不同种类、不同使用条件的机械，它们的各种故障模式所占的比重，有着明显的差别。每个企业也由于机械管理和使用的条件不同，各有其主要的故障模式，经常发生的故障模式，就是故障管理的重点目标。

（2）机械故障的机理

故障机理是指某种类型的故障在达到表面化之前，在内部出现了怎样的变化，是什么原因引起的。也就是故障的产生原因和它的发展变化过程。

产生故障的共同点，是来自工作条件、环境条件等方面的能量积累到超过一定限度时，机械（零部件）就会发生异常而产生故障，这些工作条件、环境条件是使机械产生故障的诱因，一般称为故障应力。这种应力，不仅是力学上的，而且有更广泛的含义。

故障模式、故障机理、故障应力（诱因）三者密切相应。它们之间的关系及其发展过程十分复杂，而且没有固定的规律。即使故障模式相同，但发生故障的原因和机理不一定相同；同一应力也可能诱发出两种以上的故障机理，如图 2-4 所示。

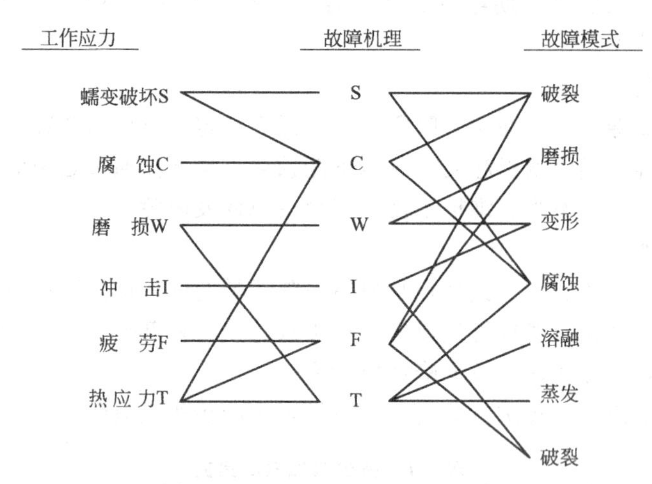

图 2-4　工作应力、故障机理、故障模式关系示意图

一般故障的产生，是由于故障件的材料所承受的载荷，超过了它所允许的载荷能力，或材料性能降低时才会发生。故障按什么机理发展，是由载荷的特征或过载量的大小所决定的。如由于过载引起故障时，不仅对材料的特性值有影响，而且对材料的金相组织也有影响。因此，任何一种故障，都可以从材料学的角度找出产生故障的机理。

2.3　工程机械故障管理的开展

2.3.1　工程机械故障信息的收集

故障信息主要来源于故障机械的现场记录，故障机械及其零部件的性能、材质数据以及有关历史资料。准确而详尽的故障信息是进行故障分析和处理的主要依据和前提。

（1）收集故障数据资料的注意事项

收集故障信息要在准确、可靠、完整、及时的基础上，注意以下各点。

① 目的性要明确，要收集对故障分析有用的数据和资料。

② 要按规定的程序和方法收集数据。

③ 对故障要有具体的判断标准。

④ 各种时间要素的定义要准确，计算各种有关费用的方法和标准要统一。

⑤ 数据必须准确、真实可靠，要对记录人员进行教育、培训，健全责任制。

⑥ 数据要完整、客观、实用，防止含糊不清。

（2）故障信息的内容

故障分析中需要收集的数据资料一般包括以下几个方面的内容。

① 故障对象的识别数据。包括机械的类型、生产厂、使用经历、故障和维修的历史记录（机械履历书）等。

② 故障识别数据。包括故障类型、故障现场形状、故障时间等。

③ 故障鉴定数据。包括故障现象、故障原因、寿命时间、测试数据等。

（3）故障信息的来源

故障信息通常从以下资料中获得。

① 故障的现场调查资料。

② 故障专题分析报告。

③ 故障报告单。

④ 机械运行和检查记录。

⑤ 状态监测和故障诊断记录。

⑥ 机械履历书和技术档案。

⑦ 原厂说明书及随机技术资料。

⑧ 故障树分析资料及其他故障信息资料等。

（4）机械故障记录

做好机械故障记录的主要要求：

① 做好对机械各种检查的记录，对检查中发现的机械隐患，除按规定要求进行处理外，对隐患处的情况也要按表格要求认真填写。

② 填好机械故障报告单。在有关技术人员会同维修人员对机械故障进行分析处理后，要把详细情况填入故障报告单。故障报告单是故障管理中的主要信息源，对故障报告单的内容要认真研究确定，其一般记录项目及进行管理的内容如表2-2所列。

2.3.2　工程机械故障的分析

对机械故障进行分析，主要是为了找出发生故障的原因和机理，从而为减少和消除故障制定有效措施。因此，不仅要对每一项具体的故障进行分析，还要对本系统、本企业全部机械的基本情况、主要问题及其规律性有全面的了解，从中找出薄弱环节，采取针对性措施，以改善机械技术状况。常用的故障分析内容和方法如下。

（1）故障原因分析

产生故障的原因是多方面的，归纳起来，主要有以下几类。

表 2-2 故障报告单记录的项目及作用

项目类别	获取的信息	进行管理的内容
识别参量（一般特征）	故障机械的名称、型号、编号、出产厂名，出厂时间，使用单位。故障时间，修理次数，最近修理日期，总工作时间，以及各级责任人签字	识别，记入机械档案
故障详细内容	故障征候与预兆，故障部位、形态，发现故障的时机，异常状况，存在缺陷及使用、修理中存在的问题	纳入检查、维护标准，改装机械。计划检修内容，准备技术资料
故障原因及防止措施	设计、制造、装配、材质、操作使用、维护修理问题，自然老化问题等。防止故障再发生的措施	改进管理工作，制定并贯彻操作规程，落实责任制，加强业务培训
工时与费用	停工工时、停歇台时占开动台时比率，停工对生产的影响；修理工作量（各种工时消耗，维修实际工时等） 停工损失费，厂内修理费，外协修理费，配件费等	工时定额，人员配备，工人奖励 改进修理方式和方法，进行技术经济分析，减少停工损失

① 设计不合理。机械结构先天性缺陷，零部件配合方式不当，润滑不良，应力过高，对使用条件和工作环境考虑不周等。

② 制造、修理缺陷。零部件制作过程的切削、压力加工、热处理、焊接、装配、安装等存在缺陷。

③ 原材料缺陷。使用材料不符合技术要求，铸件、锻件、轧制件等缺陷或热处理缺陷等。

④ 使用不当。超出规定的使用条件，超载作业，违反操作规程，润滑不良，维护不当，管理混乱等。

⑤ 自然耗损。由于自然条件造成零部件磨损、疲劳、腐蚀、老化（劣化）等。

有些故障是由单一原因造成的，有些故障则是多种因素综合引起的。有的是一种原因起主导作用，其他各种因素起媒介作用。作为机械使用和维修人员，必须研究故障发生的原因和规律，以便正确地处理故障。

开展故障分析时，应对机械故障原因种类规范化，明确每种故障的确切内容，故障原因种类不宜分得过粗或过细，划分的原则是以容易看出每种故障的主要原因或存在问题，便于进行统计分析即可。

（2）故障频数分析

故障发生规律的定量分析，主要是应用概率论和统计学的原理和方法计算故障发生的概率，求出有关故障和可行性的一些指标。常用的分析方法有以下几种。

① 故障原因频数统计分析。当导致故障的各种原因进行数量分析时，可列出不同故障原因的频数表。如某型机械共发生故障 147 次，导致故障的几种原因的频数列于表 2-3，根据表 2-3 可进一步画出其主次因素排列图，如图 2-5 所示。该排列图的横轴按发生的频数多少顺序排列故障原因，左纵轴为频数，右纵轴为累计相对频数的百分比。

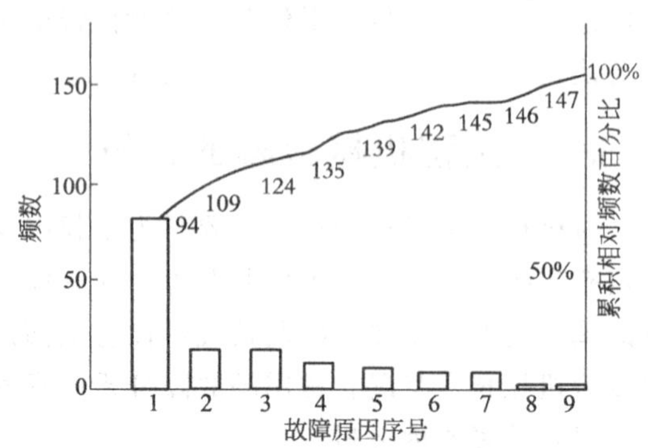

图 2-5 故障原因排列图

表 2-3 是按造成故障的主次原因顺序排列的，即按频数由高到低顺序排列的。分析各种原因的相对频数，即可找出造成机械故障的主要原因。掌握了机械的主要故障原因，就能使故障管理的目标明确。

② 故障频率分析。为了掌握机械使用过

程中不同时间内的故障量的增减趋势，一般以机械的单位运转台时发生的故障台次来评价故障的频率，即：

$$故障频率=\frac{同期机械故障机台次}{机械实际运转台时}\times 100\%$$

故障频率分析一般是在同类型的单位之间进行，或对同一单位前后期的故障频率进行比较，观察其故障多少及变化趋势。

表 2-3　九类故障原因的频数

序号	故障原因	频数	累积频数	相对频数/%	累积相对频数/%
1	超过容限	94	94	63.9	63.9
2	裂纹	15	109	10.2	74.1
3	卡死	15	124	10.2	84.3
4	事故损伤	11	135	7.5	91.8
5	超过使用规定	4	139	2.8	94.6
6	振动	3	142	2.0	96.6
7	环境原因	3	145	2.0	98.6
8	漏油	1	146	0.7	99.3
9	维修错误	1	147	0.7	100

③ 故障强度率分析。故障频率还不能反映故障停机时间的长短和费用损失的程度。为了反映故障的程度，一般以单位运转台时的故障停机小时来评价，称为故障强度率，即：

$$故障强度率=\frac{同期机械故障停机小时}{机械实际运转台时}\times 100\%$$

(3) 平均故障间隔期（MTBF）分析

机械的MTBF是一项在投入运行后较易测得的可靠性参数，在评价机械使用期的可靠性时应用很广。对于较复杂的机械，在其使用寿命期（偶发故障期）间，可以认为机械的可靠性函数服从指数分布，其MTBF是个常数。机械的MTBF可通过MTBF分析求得，其步骤如下。

① 选择有代表性的机械或零部件作为分析对象，它们在使用中的各种条件都应处于允许范围的中间值以上。

② 规定观测时间，记录下观测时间内全部故障。观测时间应不短于机械中寿命较长的磨损件的修理（更换）期，一般连续观测记录2～3年，就可充分发现影响MTBF的故障。要详细记录故障的有关资料，如：故障内容、处理方法、发生日期、停机时间、修理工时等数据要准确。

③ 数据分析。将各故障间隔时间 t_1，t_2，…，t_n 相加，除以故障次数 n，可得MTBF，即：

$$\mathrm{MTBF}=\frac{\sum_{i=1}^{n} t_i}{n}$$

将各次修理的停机时间 t_{01}，t_{02}，…，t_{0n} 相加，除以修理次数 n_0，可得平均修复时间MTTR，即：

$$\mathrm{MTTR}=\frac{\sum_{i=1}^{n} t_{0i}}{n_0}$$

当机械进入耗损故障期（使用后期）时，故障将显著增多，其间隔期也显著缩短。不但易损件，连基础件也会接连发生故障。通过多台机械的故障记录分析，就可科学地估计进入耗损故障期的时间，从而为适时进行预防修理提供依据。

（4）故障树分析（FTA 法）

故障树分析是把故障结构画成树形图，沿着树形图的分枝去分析机械（或系统）发生故障的原因，查明哪些零部件是故障源。

故障树分析的特点之一，是用特定符号绘制故障树图形，它采用的符号分为事件符号、逻辑符号和转移符号等，如表 2-4 所示。

表 2-4　故障树基本符号

分类	符　号		含　义
事件符号	1	（矩形）	待展开分析的事件
	2	（圆形）	初始事件
	3	（菱形）	不进一步分析的事件，尚未探明或不需探明的事件
	4	（屋形）	常发生的事件，在正常情况下将会发生的事件
逻辑符号	5	（与门）	与门：所有输入事件同时发生，输出事件才发生
	6	（或门）	或门：输入事件中只要有一个发生。输出事件就发生
	7	（六边形）—条件输入	禁门：当条件输入得到满足，则输入事件的发生方导致输出事件的发生
转移符号	8	（三角形）	转入符号：一个事件转入相关的逻辑门
	9	（三角形）	转出符号：一个事件由相关的逻辑门转移出来

故障树分析的特点之二，是它着眼于同机械（系统）的功能等价框图进行比较，两者在结果上是一致的。故障树的绘制虽然较为麻烦，但一旦画出故障树，便能把层次关联和因果关系不清的事件显示清楚。

由于故障树分析用逻辑命题来分解故障发生的过程，所以也用“与门”、“或门”等逻辑运算，因而故障树分析也称为逻辑分析。故障树分析的实施程序如下。

① 提出影响机械（或系统）可靠性与安全性的一切可能发生的故障，并明确故障定义。

② 分析可能发生的各种故障，就最可能发生的一两项故障，画出故障树；树干为机械故障，树枝为导致机械故障的零部件故障。也就是说，一边参考机械构成图、功能图进行观察，一边把机械故障的可能原因展开到子系统以至零部件。

③ 收集输入的故障数据，对故障树进行分析，即讨论有可能发生的零部件故障，找出

可能构成机械故障的主要故障源。

④ 把分析得出的可能故障及其原因的因果关系用逻辑符号连接起来。

⑤ 必要时用最小通路集合、布尔代数计算故障树的概率。

⑥ 评价分析，即估计故障一旦发生的后果与危害，提出预防故障和消除故障的对策。

图 2-6 所示是电动机过热烧坏的故障树图例。

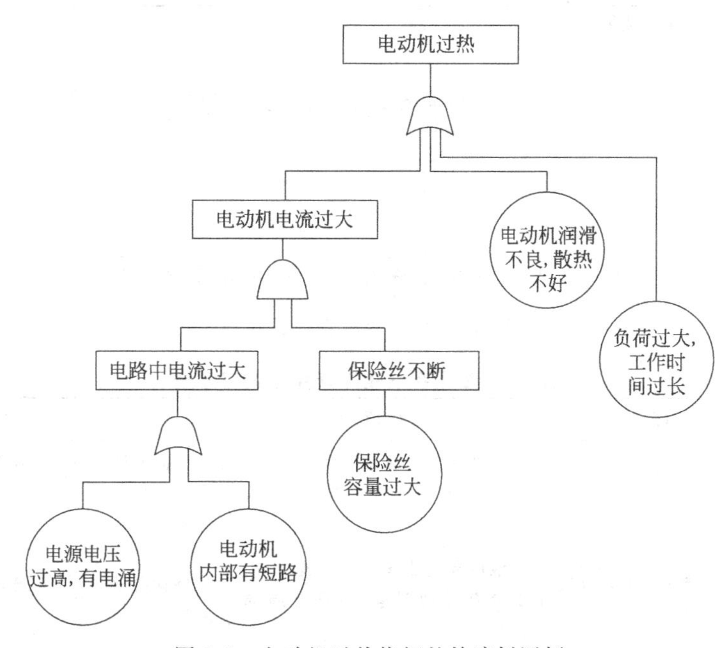

图 2-6 电动机过热烧坏的故障树图例

故障树分析主要用于机械的部分主要零部件和原因较复杂的故障，目的是找出故障的原因和在机械各层次的影响，以找出薄弱环节，并进而在机械的使用、维修中采取针对性的措施。

2.3.3 工程机械故障管理的开展

做好机械管理，必须认真掌握发生故障原因的信息，从实际出发和典型故障中积累资料和数据，开展故障分析，重视故障规律和故障机理的研究，加强日常维护、检查，就有可能避免突发性事故和控制偶发性事故的发生，并取得良好效果。开展故障管理的一般做法如下。

（1）对重点机械进行监测

① 根据企业施工生产实际和机械状态特点，确定故障管理重点。

② 采用监测仪器和诊断技术对重点机械进行有计划的监测活动，以发现故障的征兆和劣化的信息。

③ 在缺少监测技术和手段的情况下，可通过人的感官及一般检测工具，对在用机械进行日常和定期点检，着重掌握容易引起故障的部位、机构及零件的技术状态和异常现象的信息。

④ 要创造条件开展状态检测和诊断技术，有重点地进行状态检测维修，以控制和防止故障的发生。

（2）建立故障查找逻辑程序

查找故障常涉及不同领域的知识，需要丰富的经验，除培训维修工掌握故障分析方法外，应把机械常见的典型故障现象、分析步骤、消除方法，汇编成典型故障查找逻辑程序图表，列成方框图或表格形式，以便在故障发生后能迅速找出故障部位和原因，能及时而有效地进行修理。故障查找逻辑程序图和程序表如图 2-7 及表 2-5 所示。

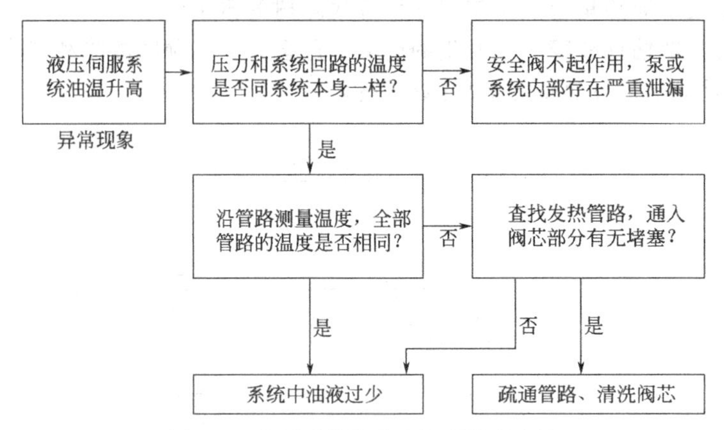

图 2-7　液压系统故障查找逻辑程序图

表 2-5　液压系统故障查找逻辑程序表

序号	故障现象	产生原因	清除方法
1	运转时，有连续周期性噪声	①液压泵进油口过滤器阻塞 ②吸油管已露出油面，吸入空气	①拆下进油口过滤器进行清洗 ②将吸油管伸入油内（或加油达到油面规定高度）
2	运转时，压力有较大的波动	液压泵进油管道有破裂，管接头处有松动现象，油管有局部漏气	将管道紧固，更换破裂的管道和损坏的油封
3	液压泵压力不能建立	①液压泵损坏或有明显磨损 ②溢流阀作用不正常，弹簧永久变形，内部孔道堵塞，阀芯、阀座孔有明显磨损	①更换或修复已磨损的液压泵 ②拆卸溢流阀检查、修理，如磨损严重应更换
4	……	……	……

（3）建立机械故障记录和统计分析制度

① 故障记录是开展故障管理的基础资料，又是进行故障分析、处理的原始依据，因此，记录必须完整正确。维修工人在现场对故障机械进行检查和修理后，按照机械维修任务单的内容认真填写，由现场机械员汇总后填写机械故障记录按月报送机械管理部门。机械故障记录的项目及其作用见表 2-6。

表 2-6　机械故障记录的项目及其作用

项　　目	可取得的信息	作　　用
故障原因	了解机械故障的性质和主要原因	针对原因改进管理工作，如贯彻责任制，制定并贯彻操作规程和进行技术业务培训
故障的内容及情况	易出故障的机械及其故障部位，机械存在的缺陷和使用修理中存在的问题	纳入检查、维护标准、改装或改造，计划检查内容，进行技术资料准备
修理工时	故障修理工作量，各种工时消耗，现有工时利用情况，维修工实际劳动工时	作为制定工时定额、人员配备和工人奖励的参考资料
修理停工	修理停工数据，停歇台时占开动台时比率，停工对生产的影响程度	改进修理方式和方法，分析停工过程原因
修理费用	故障的直接经济损失	可供制订机械维持费用计划参考

② 机械管理部门汇总故障记录后对故障数据进行统计分析，算出各类机械的故障频率、平均故障间隔期；分析单台机械的故障动态，找出故障的发生规律，以便突出重点，采取措施，并反馈给维修部门作为安排预防修理和改善措施计划的依据。

③ 根据统计整理资料，绘制单台机械故障状态统计分析表，作为分析故障原因、掌握故障规律、确定维修对策、编制维修计划的依据。

(4) 计划处理

根据统计分析的结果，采取针对性的计划处理。

① 对于使用不合理、操作不当造成的故障，通过“故障管理反馈单”通知使用单位限期改正。

② 对于维修不良或失修而导致的故障，通过“故障管理反馈单”通知维修单位检查处理，并落实修理级别和时间。

③ 对于多发性故障频率较高已失去修复价值的老旧机械，应及时停止使用，申请报废。

④ 对于重复性故障频率较高的机械，要进行重点研究分析，针对下列不同情况予以处理：结构不合理的安排改善性修理；失修造成的安排针对性的项目修理；上次修理未彻底解决的隐患应安排返修，彻底解决；如由于缺乏配件更换而“凑合对付”造成的，应通知供应

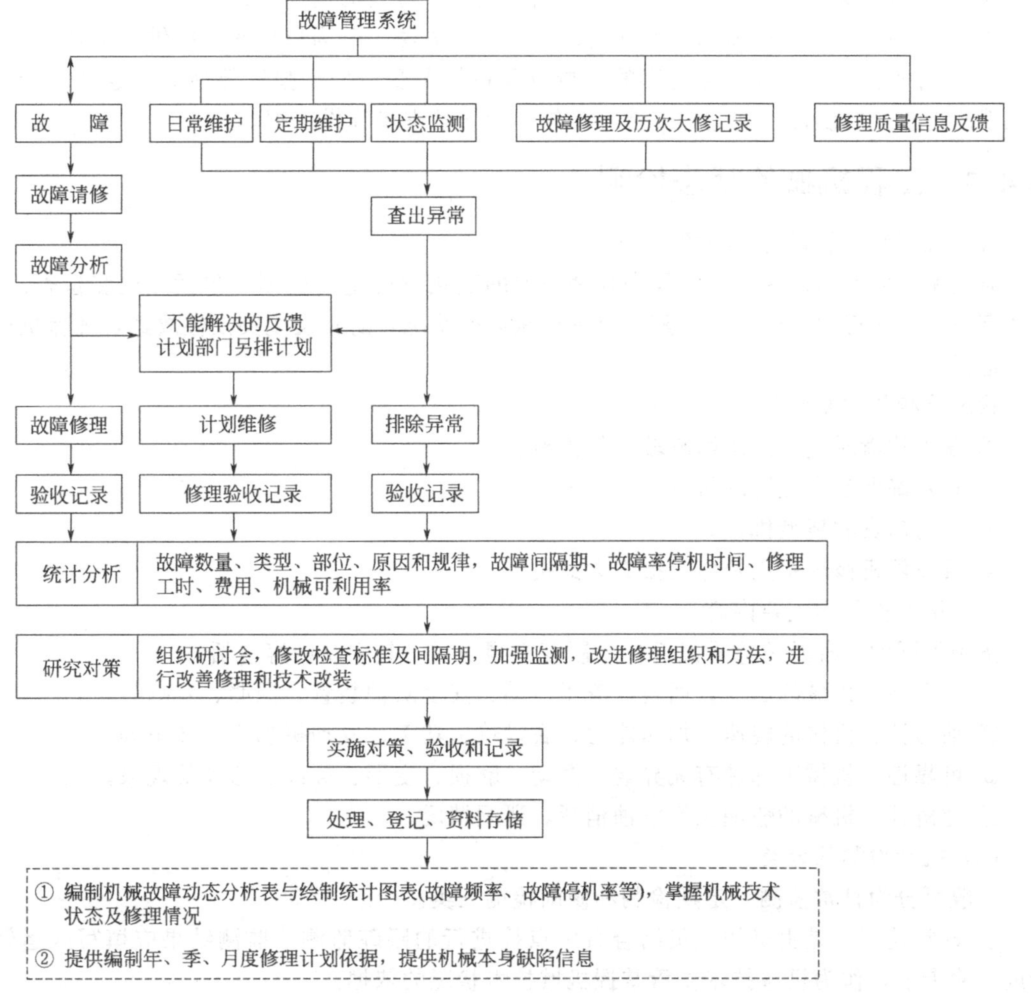

图 2-8　故障管理系统工作流程

部门解决配件后安排修理。

根据计划处理阶段确定的工作内容、措施要求以及完成时间等，落实到有关单位或个人按计划予以实施。在实施过程中要有专人负责检查，保证实施的质量和效果，并将实施成果进行登记，用以指导机械的正确使用和预防维修。

故障管理系统工作流程如图 2-8 所示。

2.4 工程机械技术状态的检测和诊断

机械技术状态的检测和诊断，是指在机械运行中或基本不拆卸机械结构的情况下，能对机械技术状态进行定量测定，预测机械的异常，并对机械故障的部位、原因进行分析和判断，以及预测机械未来的一种新型技术。

机械的检测和诊断，在机械管理过程中，具有下列几个方面的作用。

① 检测机械运行状态，发现机械隐患和预防事故的发生，并建立维护标准，实行预知维修。

② 确定修理或更换零件的间隔期和内容。

③ 从机械零部件寿命的预测分析，可以决定配件订货的周期和订货量。

④ 可以根据对机械故障的诊断确定改善维修的方法，并为机械改造提供科学判断。

⑤ 从对机械故障点及劣化程度的分析以及机械所受应力、强度等性能的定量分析，可以反馈改进机械的设计、制造和安装等工作，为技术进步提供依据。

2.4.1 工程机械的状态检测

(1) 机械检测的目的和对象

对机械整体或局部在运行过程中物理现象的变化进行定期检测（包括点检和检查），就是状态检测。状态检测的目的是随时监视机械运行状况，防止发生突发性故障，确保机械的正常运行。

状态检测的主要对象是：

① 发生故障对整个系统影响较大的机械。

② 必须确保安全性能的机械。

③ 价值昂贵的新型机械。

④ 故障停机修理费用及停机损失大的机械。

(2) 机械检测的主要内容

按照不同的机种及故障常发部位，制订检测项目，其主要内容包括：

① 安全性。机械的制动、回转、液压传动、安全防护装置、照明、音响等。

② 动力性。机械的转速、加速能力、底盘输出功率、发动机功率、转矩等。

③ 可靠性。机械零部件有无异响、振动、磨损、变形、裂纹、松动等现象。

④ 经济性。机械的燃油及润滑油消耗、泄漏情况。

(3) 机械检测的分类

一般可分为日常监测、定期检测和修前检测三类。

① 日常监测。是由操作人员结合日常点检进行的跟踪监测，监测结果应填写入运转记录或点检卡上，作为机械技术主管掌握机械技术状况的依据。

② 定期检测。定期检测可结合定期点检进行，除用仪器、仪表检测外，还要对工作油、

润滑油的金属元素磨损微粒含量化验。通过对机械的检测和故障诊断，确定是否需要修理、消除故障隐患。此项检测由专业检测人员承担。

③ 修前检测。确定故障的部位、性质及劣化程度，为确定修理项目及方式以及配件准备等提供可靠的依据。由机械使用单位和承修单位共同进行。

(4) 机械检测的方法

机械检测的方法主要有两种。

① 由检测人员凭感官和普通仪器，对机械的技术状态进行检查、判断，这是目前在机械检测中最普遍采用的一种简易检测方法。

② 利用各种检测仪器，对整体机械或其关键部位进行定期、间断或连续检测，以获得技术状态的图像、参数等确切信息，这是一种能精确测定劣化和故障信息的方法。

(5) 机械检测的工作程序

机械检测的工作程序如图 2-9 所示。

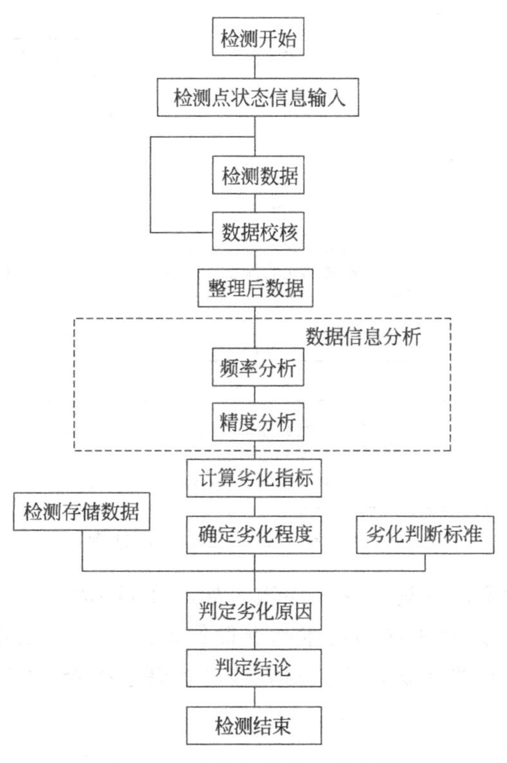

图 2-9　机械检测的工作程序

2.4.2　工程机械的诊断技术

(1) 机械诊断的定义

机械诊断一般是指当机械发生了异常和故障之后，要搞清故障的部位、特征以及产生的原因等情况。也就是对诊断对象的故障识别和异常鉴定工作。作为比较全面和广义的概念，还必须包括对从过去到现在、从现在到将来的一系列信息资料所进行的科学预测，这样才符合系统工程的观点，也才是从根本上消除机械故障的根本途径。因此，所谓诊断，就是指对诊断对象所进行的状态识别和鉴定工作，并能预测未来的演变。它包括三个方面内容。

① 要了解机械的现状。

② 要了解机械发生异常和故障的原因。

③ 要能预测机械技术状态的演变。

机械诊断当然要以掌握现状为中心，但又不能仅限于立足现状，正确的流程可用框图表示如下：

在这个流程中，包括一系列的技术内容，所以称为诊断技术。

(2) 机械诊断技术的功能

机械诊断技术是在机械运行中或基本不拆卸的情况下，根据机械的运行技术状态，使用诊断技术以确定故障的部位和原因，并预测机械今后的技术状态变化。其基本功能是能定量地检测和评价机械所承受的应力、故障和劣化、强度和性能、预测机械的可靠性等内容，如图 2-10 所示。

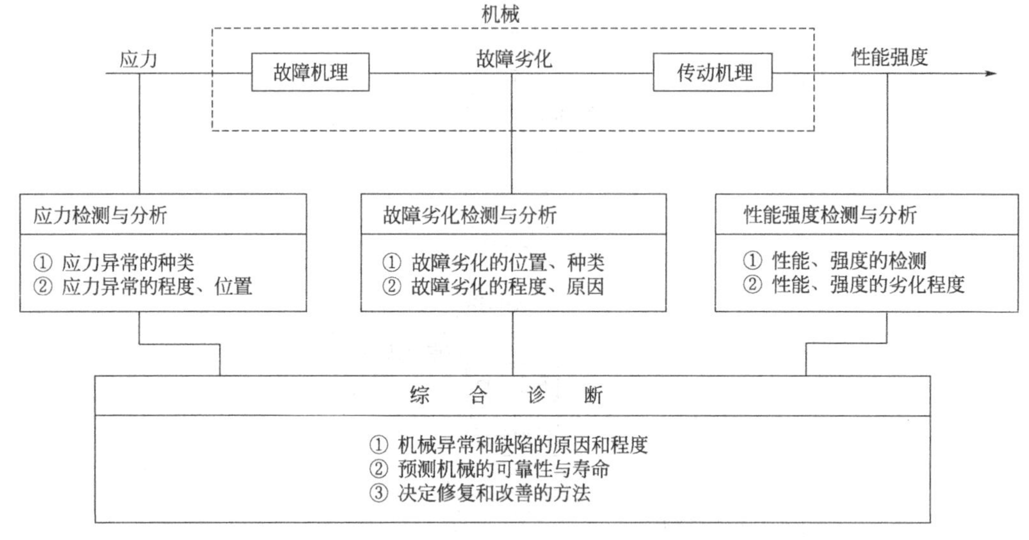

图 2-10 机械诊断技术过程分析

机械诊断技术按其诊断的功能有两个层次，如图 2-11 所示。

① 简易诊断技术。它是对机械的技术状况简便而迅速地作出概括评价，由现场操作和维修人员执行。它的作用相当于护理人员对人体进行健康检查。它的主要功能是：

a. 故障的快速检测。

b. 检测机械劣化趋势。

c. 选择需要精密诊断的机械。

② 精密诊断技术。是对经过简易诊断判定有异常情况的机械作进一步的仔细诊断，以确定应采取的措施来解决存在问题。由机械技术人员会同维修人员执行。它的作用相当于专业医生对病人的诊断。它的主要功能是：

a. 判断故障位置、程度和产生原因。

b. 检测鉴定故障部位的应力和强度，预测其发展趋向。

c. 确定最合适的故障排除方法和时间。

在一般情况下，大多数机械可采用简易诊断技术来诊断其技术状态，只有对那些在简易诊断中发现疑难问题的机械（包括重点机械）才进行精密诊断。这样使用两种诊断技术，才是最有效而又最经济的做法。图 2-12 表示机械诊断的实用技术系统，图 2-13 表示机械或零

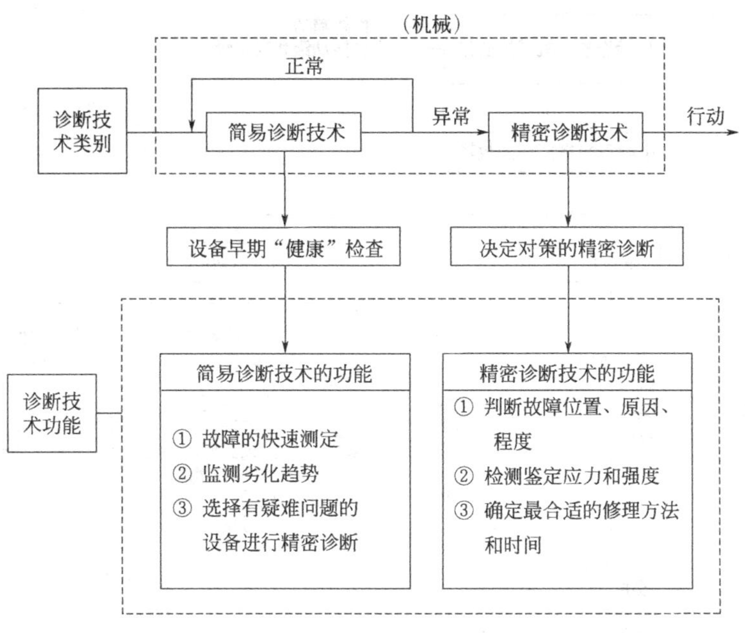

图 2-11　机械诊断技术的功能

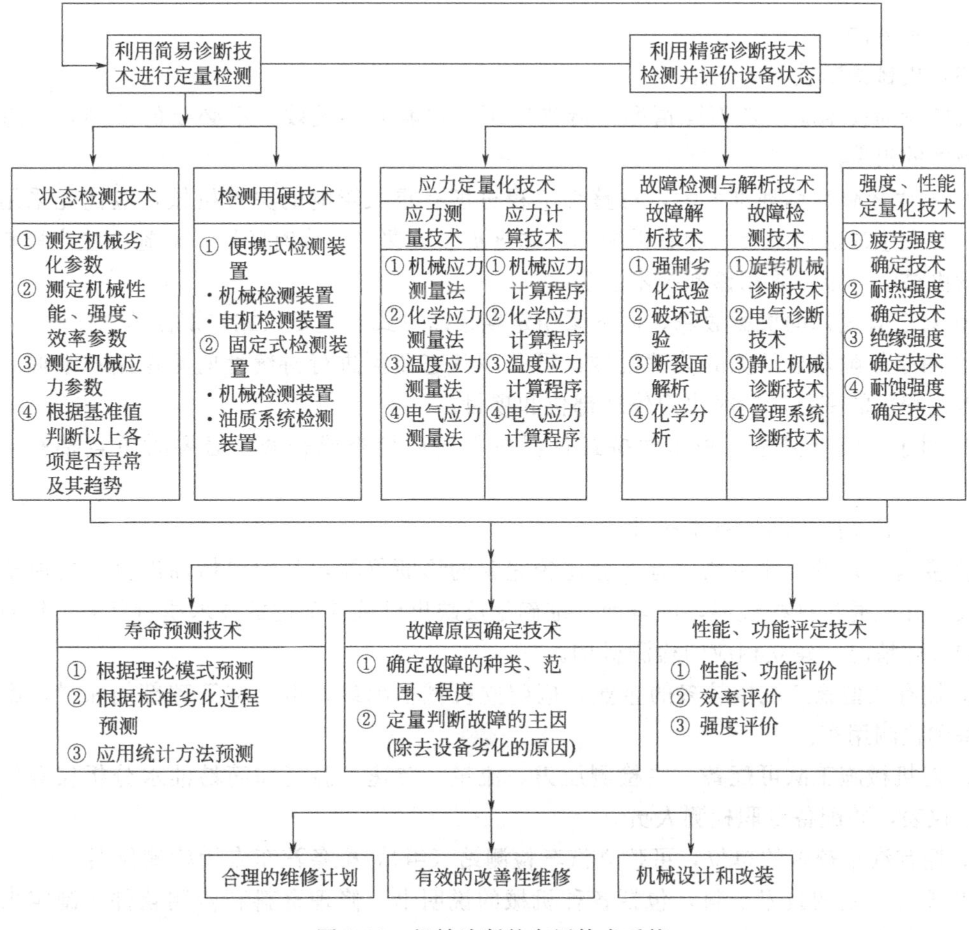

图 2-12　机械诊断的实用技术系统

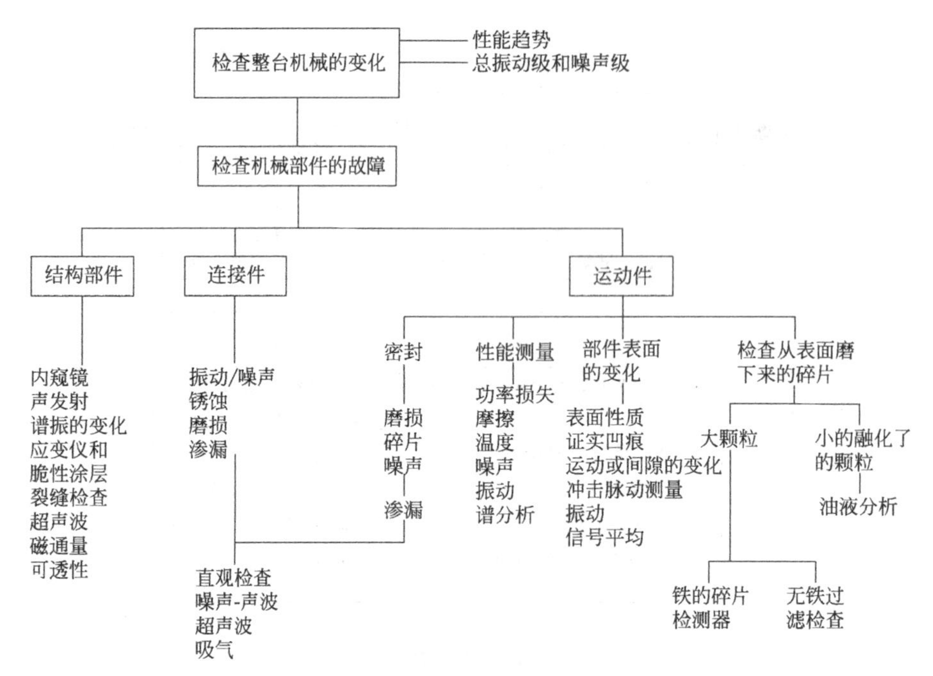

图 2-13 机械或零部件的诊断方法

部件的诊断方法。

（3）机械诊断技术的运用

机械诊断技术应区别不同情况，恰当使用，才能取得成效。不必要的诊断，将造成人力、物力的浪费。

① 发生故障后修理难度大，对整个工程进度有重大影响的关键机械，应优先采用诊断技术。对发生故障后不会引起联锁损坏，修理拆装方便，停修时间短，对施工生产影响较小的一般机械，可以不采用诊断技术预防。

② 对于有规律的机械故障，可不采用定期诊断方式，主要依靠定期保养（维护）解决。

③ 对于故障难以预测的关键机械，可采用状态监测进行持续性监测诊断；掌握其技术状态劣化程度的变化，适时决定修理部位和项目。

④ 对于一般机械还可采用便携式仪器进行巡回检查或普查，必要时重点抽查，进行诊断。

（4）开展检测诊断的基本条件

① 要有一定的检测手段，有一套比较完善的诊断仪器，其中包括油液分析的原子光谱分析仪，并能通过这些仪器，能全面、准确地反映出机械各部位的技术质量状态。针对施工企业的实际情况，建立相应的检测机构。

a. 拥有大型施工机械较多的企业，应建立机械检测站，由机械管理部门领导，配备检测设备和检测用车。

b. 对机械施工队可配备一些检测压力、流量、转速、温度和简易油水分析仪等便携式仪器、仪表，并配备专职检测人员。

c. 拥有汽车较多的单位，可建立汽车检测站（组），配备汽车专用检测仪器。

② 要有一定的技术资料，包括各种机械的说明书、修理资料和检测软件，制定出切合实际的维修标准和可靠性指标。

③ 要建立与诊断技术应用有关的信息系统，以便检索参考。如收集机械主要零部件的磨损数据，将机械使用、故障、维修等情况输入计算机储存。

④ 检测人员应懂得检测程序和方法，能正确使用各种检测仪器，对所测试的机械有较深刻的了解；有维修经验和分析比较能力；有较强的责任心。

⑤ 已建立适用于检测诊断的维修制度，以及相应的组织实施措施。

(5) 机械诊断工作的开展程序

机械诊断工作的开展程序，应随企业的具体情况而定。图 2-14 为诊断工作开展程序示例。

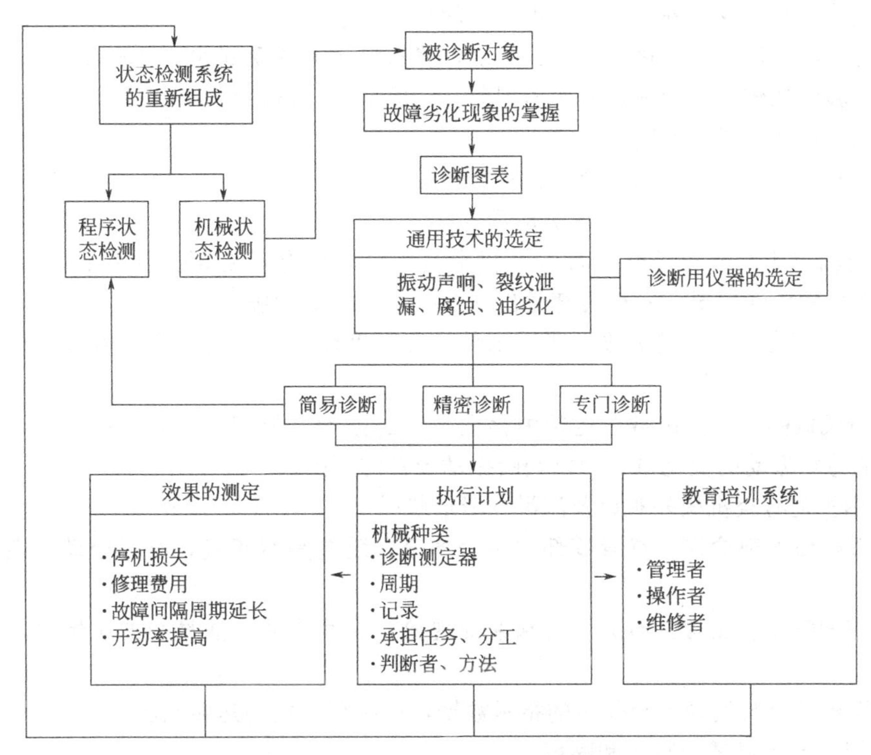

图 2-14　诊断工作开展程序示例

2.5　工程机械检测、诊断的方法

机械在运行过程中产生的振动、温升、噪声等现象，携带了有关机械零部件技术状态的大量信号，检测诊断就是利用这些外部能检测到的信号，来判明其内部优劣情况的手段。

诊断技术作为检测手段至少应满足以下要求。

① 灵敏性。灵敏度要高。检测参数的变化往往是很细致的，只有高灵敏度的测试方法才能满足诊断技术的要求。

② 单值性。测定数据要有明确的对应关系，才能从诊断结果中判明具体故障的性质、部位和程度。

③ 实用性。要经济、实用、快速、方便、易操作。

④ 稳定性。稳定性要好，如对机械的同一状态有时要多次测试，其结果分散度要小，重复性要好，要稳定。

⑤ 安全性。当机械在运转情况下进行诊断时，仪器在限定的诊断范围内要安全有效，并能经受住诊断条件和环境以及可能误操作的影响。

2.5.1 感官检测

(1) 感官检测的程序

感官检测就是根据机械在运转时产生的各种信息，如振动、温升、润滑、负荷、噪声等各种物理化学信号，经过人的感官系统进行分析推理，以判断机械故障的类别和性质，这是实施机械状态检测（简易诊断）的主要手段。尤其是施工机械具有分散作业的特点，除配备少量便携式简单检测仪表外，主要还得以人的感官来进行检测。

感官检测的程序是：通过人的感官系统，将从机械上感受到的信息输入大脑，经和积存的知识和经验作比较，进行筛选后作出判断，完成信息（结论）输出程序。

(2) 感官检测的常用方法

感官检测主要是利用触觉、视觉、听觉和嗅觉。

① 用手触摸机械，检测间隙、振动和温度。

a. 判断轴与孔配合类零件在自然磨损中其配合性质有无变化。可用手晃动（或撬动）检查配合零件的松动情况，一般可感觉出 0.20～0.30mm 间隙。

b. 判断动配合摩擦面的温度，当零部件表面温度超过正常时，预示着零部件存在不正常的磨损，有产生故障的可能。

c. 判断机械的振动。机械在运转中存在一定的振动，但如产生异常振动时，用手指按在机体上能感觉振动的变化量，用以判断振动异常的原因。

② 应用视觉检查机械外观以及润滑、清洁状况。

a. 通过机械外观检查，查看零部件是否齐全，装置是否正确，有无松动、裂纹、损伤等情况。

b. 检查润滑是否正常，有无干磨和漏油现象。看润滑油的油量和油质情况，及时添加或更换。

c. 监视机械上装设的常规仪表的指示数据，以判断机械的运转状况。

③ 应用听觉听机械的响声和噪声。

a. 检测不能摸和看的零部件时，如齿轮箱中齿轮啮合情况，可使用探听棒测听其声响。正常的齿轮运转时是平稳和谐的周期振动声。如出现重、杂、怪、乱等异常噪声时，说明已存在故障隐患。要根据噪声的振幅、频率等特点分析产生故障的相关零件。

b. 检查零部件是否存在裂纹，可用手锤轻敲零部件听其声响。或检查两个接合面的紧密程度，正常时发出清脆均匀的金属声，反之则发出破裂或空洞杂音。

④ 应用嗅觉闻机械发出的气味。

a. 有的机械在发生故障时，会产生一股异常气味。如电气设备的绝缘层，受高热作用会发出焦煳气味，制动器和离合器面片间隙过小，也会产生异臭。利用嗅觉可以获得这类故障信号。

b. 有些静止设备，如装有化学液体或气体的高压容器，泄漏时会散发出特殊的气味，能通过人们的嗅觉来识别。

⑤ 应用常规仪表监测机械。一般机械上常规装有指示温度、压力、容量、流量、负荷、电流、电压、频率、转速等参数的监测仪表。这些仪表显示了机械运动的变化数据，但还是要人用视觉感官来监视，从中发现异常时判断其故障，并采取相应措施。

感官监测与诊断属于主观监测方法，需要监测者有丰富的“临床”经验才能胜任，有时由于各个人的技术经验不同，诊断结果会有出入。为了减少偏差，可以采取多人“会诊”的办法来解决。

2.5.2 振动测量

机械在运转中都要产生某种程度的振动。在正常情况下，振动的两个主参数——振幅和加速度——应当基本稳定在允许范围内。当零件磨损超限，加工或安装的偏心度、弯曲度、材质的不平衡度等超限，以及紧固情况劣化时，振动就要出现异常情况。因此，许多不同形式的机械故障都可以从异常的振动信号中反映出来。由于振动信号比较灵敏，它的预报性比温度等其他信号要及时、准确。因此，振动测量已成为机械状态监测和故障诊断的主要手段。

（1）振动测量方法的分类

振动测量的方法很多，从测量原理上可分为机械法、光测法和电测法三大类。目前使用最广的是电测法，其特点是首先通过振动传感器将机械运动参数（位移、速度、加速度、力等）变换为电参量（电压、电荷、电阻、电容、电感等），然后再对电参量进行测量。

与机械法和光学法比较，电测法有如下几方面的优点。

① 具有较宽的频带、较高的灵敏度和分辨率以及较大的动态范围。

② 可以使用小型传感器安装在狭窄的空间，对测量对象影响较小，有的传感器可实现不接触测量。

③ 可以根据被测参数的不同，选择不同规格或不同类型的传感器。

④ 便于对信息进行记录和存储，供进一步分析处理。

（2）振动传感器与测量分析仪器的配套

振动传感器的种类很多，常用的有压电式加速度计、电动式速度传感器和电涡流式位移计。近年来又生产出压阻式加速度计和伺服式加速度计，它们的共同特点是可测量极低频振动，缺点是上限频率不如压电式加速度计高。

振动传感器与测量仪器最简单的配套为传感器加直读式振动计，即便携式测振表，通常包括与传感器配合的放大线路、检波线路、指针式表头或数显线路及数显指示器。它能指示振动信号的峰值，较复杂的振动计还附加选频线路，可做粗略的频率分析，以测量振动信号的频率成分。

（3）大型机械的振动监测

大型机械进行状态监测的振动监测系统的组成如图 2-15 所示。

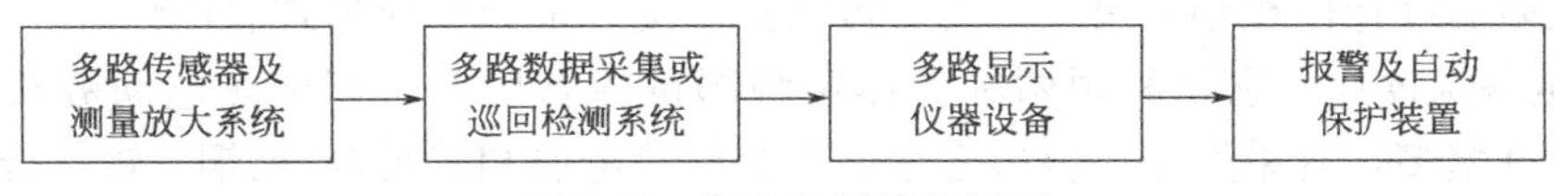

图 2-15 振动监测系统框图

振动监测系统能随时监督机械是否出现异常振动或振级超出规定值，一旦出现，能立即发出警报或自动保护动作，以防故障扩大。长期积累机械的振动状态数据，有助于监测人员对机械故障趋势作出判断。

（4）频率分析

进行故障分析的主要手段是频率分析（又称谱分析）。例如：旋转机械的基频（转速）振动通常由于转轴的不平衡或初始弯曲；二倍频振动可能是轴承对中不良；半频振动或定频

（不随转速改变，低于转速）振动常常是由于油膜振荡或内阻引起的自励振动；变频振动可能是轴承或齿轮缺陷所引起等。

频率分析系统的配套如图 2-16 所示。

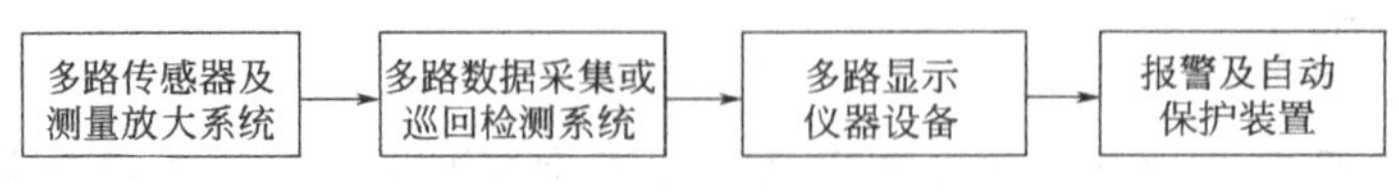

图 2-16　频率分析系统框图

当前国内已能提供较多品种的振动监测、诊断仪，其中包括多功能信号处理机、台式计算机及故障诊断软件包等组成的故障诊断系统如图 2-17 所示。

图 2-17　故障诊断系统框图

2.5.3　温度测量

机械的摩擦部位温度的变化，往往是机械故障的预兆。利用测温计测量温度变化的数据，来判断机械的技术状态，以查出早期故障，是常用的诊断技术。

测温仪的种类很多，按测量方式来划分有接触式和非接触式两大类。

（1）接触式测温仪

接触式测温仪的测温元件与被测对象有良好的热接触，通过传导和对流，达到热平衡以进行温度测量。接触式测温仪可以测量物体内部的温度分布，但对运动体、小目标或热容量小的测量对象，测量误差较大。

① 液体玻璃温度计。这类温度计属于水银密封式，可测－35～＋350℃范围，常用于测量水温和油温，使用时应避免急热、急冷，注意断液、液体中的气泡和视差。不宜用于表面测量。

② 电阻温度计。它是利用电阻与温度呈一定函数关系的金属导体或半导体材料制成的感温元件，当温度变化时，电阻随温度而变化，通过测量回路的转换，能显示出温度值，根据感温元件的材料，分为金属元件的铂电阻温度计和半导体元件的热敏电阻温度计。

铂电阻温度计准确性高，性能可靠，但热惯性较大，不利于动态测温，不能测点温，常用于部位监测专用的轴承测温等。

热敏电阻温度计体积小，灵敏度高，可测点温度，常制成便携式温度计。

③ 热电偶温度计。它是利用两种导体接触部位的温度差所产生热电动势来测量温度。热电偶的品种繁多，有采用铂、铑等合金的贵金属热电偶和采用铜/康铜、镍铬合金/镍铝合金的廉金属热电偶；有根据使用条件、补偿导线分为普通（测温 300℃）和耐热（测温 700℃）两种温度计；有内装电池的便携式，也有需接交流电源的，这类温度计广泛用于 500℃以上高温测量。

（2）非接触式温度计

由于物体的能量辐射随其绝对温度和辐射表面的辐射系数而定，故不需直接接触也可根据辐射能量来推算表面温度。这种非接触式温度计不会破坏被测对象的温度场，不必与被测对象达到热平衡，温测上限不受限制，动态特性较好，可测运动体、小目标及热容量小或温度变化迅速的对象表面温度，使用范围较广泛，但易受周围环境的影响，限制了测温的精度。常用的有以下几种。

① 光学高温计。它的可测温度在500℃左右，辐射的主要部分属视频范围。使用时将物体表面的或气体的颜色与一加热灯丝作比较，即可测定温度值，其误差在2%以内。

② 辐射高温计。它是利用热电元件或硫化铅元件测量发热面的辐射能，频率范围可以是某一特定波段（如红外区），也可以是整个光谱范围。可测温度为40～4000℃，精度约2%，仪器视场角为3°～15°。

③ 红外测温仪（又称红外线温度传感器）。它是以检测物体红外线波段的辐射能来实现测温，是部分辐射法测温的主要仪表。红外测温仪有热敏式和光电式两类，前者是利用物体受红外辐射而变热的热效应作用；后者是利用物体中电子吸收红外辐射而改变运动状态的光电效应作用。后者比前者的响应时间要短得多，一般为微秒级。

红外测温仪具有体积小、重量轻、携带方便、灵敏度高、反应快、操作简单等优点，适用于现场机械的温度检测，尤其对轴承温升的检测有明显的优越性。

④ 热辐射温度图像仪（简称热像仪）。它是利用物体热辐射特性，对被测物体平面、空间温度分布以图像表现的测温设备。这种设备可以用来测定－30～＋2000℃之间的温度。如被测物件有问题，其表面温度显示在屏幕上便是辉度或彩色的差别。它适用于正在运行中或不容许直接接触的机械技术状态的检测。

2.5.4 润滑油样分析

利用润滑油中的微粒物质，诊断机械的磨损程度，是一种快速、准确、使用面广的诊断技术。润滑油在机械内部循环流动，将机械零部件在运动中相互摩擦产生的磨损颗粒同油液混合在一起。这些微细的金属颗粒包含着机械零部件磨损状态、机械运行情况以及油质污染程度等大量信息，这些信息能显示机械零部件磨损的类型和程度，预测其剩余寿命，为计划性维修提供依据。同时，还可根据润滑油质量，确定更换期限。

润滑油样分析根据其分析指标及方法的不同，可分为两大类：一类是油液本身的物理化学性能指标分析；另一类是油液中微粒物质的分析，也称磨屑分析，它是属于精密诊断范畴。

（1）润滑油样的物理化学性能指标分析

内燃机使用的润滑油（包括液压油），由于经常处于高压、高温、高速的工作环境，其物理化学性能随着机械运转时间的延长而氧化变质，经过一定周期后就要更换。但由于机械类型复杂、工作环境多变、使用维护的水平不同等多种因素，润滑油的劣化程度也不会一样，如按规定周期换油，必然要造成过早更换的浪费或过晚更换加速机械磨损。因此，改变按期换油为按质换油，不仅减少润滑油的浪费，而且能保持润滑油的质量，延长机械使用寿命。

评价润滑油的物理化学性能指标很多，主要有黏度、酸值、水分、机械杂质及不溶物、闪点、酸值、碱值等，这些指标都有常规的化验方法，但是这些常规化验方法的设备复杂，方法烦琐，不适宜现场化验使用。

为了对现场机械快速检测其在用润滑油的性能，国内已生产出把几种检测仪器结合在一起的便携式内燃机油快速分析器。该分析器能测使用中机油的黏度是否超过了允许极限，并可测得极限内的近似值；可测机油中的实际含水量，在极限值（0.5%）以下时，与常规分析对比其精确度极相近；可测机油的酸值是否超过了允许极限及极限内的近似值；与斑点图谱对比，可反映使用中机油的污染程度及清净分散添加剂的消耗程度。

通过检测，对使用中的机油能起到监视作用，以达到按机油实际情况更换，避免浪费，并对判断内燃机的工作状况提供可靠的依据。

（2）润滑油样的磨屑分析

对润滑油样中磨屑的分析是诊断机械故障的有效手段。常用的磨屑分析方法有光谱分析法、铁谱分析法和磁屑检测法。

① 光谱分析法。光谱分析法适用于内燃机、汽轮机以及各种传动装置、齿轮箱等的密封润滑系统和液压系统。它是采用原子发射或原子吸收光谱来分析润滑油中磨屑的成分和含量，据以定量地判断出磨损零件的类别和磨损程度。

光谱分析的基本原理是当原子的能量发生变化时，往往伴随着光的发射或吸收。发射和吸收的波长与原子粒外层电子数有一定关系，可以通过测定波长来确定元素的种类。通过测定光的强弱来确定元素的含量，在进行润滑油样光谱分析时，可以使用分光光度仪和原子吸收光谱仪。当前也有使用能量分散X射线分析法和氩气等离子体光谱分析法等。原子吸收光谱仪的精度为（1～500）$\times10^{-6}$，可以同时分析20种元素，对于内燃机来说，最常分析的元素是铁、铝、铬、铜、锡、锰、钼、镍、硅等。由于润滑油中各磨损元素的浓度与零部件的磨损状态有关，光谱分析结果便可以判断与这样元素相对应的各零部件的磨损状态，从而达到故障诊断的目的。一般的对应关系如下。

铜——铜套、含铜轴衬、差速器承推垫片、冷却器等部位。

铁——曲轴、缸套、齿轮、油泵等部位。

铬——活塞环、滚动轴承、气门杆等部位。

铝——活塞或其他铝合金部位。

钼——活塞环等。

硅——表示尘土的侵入程度。

使用发射和吸收式光谱仪，要对油样进行烦琐和费时的预处理工作。从国外引进专用于润滑油分析的发射光谱仪，由计算机控制分析程序，抽样不需预处理，可直接读数，使操作更为方便可靠。

② 铁谱分析法。铁谱分析是从油液中分离出金属磨损颗粒，以进行显微检验和分析的一种新技术。铁谱分析的仪器为铁谱仪，有分析式、直读式和在线式三种。常用的为分析式，其工作原理如图2-18所示。

将润滑油样由微量泵输送到放置成与异形磁铁的顶面成一定角度的铁谱基片上，在油样流下的过程中，油样中的金属磨屑，在高强度、强磁场的作用下从油样中分离出来，按由大到小的次序沉积在特制的铁谱基片上，并沿磁力线方向排列成链状。经清洗残油和固定处理后，制成铁谱片，如图2-19所示，再对其进行有关形状、大小、成分、数量及粒度分布等方面的定性和定量分析，以获得机械技术状态的信息。

铁谱分析为磨损机理的研究和机械状态监测提供了新的重要途径，尤其在施工机械、液压系统、内燃机、齿轮箱等机械或总成的状态监测和故障诊断中得到广泛应用，成为微粒摩擦学的重要研究手段。

③ 磁屑检测法。常用的磁性碎屑探测器是磁塞。它的基本原理是用磁性的塞头放置在润滑系统的适当部位，利用其磁性吸取润滑油中的铁屑（有些内燃机润滑油箱的放油塞也具有磁塞功能），定期取出磁塞，并取下附在它上面的铁屑进行分析，就可以判断机械零部件的磨损性质和程度。因此，它是一种简便而行之有效的方法，适用于铁屑的颗粒大于50μm

的情况。由于在一般情况下，机械零件的磨损后期会出现颗粒较大的金属磨屑，因此，磁塞检查是一种很重要的检测手段。

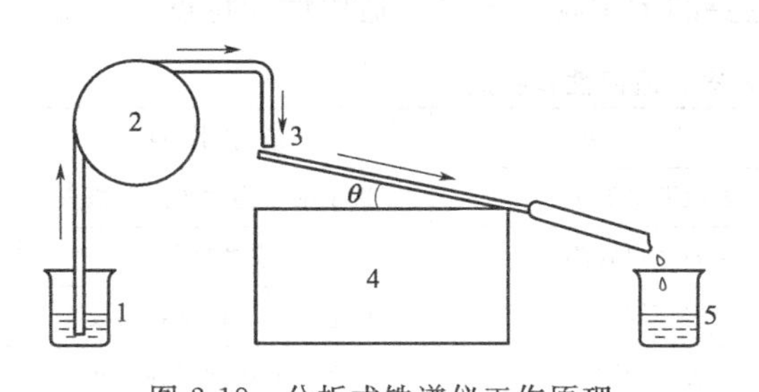

图 2-18 分析式铁谱仪工作原理

1—油样；2—微量泵；3—铁谱图基片；4—磁铁；5—废油

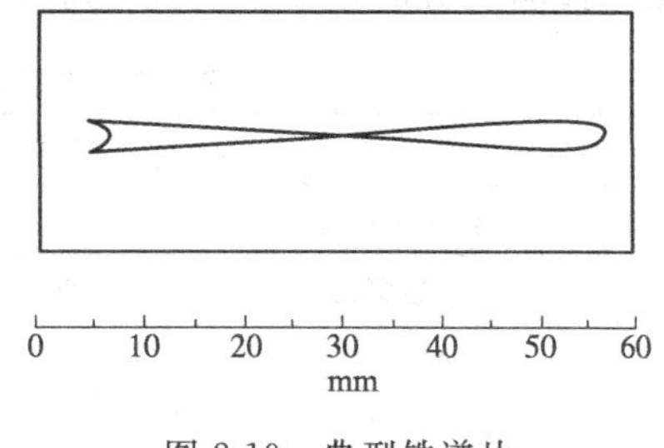

图 2-19 典型铁谱片

上述各种油样分析仪器在其分析内容、效率、速度及适用场合等方面都具有各自的特点。就分析效率与油样内微粒物质粒度间关系比较，光谱仪的有效区是微米以下；铁谱仪是 $10^{-1}\sim10^{2}$ 微米级。就分析内容比较，光谱仪可测定各微量元素含量，但不能测出磨粒形态和测量磨粒大小；铁谱仪则弥补了光谱仪的不足，能测出磨粒形态和磨粒粒度分布的重要参数，但它对有色金属等磨粒就不具备如铁磨粒那样高的分析效率。因此，在进行油样分析时，要根据诊断对象的具体特点及综合成本和效益方面考虑选择恰当的仪器。由于大型机械结构的复杂性，必要时还得采用光谱、铁谱等多种仪器进行联合分析，以取得较全面的结论。

2.5.5 噪声（声响）测量

在机械运行过程中，噪声的增大意味着机械的磨损或其他故障的出现。对噪声的测量和分析，有助于诊断机械故障所在。

机械噪声的特性主要取决于声压级和噪声频谱。相应的测量仪器是声级计和频率分析仪。

① 声级计又称噪声计，通常由传声器和测量放大器组成，传声器的作用是将声能变换为电能。测量放大器是由前置放大器、对数转换器、计权网络、检波器及指示表头等组成。由传声器及前置放大器获得与声压成正比的电压信号，对数转换器将其转换成以分贝（dB）值表示的声压级信号。计权网络是考虑到人耳听觉对不同频率有不同的灵敏性而设置的特殊滤波器。IEC 标准规定了 A、B、C 三种标准的计权网络，其中最常用的是 A 计权网络。

声级计按其整机灵敏度精度值，可分为普通声级计（小于±2dB）和精密声级计（小于±1dB）。前者用于一般噪声测量，后者用于精密声测、噪声分析和故障诊断。

② 频谱分析仪是由声级计、倍频程滤波器或 1/3 倍频程滤波器以及电平记录仪等构成。在测量系统中引进磁带记录仪，可减少现场测量需要携带的仪器，缩短现场测量时间。在需要测量分析某些瞬时噪声时，尤为重要。

2.5.6 无损探伤检测

无损探伤检测简称无损检测。它是在不损伤和不破坏机械或结构的情况下，对它的性质、状态和内部结构等进行评价的各种检测技术。

机械及其零部件在制造过程中，可能产生各种各样的缺陷，如裂纹、疏松、气泡、夹渣、未焊透等。在运行过程中，由于应力、疲劳、振动、腐蚀等因素的影响，各类缺陷又会不断产生和扩展。无损检测不但要测出缺陷的存在，而且要对其作出定量和定性的评定，避免由于机械不必要的检修和零件更换而造成浪费。

无损检测的方法很多，表 2-7 列出了几种主要的无损检测方法、适用性和特点。

表 2-7　主要无损检测方法、适用性和特点

序号	检测方法	缩写	检测对象	基本特点
1	内窥镜目视法	—	表面开口缺陷	适于细小构件的内壁检查
2	渗透探伤法	PT	表面开口缺陷	设备简单
3	磁粉探伤法	MT	表面缺陷	仅适于铁磁性材料的设备
4	电磁感应涡流探伤法	ET	表面缺陷	适于导体材料的设备
5	射线探伤法	RT	表层和内部缺陷	直观、体积型缺陷灵敏度高
6	超声波探伤法	UT	表层和内部缺陷	速度快、平面型缺陷灵敏度高
7	声发射检测法	AE	缺陷的扩展	动态检测
8	应变测试法	SM	应变、应力及其方向	动态检测

注：表层缺陷也包括表面开口缺陷。

（1）内窥镜目视法

使用内窥镜可以对机械内部进行目视检查。直型和光导纤维型内窥镜可以直接观察如内燃机汽缸、齿轮箱、密封容器等内部情况，其基本原理如图 2-20 所示。光纤能通过弯曲的线路传送图像，在光纤内，光的传播路线由大量的连续玻璃纤维所组成，它们被配置成能在其一端看到由另一端映入的图像。每一条玻璃纤维的作用就是一根具有反射面的管子（镜筒）。从一端进入的光连续地被此内表面反射，直到在另一端被映出为止。利用光纤能将光通过弯曲的线路传送图像的特性，用来对实际无法检查的部位进行目视，尤其适用于机械的状态监测。

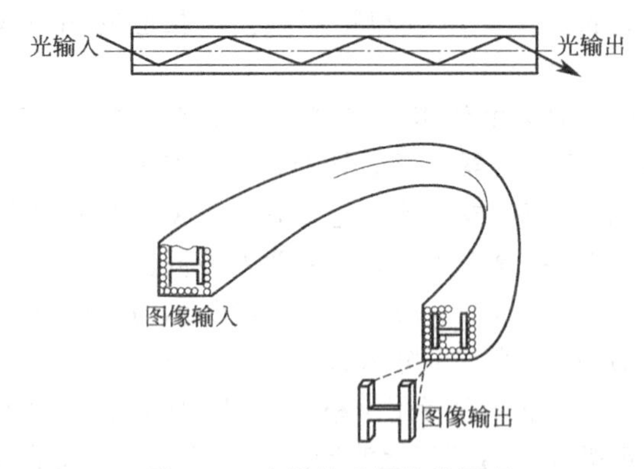

图 2-20　光纤传送图像的原理

（2）渗透探伤法

将渗透剂涂在被测件的表面。当表面有裂口缺陷时，渗透剂就渗透到缺陷中，去除表面多余的渗透剂，再涂以显像剂，在合适光线下观察被放大了的缺陷显示痕迹，据此判断缺陷的种类和大小，这就是渗透探伤法。它是一种最简单的无损探伤方法，可检测表面裂口缺陷，适用于所有材质的零部件和各种形状的表面。具有适用范围广、设备简单、操作方便、检测速度快等特点，是最广泛应用的无损探伤法。

图 2-21 所示为渗透探伤法的基本操作步骤。

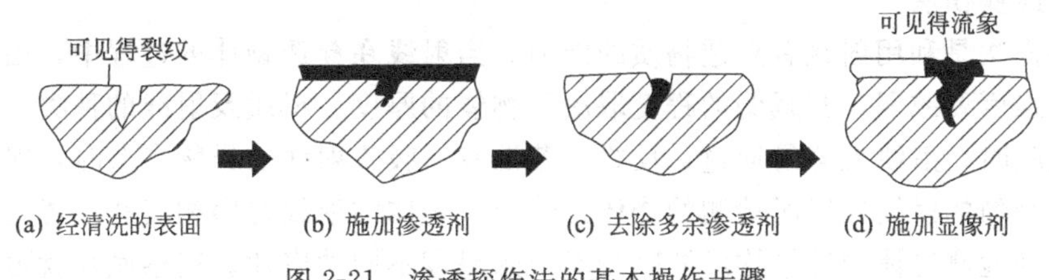

图 2-21 渗透探伤法的基本操作步骤

① 预处理。零部件表面开口缺陷处的油脂、铁锈及污物等必须清洗干净。

② 渗透。根据零部件的尺寸、形状和渗透剂种类，采用喷洒或涂刷的方法，在零部件探伤表面覆盖一层渗透剂。由于渗透液体的表面张力所产生的毛细管作用，所以要让渗透剂有足够时间充分地渗入缺陷中。

③ 乳化处理。如使用乳化型渗透剂，应在渗透完成后再喷上乳化剂，它可与不溶于水的渗透剂混合，产生乳化作用，使渗透剂容易被水清洗。

④ 清洗处理。清洗掉被测表面的多余渗透剂，注意不要洗掉缺陷中的渗透剂。

⑤ 显像。将显像剂涂在被测零部件表面，形成一层薄膜。由于毛细管的作用，渗入缺陷中的渗透剂被吸出并扩散进入显像剂薄膜之中，形成带色的显示痕迹。如采用荧光渗透剂时，在暗室内用紫外线照射，能形成黄绿色荧光，据此可判断缺陷的类型和大小。如采用着色渗透剂时，在一定亮度的可见光下即可观察。

⑥ 后处理。探伤结束后，清除残留的显像剂，以防腐蚀被检测零部件的表面。

渗透探伤法的优点是：成本低，设备简单，操作方便，应用范围广，灵敏度比人眼直接观察高出 5～10 倍，可在被测部位得到直观显示；缺点是：仅适用于表面开口缺陷的探伤，灵敏度不太高，不利于实现自动化，无深度显示。

(3) 磁粉探伤法

铁磁性材质（铁、镍、钴）的零部件，其表面或近表层有缺陷时，一旦被强磁化，会有部分磁力线外溢形成漏磁场，它对施加到零部件表面的磁粉产生吸附作用，因而能显示出缺陷的痕迹。用这种由磁粉痕迹来判断缺陷位置和大小的方法，称为磁粉探伤法。

磁粉有普通磁粉和荧光磁粉两种。一般使用普通磁粉，只有在检验暗色工件并有荧光设备时，才使用荧光磁粉。使用的磁粉又有干磁粉和磁粉液两种。使用磁粉液清晰度较高，因而广泛采用。其配制是在每升柴油与变压器油的混合油中加入 1～10g 磁粉。

常用的便携式磁粉探伤装置有：触头（或称磁锥）、磁轭（永久磁轭或电磁轭）和旋转电磁等装置。

磁粉探伤有足够的可靠性，对工件外形无严格要求，设备简单，容易操作。不足之处是只能探测铁磁性材料的表面和近表面缺陷，一般深度不超过几毫米。

零部件经过磁粉探伤后，必须进行退磁处理。

(4) 电磁感应涡流探伤法

电磁感应探伤就是采用高频交变电压通过检测线圈在被测物的导体部分感应出涡流，在缺陷处涡流将发生变化，通过检测线圈来测量涡流的变化量，据此来判断缺陷的种类、形状和大小。由于探伤深度、速度和灵敏度都与激励频率有关，为了扩大应用范围，目前已向多频涡流方向发展。

这种仪器可用于黑色和有色金属，但对于不同材料，必须使用不同的探测头，并按所测材料校准仪器。

(5) 射线探伤法

射线探伤法是利用射线有穿透物质的能力。当射线在穿透物体的过程中，由于受到吸收和散射，其强度要减弱，其减弱的程度取决于物体的厚度、材质及射线的种类。当物体有气孔等体积缺陷时，射线就容易通过；反之，若混有易吸收射线的异物夹杂时，射线就难以通过。将强度均匀的射线照射所检测的物体，使透过物体的射线在照相底片上感光，把底片显影后，就得到检测物体内部结构或缺陷相对应的黑度不同的底片。观察底片就可以确定缺陷的种类、大小和分布状况，这就是射线探伤法。

用于探伤的射线有 X 和 Y 两种，检测机械一般用 X 射线。由于这种射线对人身有影响，使用时要注意对人体屏蔽防护。

(6) 超声波探伤

发射的高频超声波（1～10MHz），从探头射入被检物中，若其内部有缺陷，则一部分射入的超声波在缺陷处被反射或衰减，然后经探头接收后再放大，由显示的波形来确定缺陷的危害程度，这就是超声波探伤法。

超声波和射线是两种最主要的无损检测方法，其主要性能特点对比见表 2-8。

表 2-8 超声波和射线探伤主要性能对比

种类＼特点	可测厚度	成本	速度	对人体	敏感的缺陷类型	显示特点
超声波	大	低	快	无害	平面型缺陷	当量大小
射线	较小	高	慢	有害	体积型缺陷	直观形状

超声波探伤用于机械检测时，由于使用波型、发射接收方式、探头种类、显示方式、工件形状和缺陷类型等可按图 2-22 方式分类。

为了对缺陷进行定位、定量检测和定性分析，在选择超声波探伤仪时要考虑的主要性能指标有：

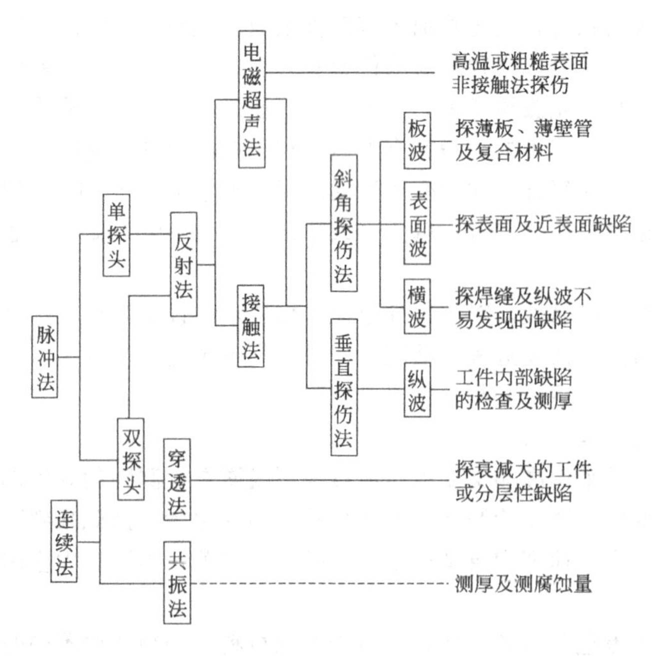

图 2-22 超声波探伤分类

① 灵敏度（包含了发射强度、放大增益等指标）。

② 分辨力（包括盲区和远距离分辨力）。

③ 垂直和水平线性。

④ 动态范围。

⑤ 频率响应特性。

此外，根据检测对象，合理选择探头的频率和角度等参数与探伤仪相匹配，以便得到理想的探伤效果。

（7）声发射检测法

当机械的某些部位的缺陷在外力或内应力作用下发生扩展时，由于能量释放会产生声波，并向四周传播，安放在被测表面上的传感器接收到这种信号，经放大和数据处理，来确定声源的位置和信号的特征，以判断缺陷的发展情况，这就是声发射检测。

声发射信号的基本特征参数有：幅度、计数（包括计数率或总计数）、持续时间、上升时间、平均信号强度、信号到达的时差等。

在进行声发射检测前，应根据现场周围环境的噪声情况，采用表 2-9 所列的抗干扰措施。

表 2-9　声发射检测的抗干扰措施

序号	鉴别方式	技术措施	作　　用
1	频率鉴别	选择传感器和滤波器的频率响应范围	可排除机械振动、摩擦等噪声
2	幅度鉴别	设置固定或浮动门槛电平	可排除低电平的高低频干扰
3	时间鉴别	设置上升时间和持续时间选通“窗口”	可排除机械和天电干扰
4	空间鉴别	在被测四周设置隔离传感器	可排除外来的干扰

（8）应变检测法

应变检测，是当各种机械有外力作用时，通过它来获得各部分应变大小、应力状态和最大应力的部位、方向及大小，从而可判断各部件的尺寸、形状和所用材料是否合理，也为安全、经济的设计目的提供依据。此外，它作为一种动态无损检测，往往将它和声发射技术综合起来使用。在声发射源的位置，测量其应变大小和应力集中状况及主应力的方向、大小等，来帮助对声发射源的危害程度作出评定。

主要应变检测法有：电阻应变法、光弹法、莫尔法、X 射线残余应力测试等多种方法及手段。

（9）检测能力的比较

上述各种无损检测方法对表面裂纹的检测能力的比较见表 2-10。

表 2-10　表面裂纹的极限检测能力　　mm

检测方法	裂　纹			说　明
	宽度	长度	深度	
目视法	10^{-1}	2	—	与表面状况和光照有关
渗透法	10^{-2}	1	0.1	与表面状况有关
磁粉法	10^{-2}	1	0.2	与磁化有关，适用于铁磁材料
涡流法	10^{-2}	1	0.2	与激励频率有关，适用于导体
超声波法	10^{-2}	2	1	与反射情况有关
X 射线法	0.3	5	0.3	垂直于表面，与厚度有关
声发射法	10^{-3}	10^{-2}	10^{-3}	在裂纹扩展时，才有信号

2.5.7 汽车及工程机械的综合检测

大型工程机械多数是以柴油发动机为动力，它的行走装置较多是采用轮式，其中多数是使用汽车底盘。在机械施工中，汽车及其具有多种专业功能的变型车在数量上占工程机械的多数。因此，当前国内生产品种繁多的汽车综合检测的各种仪器设备，大部分可以应用于工程机械的综合检测。

为了适应工程机械野外作业、流动性大的特点，施工企业应组装流动检测车，安装必要的检测工具、仪器，配备相应的检测人员，定期到现场进行巡回检测。检测车的配备应根据机械情况确定，在实施中可以根据需要不断补充。

汽车及工程机械常用检测诊断仪器及设备参见有关资料。

第3章 工程机械的维护

维护和修理通常称为维修。维护是指为了保持机械良好的技术状态及正常运行所采取的措施，它与长期来使用的“保养”是同一意义。当前国内很多部门（如机械工业、交通等）已将“保养”改为“维护”，但大多数施工企业仍习惯使用“保养”这个传统的称号。本书使用的“保养”与“维护”是同一概念。

3.1 工程机械的维护

工程机械在使用过程中，由于零件磨损和腐蚀、润滑油颇少或变质、紧固件松动或位移等现象，从而引起机械的动力性、经济性和安全可靠性的降低，针对这种变化规律，在零件尚未达到极限磨损或发生故障以前，采取相应的预防性措施，以降低零件的磨损速度，消除产生故障的隐患，从而保证机械正常工作，延长使用寿命，这就是对机械的保养。

工程机械维护的作用在于：

① 保持机械技术状况良好和外观整洁，减少故障停机日，提高机械完好率和利用率。

② 在合理使用的条件下，不致因机械意外损坏而引起事故，影响施工生产的安全。

③ 减少机械零件磨损，避免早期损坏，延长机械修理间隔期和使用寿命。

④ 降低机械运行和维修成本，使机械的燃料、润滑油料、配件、替换设备等各种材料的消耗降到较低限度。

⑤ 减少噪声和污染。

3.1.1 工程机械定期维护制度

(1) 机械定期维护制度的评价

机械定期维护制度是指为实现机械维护工作所采取的技术、组织措施的规定。长期以来，施工企业执行的定期维护制，基本上是延续20世纪50年代由前苏联引进的计划预期检修制。它是在“养修并重、预防为主”的方针指导下，根据机械零件的磨损规律，把各种零件的寿命划分为简单的等时间间隔期，从而得到机械各级维护期及作业项目。

机械定期维护制的优点是：通过定期维护，使机械零件经常保持良好的润滑、紧固和清洁，从而使机械配合件正常磨损阶段的磨损率下降，延长使用寿命，由于各项维护作业力求安排在机械出现故障之前，不仅保证机械的正常技术状况和安全生产，而且使机械维护工作能有计划进行。

机械定期维护的缺点是：由于机械类型、结构复杂，使用条件多变，即使同型机械，也存在新旧程度的差异，使用同一维护周期和作业项目，存在较大的盲目性；在机械设计、制造的可靠性和检测诊断技术还比较落后的情况下，机械出现的故障中属于突发性的比例还较大，为了预防故障发生，有时不得不扩大维护作业范围，甚至增加修理的内容，造成过度维修，浪费人力、物力。

鉴于以上情况，在学习国内外维护制度的基础上，一些施工企业已在进行改革维护制度的尝试，并取得初步成效。尽管如此，目前定期维护制度仍是施工企业普遍执行的维护制度。现行的《全国统一施工机械技术经济定额》和《建筑机械技术保养规程》仍属于定期保养（每班维护和1～3级维护）的内容。在没有新规定取代之前，仍须按此执行。

（2）机械定期维护的内容

机械定期维护的作业内容主要是清洁、紧固、调整、润滑、防腐，通常称为“十字作业”。

① 清洁。清洁就是要求机械各部位保持无油泥、污垢、尘土，特别是发动机的空气、燃油、机油等滤清器要按规定时间检查清洗，防止杂质进入汽缸、油道，减少运动零件的磨损。

② 紧固。紧固就是要对机体各部的连接件及时检查紧固，机械运转中产生的振动，容易使连接件松动，如不及时紧固，不仅可能产生漏油、漏水、漏气、漏电等，有些关键部位的螺栓松动，还会改变原设计部件的受力分布情况，轻者导致零件变形，重者会出现零件断裂、分离，导致操纵失灵而造成机械事故。

③ 调整。调整就是对机械众多零件的相对关系和工作参数如间隙、行程、角度、压力、流量、松紧、速度等及时进行检查调整，以保证机械的正常运行。尤其是对关键机构如制动器、离合器的灵活可靠性，要调整适当，防止事故发生。

④ 润滑。润滑就是按照规定要求，选用并定期加注或更换润滑油，以保持机械运动零件间的良好润滑，减少零件磨损，保证机械正常运转。润滑是机械维护中极为重要的作业内容，国内有些部门已把润滑管理作为专项技术工作对待。

⑤ 防腐。防腐就是要做到防潮、防锈、防酸，防止腐蚀机械零部件和电气设备。尤其是机械外表必须进行补漆或涂上油脂等防腐涂料。

（3）机械定期维护的分级

机械定期维护包括每班维护和按规定周期的分级维护。结构复杂的大型内燃机械，一般实行三级维护制，结构简单或电动的中小型机械实行一级或二级维护制。各级维护的中心内容是：

① 每班维护（又称例行维护）。它指在机械运行的前、后和运行过程中的维护作业，中心内容是检查，如检查机械和部件的完整情况；油、水数量；仪表指示值；操纵和安全装置（转向、制动等）的工作情况；关键部位的紧固情况；以及有无漏油、水、气、电等不正常情况。必要时添加燃料、润滑油料和冷却水，以确保机械正常运行和安全生产。每班维护由操作人员执行。

② 一级维护。它是以润滑、紧固为中心，通过检查，紧固外部连接件，并按润滑图、表加注润滑脂，添加润滑油，清洗滤清器或更换滤芯等。

③ 二级维护。它是以检查、调整为中心，除执行一级维护的全部内容外，还要从外部检查动力装置、操纵、传动、转向、制动、变速、行走等机构的工作情况，必要时进行调整，并排除所发现的故障。

④ 三级维护。它是以消除隐患为中心。除进行二级维护的全部作业内容外，还应对主要部位进行检查，必要时对应检查部位进行局部解体，以检查内部零件的紧固、间隙和磨损等情况，目的是发现和消除隐患。维护中不宜大拆大卸，以免损伤零件。

根据施工机械不易集中的特点，维护作业应尽可能在机械所在地进行。大型机械一级维护和中小型机械的各级维护，都应由操作人员承担。对于操作人员不能胜任的维护作业，由维修人员协助。二级以上维护应由承修人员承担，操作人员协助。

(4) 机械的特殊维护

机械除定期维护外，还有在特殊情况下的几种维护。

① 停放维护。它是指机械在停放或封存期内，至少每月一次的维护，重点是清洁和防腐，由操作或保管人员进行。

② 走合期维护。它是指机械在走合期内和走合期完毕后的维护，内容是加强检查，提前更换润滑油，注意分析油质，以了解机械的磨合情况。

③ 换季维护。它是指机械进入夏季或冬季前的维护，主要是更换适合季节的润滑油，调整蓄电池电解液密度，采取防寒或降温措施。这项维护应尽可能结合定期维护进行。

④ 转移前维护。它是根据行业特点，在机械转移工地前，进行一次相当于二级维护的作业，以利于机械进入新工地后能立即投入施工生产。

3.1.2 工程机械维护规程

(1) 工程机械维护规程的编制依据

工程机械维护技术规程的内容，主要是分机种的维护级别、间隔期、作业项目和要求等，它是执行定期维护的重要依据。由于各地区自然条件、施工环境、机械状况和技术水平等情况的不同，维护规程也难以要求完全一致。因此，制订维护规程除参照原厂说明书外，主要依据是：

① 在当地施工生产的具体条件下，通过一定时间的使用试验所取得的各个主要零件在保证正常磨损的前提下，必须进行维护的间隔期。

② 根据试验测定，在机械进行维护后，所能保证各机构工作可靠性的有效期限。

③ 根据一定时间使用试验的统计资料，经过分析研究，所能确保机械使用达到最高经济效果和最低维修费用的合理期限。

确定维护作业项目的内容，必须充分考虑机械类型及新旧程度；使用环境和条件、维修质量及燃料、润滑油料、材料配件的质量等因素作适当调整。科学的维护规程应是能提高机械效率、减少运行材料消耗和降低维修费用。

(2) 机械维护间隔期的确定

机械维护间隔期是根据磨损规律确定的，根据各级维护和修理的间隔期，可以排列成一个大修周期内的各级维护周期表，作为编制机械使用计划和维护、修理计划的依据。与制定维护作业项目一样，确定维护间隔期也要考虑上述各项因素区别对待。《全国统一施工机械维护修理技术经济定额》规定了施工机械。分机型的各级维护间隔期参见有关资料。企业应根据这个规定，结合实际情况，并参照机械说明书要求，制定出比较恰当的维护周期表。

维护周期表的画法，可参照图 3-1 所示。

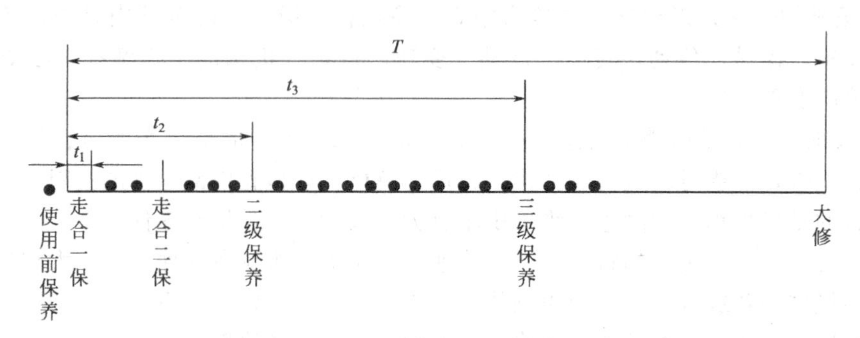

图 3-1 机械维护间隔期进度表

t_1—一级维护；t_2—二级维护；t_3—三级维护；T—大修

(3) 机械维护停修期

除了每班维护外，各级定期维护都有规定的停修期。应根据维护作业范围、项目和本单位的维修能力、组织方式等情况确定。在保证维护质量的前提下，尽可能缩短停修期。《全国统一施工机械维护修理技术经济定额》规定的各级维护、修理停修期参见有关资料。

3.1.3 工程机械维护计划的编制和实施

(1) 机械维护计划的编制

机械维护由于工作量少，时间短，次数多，所以一般是按月编制月度机械维护计划，作为机械施工作业计划的组成部分，一并下达执行和检查。

制定月度机械维护计划的依据是：

① 上月的机械维护计划和执行情况。

② 本月的机械使用作业计划。

③ 各种机械的维护间隔期及停修期。

④ 机械的技术状况。

⑤ 维修力量和维修物资的储备情况。

(2) 机械维护计划的实施

① 维护计划是组织机械按时进行维护的依据。机械使用单位在安排施工生产和机械使用计划时，必须安排好维护计划，并作为生产作业计划的组成部分。在检查生产计划执行情况的同时，要检查维护计划的执行情况，切实保证维护计划能按时执行。

② 维护计划应按月度编制，由使用单位机械管理部门于月前根据每台机械已运转台时，结合下月需用机械的情况，按照维护间隔期确定每台机械应进行的维护级别和日程，经单位主管审定后下达执行。

③ 为保证维护计划的按时进行，机械使用部门应负责保证维护计划规定所需作业时间，机械管理部门应保证机械计划工作日，操作和维修人员应按分工保证机械维护作业进度和质量。对拖延维护导致机械损坏者，要按机械事故处理。

④ 机械管理部门要检查督促维护计划的实施，在机械达到维护间隔期前，要及时下达维护任务单，通知操作或维修人员进行维护。如因生产任务原因需要提前或延期执行时，须经机械主管人员同意，但延期时间不应超过规定间隔期的 10%。

⑤ 维护任务完成后，执行人要认真填写维护记录，二级以上维护作业完成后，由机械管理部门审查维护记录，并将有关资料纳入技术档案。

3.1.4 工程机械维护质量的保证措施

(1) 编制维护工艺卡片

为了采用先进的维护工艺，统一操作方法，以保证维护作业的质量要求，维护机构要根据维护规程所列的作业项目和要求，结合本单位具体情况，编制主要机械的维护工艺卡片，以指导作业人员做好维护作业，保证质量要求。

维护工艺卡片的主要内容应包括：机械的名称、规格、型号、编号、维护级别；机械的技术状况和存在问题；维护作业项目和操作方法；作业的技术要求和质量标准；安全措施和注意事项以及规定的作业时间等。

(2) 机械维护质量的分工要求

① 机械管理部门应设专人对维护质量进行全面监督检查，对维护中各项资料进行分析，掌握机械技术状况，为编制维护工艺、总结经验积累资料。

② 机械使用单位要负责编制维护计划，并对维护前和维护后的质量检验作出记录，同时要保证维护必需的物资供应。

③ 维护作业单位要在保证质量的前提下，按期完成维护任务，不影响施工生产需要。

④ 维护作业人员要对维护机械的质量全面负责，认真执行维护工艺卡片的要求。

(3) 机械维护质量的检验

① 机械维护必须坚持“预防为主，质量第一”的原则。严格按照规定的项目和要求进行维护，确保质量。不得漏项、失修，也不得随意扩大拆卸零件范围。

② 必须坚持自检、互检和专职检验相结合的检验制度。凡由操作工进行的维护，应由承保人自检，班组长复检，专职人员抽检。凡由专业维护单位进行的维护，应实行承保人自检、互检、班组长复检、专职人员逐台检验和操作人员验收的制度。

③ 建立维护竣工合格证制度。维护单位对维护（二级及以上）竣工的机械，必须经过专职检验员检验合格，签发维护竣工合格证后才能出厂，并应对维护竣工出厂的机械实行质量保证（保证期为5～10天）。在保证期内因维护质量造成机械故障或损坏，应由维护单位负责修复。

④ 维护单位要创造条件，逐步实现检验仪表化，采用先进的检测诊断技术，使质量检验工作建立在科学的基础上，以提供可靠保证。

3.2 汽车的定检维护制

定检维护制是当前一些发达国家推行的维护制度，即在维护作业中加强检测诊断内容，根据检测诊断结果的需要来组织维修项目内容，实现预防维修的目标。我国交通部于1990年颁发的13号令，对汽车实行定期检测、强制维护的要求。经过几年的试行，已制定和完善了切合国情的定检维护制和相应的规程、规范等一系列技术文件，成为我国当前比较完善的汽车维护制度。

3.2.1 定检维护制的内容

(1) 定检维护制的作业内容

定检维护制的作业内容，除包括定期维护制的“十字方针”外，还增加了检查和补给作业。

① 清洁作业。是指车辆外表清洗，车身擦拭，保持空气滤清器、燃油滤清器和蓄电池的清洁等。清洁作业是车辆维护的最基本内容。

② 检查作业。包括人工检视和仪器设备检测诊断。如检查车辆装备齐全、车容整洁，检查轮胎气压和磨损情况，检查发动机运转和有无“四漏”现象，检测废气排放，检测前轮侧滑量，异响诊断等。检查作业是定检维护制的灵魂，其他作业都依赖于检查的结果。

③ 补给作业。是指经过检查，按需要添加燃料、润滑油、冷却水、蓄电池电解液等。

④ 润滑作业。是指按各总成、各部位润滑要求进行润滑。如添加或更换各机构的润滑油和润滑脂等。

⑤ 紧固作业。是指检查并紧固各连接件，如汽缸盖、进排气管、发动机支承、传动轴、半轴、轮胎、钢板弹簧等主要连接螺栓。

⑥ 调整作业。是指按规定调整发动机怠速、喷油器喷雾质量、离合器及制动器踏板高度及自由行程、转向器游隙等。

维护作业中，除主要总成发生故障必须解体外，一般不作解体。如需拆检总成并更换主要零件，就属于修理作业范围。

（2）定检维护制的分级

定检维护制将车辆定期维护分为日常维护、一级维护、二级维护三个等级。各级维护的主要内容如下。

① 日常维护（又称每班维护）。它的内容和定期维护制的每班维护作业内容相似，由操作人员在作业前、作业中、作业后进行的维护作业，是以清洁、补给和安全检视为中心内容。日常维护是保持车辆技术状况的日常性工作，是车辆维护工作的基础。

② 一级维护。它的内容和定期维护制的一级维护作业内容相似，以清洁、润滑、紧固为作业中心。由操作人员承担，维修人员协助。

③ 二级维护。它是由基本作业和附加作业两部分组成。基本作业内容和定期维护制的二级维护作业内容相似，附加作业则根据检测情况确定。由专业维修人员担任。

3.2.2 定检维护制的检测诊断和技术评定

定检维护制的二级维护是高级维护，为了保证二级维护作业范围的合理性，提高车辆维护的经济性，把二级维护作业分为基本作业和附加作业两部分内容，附加作业包括一些难度较大的维护作业（如拆检调整曲轴轴承间隙，拆检变速器、减速器等）和修理作业（如更换活塞环、离合器片、制动蹄片、研磨气门等）。这类作业原属定期维护制的三级维护作业内容，在取消三级维护后，通过二级维修前的检测诊断和技术评定后，对需要检修的项目作为二级维护的附加作业，达到按需维修的目的。

（1）二级维护前的检测诊断

车辆进行二级维护前，先要进行检测诊断，运用人工检查和设备检查相结合的方法，对车辆的性能参数、故障部位和原因，给予定量和定性的检测和检查。根据检测检查结果，由检测人员会同技术人员结合该机驾驶员的反映和技术档案记录综合分析，进行技术评定，作为编制修理计划和确定本次二级维护中附加作业内容的依据。

车辆二级维护前检测诊断的项目及作业顺序如图 3-2 所示。

车辆二级维护后，必须经过竣工检测。这种检测同样是采用人工和设备相结合的方法，有效地保证车辆维护质量。

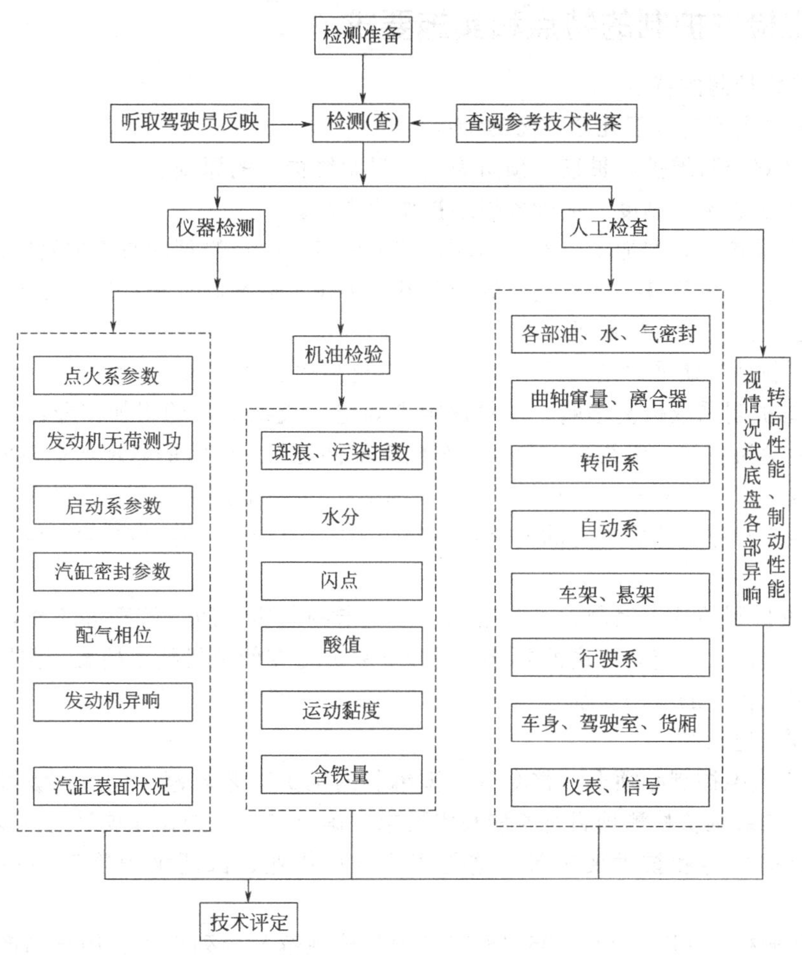

图 3-2 车辆二级维护前检测（查）作业顺序示意图

（2）二级维护前的技术评定

二级维护前的技术评定，是指在车辆检测诊断的基础上，确定二级维护基本作业的同时应进行的附加作业内容。

① 技术评定的原则。

a. 技术状况正常的车辆，可不做或少做附加作业；机况差的车辆，必须有针对性地增加附加作业，结合二级维护原定项目，一并执行。

b. 对发现的故障及隐患，及时安排小修，作为附加作业，确保车辆经过二级维护后达到完好或基本完好的标准。

c. 对机械或总成已达到大修标志的，应安排大修，以恢复车辆完好技术状况和工作能力，避免因失修造成损失。

② 技术评定的基本方法。

a. 向操作人员询问车辆使用情况，包括：动力装置性能，传动、制动、行走机构运转情况，燃、润油料消耗情况，以及各机构有无异常情况等。

b. 查阅、参考车辆技术档案有关内容，如车辆运行、检测、维修等记录，以及维护周期内故障及小修情况。

c. 分析二级维护前检测诊断结果，会诊故障，综合地进行技术评定。

3.2.3 定检维护制的特点和实施要求

(1) 定检维护制的特点

定检维护制主要有以下几个方面的特点。

① 坚持计划预防维护，贯彻“预防为主、强制维护”的原则。

② 规定了三级维护制度，明确各级维护作业中心。

③ 在二级维护中，增加了“检测诊断、技术评定、视情修理和竣工检测”的作业内容。

④ 强调维护质量管理，要求建立健全车辆维护技术档案制度和维护合格证制度。

(2) 定检维护制的实施要求

定检维护制是定期维护制的进步，因而具有更高的实施要求，主要是：

① 定检维护制采取检测诊断、技术评定来确定二级维护中的附加作业，从而取消了传统的以总成拆检为主的三级维护，保证了车辆零部件处于最经济的修理与更换期。因此，在二级维护前执行检测诊断和技术评定的水平，是决定定检维护制实施质量的关键，必须创造条件，保证检测和评定达到规定的要求，使预防为主、技术与经济相结合的维护原则真正得到体现。

② 定检维护制的计划编制、工艺组织、工艺卡的制定、质量管理等工作，都可以参照定期维护制的做法，但应有更高的要求。如建立完整可靠的单机技术档案，按照检测项目的要求做好二级维护前的检测，加强维护作业（主要是二级维护）的过程检验和竣工检验，如实填写各项技术记录等。

③ 实施定检维护制必须有一整套分机型编制的维护工艺规范，包括各级维护作业项目与技术要求，二级维护检测项目与相应技术要求，确定二级维护作业项目的依据以及过程检验、竣工检验的内容和技术要求等，这是实施维护作业、保证维护质量必不可少的技术依据。

交通部部颁标准 JT/T 201—95《汽车维护工艺规范》中列出了适用于国产第二代主要车型，即东风 EQ1092 和解放 CA1091 型的各级维护作业项目与技术要求，二级维护前检测诊断项目与技术要求，以及确定维护附加作业项目的依据等，参见有关资料。这是现有同类技术文件中比较完善的维护工艺规范，对于施工企业同样有推广价值。但由于施工企业机械类型繁多，各种机械都制定这类规范是有困难的。但是，一般内燃机械和汽车的构造近似，多数作业项目基本相同，以汽车为基础的轮式机械和专用车辆在主要施工机械中占有一定比例，因此，逐步推行定检维护制，对汽车维护工艺规范作适当补充，使之适用于施工机械，这是十分必要和能够实现的。

3.3 工程机械的点检制

定期检查制简称点检制、定检制。它是一些施工企业在学习全员生产维修（TPM）的基础上，对原有定期维护制进行改革后的一种维护制度。

(1) 定期检查制的作用

定期检查制是在保留定期维护制的日常维护和一级维护的基础上，以定期检查来代替二、三级维护。定期检查是指在规定时间内，按规定的检查项目和技术要求，由操作工或维修工凭感官感觉和简单的检测工具，对机械进行定点检查的一种检查方式，简称点检。通过点检，及时掌握机械技术状况的变化和磨损规律的第一手资料，以便消除隐患，防止突发故障和事故。因此，它是维护机械正常技术状态的一项重要措施，也是实行机械预防维修的基础。

(2) 定期检查制的分级和内容

定期检查按检查的周期和内容可分为：日常点检、定期点检和专项检查（精密检查）。

① 日常点检。日常点检是由操作人员每班对机械进行维护作业中的一项主要工作，其目的是及时发现机械运行中的不正常情况予以排除。检查方法是利用人的感官和简单的检查工具以及机械上的仪表和信号标志等。具体做法是由操作人员按照机械管理部门编制的重点机械点检卡逐点逐项进行检查，按照点检卡要求以各种符号进行记载，检查中发现不能立即排除的问题，按工作流程反馈给有关部门，安排计划修理，以消除隐患。

合理地确定检查点，是提高点检效果的关键。如果被检查的部位长期没有出现过异常，并且同类机械的情况也是这样，那就应该取消这个检查点。反之，如果经常出现异常的部位却未列入点检范围，就应加上这个检查点。因此，点检卡上的内容和周期应在执行中不断调整补充。日常点检还应与交接班记录有机地结合，即将其纳入交接内容并列入责任制考核，以保证日常点检的贯彻。

② 定期点检。定期点检是在机械运行一定时间后需要进行的逐点检查，由专业维修人员为主，操作人员参加，定期对机械进行检查。检查的目的是发现和记录机械出现异常、损坏及磨损等情况，以便确定修理的部位、类别和时间等，据以安排计划修理。

定期点检是一种有计划的预防性检查，并应配合定期维护作业。检查的手段除人的感官外，还要用一些检查工具和仪器，按定期点检卡所列项目和要求进行，并在定检卡上作出记录。

③ 专项检查（精密检查）。专项检查是定期点检的补充和完善，通过定期检查尚不能掌握情况，有必要作进一步检查的重点机械关键部位，由机械技术人员主持，维修和操作人员参加，根据检查情况，填写专项检查记录，并有针对性地安排维修，防止事故的发生。

定期检查制的分级及作业内容见表 3-1。

表 3-1 定期检查制的分级及作业内容

分级	对象	间隔期	检查目的	检查内容	需用时间	实施部门	执行人
日常点检	有专人操作的机械	每班	为了保证机械每班正常运行，不发生故障	异响、漏油、振动、温度、油量、清洁、紧固、调整	5～10min	机械使用部门	操作人员
定期点检	重点机械	定期（一个月以上）	保证机械的正常技术性能	测定机械劣化程度，确定机械性能，发现故障隐患	2～3h	机械维护部门	维修人员
专项检查	重点机械	根据需要	保证机械达到规定的技术性能	对定期点检中不能确定的问题作精细的检查、测定和分析	2～3h	机械维护部门	维修人员

(3) 定期检查制的特点

定期检查制是由定期维护制改革发展而成，都是为了保持机械技术状况，延长使用寿命这个共同目标。定期检查制取消了二、三级维护，而在保留每班和一级维护的基础上，增加了日常点检和定期点检，以及不定期的专项检查，它的主要特点是：

① 定检制的实施对象为重点机械，其点检项目都是按机型分别制定的，因而内容具体，目标明确，针对性强，集中力量保证重点机械的技术性能，符合机械管理的要求。

② 定检制突出“检查”为中心内容，根据检查结果安排修理，符合预防为主的方针，是实行预防维修的重要基础。同时也消除了原三级维护中过度维修所造成的浪费现象。

③ 通过定期检查，能及时发现机械隐患，有利于及时采取防范措施，防止突发性故障的发生，确保重点机械的正常运转和生产的正常进行。

④ 操作工人执行点检，促使他们对机械结构、性能的学习和掌握，提高爱护机械的责任心和维护能力，是全员参加管理和维修的较好形式。

⑤ 点检卡的记录，是反映机械技术状况的第一手资料，也是机械运行信息反馈的主要渠道之一，使机械的维修计划更加符合实际。

由此可见，实行定期检查制是实现全员管理和预防维修等现代化管理的主要内容。通过一些施工企业的试点，已初见成效，但由于施工机械流动性大的特点，难以按照车间固定设备的要求来进行，只能在现有维护制度的基础上，吸收定期检查制的优点，逐步加以改进。

3.4 工程机械的润滑管理

润滑是向运转机械的摩擦表面供给适当的润滑剂，以减少机械零件的磨损，降低能源消耗，延长使用寿命。在机械维护中，润滑是最重要的作业内容。我国机械工业部门早已将润滑作为机械维护的重要环节而建立了润滑管理制度。近几年来，一些施工企业也认识到润滑的重要性，在改革维护制度的同时，加强了润滑管理。尤其在机械固定的加工车间，更易于实行润滑管理。

（1）润滑管理的基本任务

润滑管理是用管理手段，按照技术规范的要求，实现机械的合理润滑和节约用油，减少机械的磨损，保证机械正常安全地运行。它的基本任务是：

① 建立润滑管理的组织和制度，拟订各级润滑人员的职责条例和工作细则。

② 贯彻和推行“五定，三过滤”的润滑管理办法。

③ 编制机械润滑技术资料，包括：润滑图表和润滑卡片；润滑、清洗、换油操作规程；使用润滑剂的种类、定额及代用品；换油周期及旧油检测后确定换油的标准等。用以指导润滑管理和操作人员正确执行润滑作业。

④ 编制年、季、月的机械清洗换油计划，组织制订润滑材料消耗定额。

⑤ 检查机械的润滑状态，及时解决润滑系统存在的问题，补充和更换缺损的润滑零件、装置，改进加油工具和加油方法。

⑥ 组织和督促废油的回收和再生利用。

⑦ 采取措施治理漏油，降低损耗，并积累治漏经验。

⑧ 组织各级润滑人员的技术培训，开展润滑管理的宣传教育工作。

⑨ 组织推广有关润滑的新技术、新材料的试验和应用，学习国内外有关机械润滑的先进经验。

（2）润滑管理的组织

润滑管理是机械管理的组成部分，应由机械管理部门负责，在机械使用单位设润滑站（组），配备专职或兼职润滑技术员，并按拥有机械数量配备适当比例的专职或兼职润滑工（由操作工或维修工兼任）。

润滑技术人员应受过专业训练，能正确选用润滑材料，熟悉机械润滑周期和要求，并具备操作一般油料分析和监测仪器、判定油况劣化程度的能力，不断改进润滑管理工作。

润滑工除应掌握润滑的技术知识和操作能力外，还应协助搞好各项润滑管理业务，经常检查机械润滑状态，定期抽样送检等。

(3) 润滑工作的“五定”和“三过滤”

“五定”和“三过滤”是多年来润滑管理实践经验的总结，是日常润滑工作的规范化、制度化。

① 五定。是指定点、定质、定量、定期、定人。其内容如下。

a. 定点：确定机械的润滑部位和润滑点（用图形表示），明确规定加油方法。机械操作工和润滑工均须熟悉各注油点。

b. 定质：按照润滑图表规定的油脂牌号用油；润滑材料及掺配油品须经检验合格，润滑装置和加油器具应保持清洁。

c. 定量：制定机械各润滑部位的用油量、添加量、日常消耗量和废油收回量，做到计划用油、合理用油、节约用油。

d. 定期：按润滑图表或卡片上规定的间隔期进行加油、添油，同时应根据机械实际运行情况及油质情况，合理地调整加（换）油间隔期，保证正常润滑。

e. 定人：按图表上的规定分工，分别由操作工、维修工和润滑工负责加（换）油，明确润滑工作的责任者，定期换油应做好记录。

② 三过滤。这是为了减少油液中的杂质含量，防止尘屑等杂质随油进入润滑部位而采取的措施。包括以下三种过滤。

a. 入库过滤：油液经运输入库泵入油罐储存时要经过过滤。

b. 转桶过滤：油液转换容器时要经过过滤。

c. 加油过滤：油液加注时要经过过滤。

(4) 润滑管理的基础资料

指导润滑工作正确进行的基础资料有以下几种。

① 润滑图表。它是机械润滑部位的指示图表。用不同颜色或不同形状的标志标明各个润滑点的油料品种、加（换）的间隔期，使操作工、维修工、润滑工能按图作业。

② 润滑卡片。它是润滑作业的执行记录。卡片上列出机械的润滑部位、润滑周期、所用润滑油的品种以及加（换）油量等，由润滑技术人员编制，润滑执行人填写，是润滑作业的依据。

③ 机械换油计划。是由润滑技术人员编制的年度及分月换油计划，并随机械的实际运转台时进行调整。有些机械的换油应根据油质抽样化验后确定。

(5) 润滑管理的实施

① 机械润滑工作要贯彻“五定”要求，做到既有明确分工，又能相互协作和督促，保证机械润滑的质量。

② 机械的日常润滑工作应由操作人员负责，润滑工负责定期检查机械的润滑情况，发现问题，报告润滑技术员组织处理。

③ 定期维护（维护）中的润滑、清洗和换油，由润滑工为主、维修工协助。机械换油应尽可能结合定期维护或修理时执行，需要进行油样检验分析的，由润滑工抽样送交润滑技术员根据化验结果确定。

④ 润滑技术员应根据润滑油的消耗量及油质化验情况，分析机械技术状况的劣化程度，提供有关人员作为安排修理计划的依据。

⑤ 关于润滑油的选用、质量检验、库存管理、废油回收利用等，参照有关内容。

第4章 工程机械的修理管理

工程机械在使用过程中，其零部件会逐渐产生磨损、变形、断裂、蚀损等现象（统称有形磨损）。由于零部件的使用材质和工作条件的不同，在一定时间内，它们的有形磨损也会不同程度地逐渐增加，使工程机械技术状态逐渐劣化，工程机械就会出现故障，不能正常作业，甚至造成停机。为了维持工程机械的正常运行，必须根据工程机械技术状态变化规律，更换或修复磨损失效的零部件，并对整机或局部进行拆装、调整的技术作业，这就是修理。因此，修理是使工程机械在一定时间内保持其正常技术状态的重要措施，是企业维持简单再生产的重要手段。

4.1 工程机械的修理制度

机械修理制度是一种技术性组织措施，它规定了修理的方式、分类、修理标志、技术鉴定、送修和修竣出厂规定以及修理技术标准、技术规范等。

4.1.1 工程机械修理方式

工程机械修理的方式是随着人们对机械磨损规律的认识和修理技术的提高而日趋合理。它的发展经历了事后修理制、预防修理制，正在向预知维修制方向发展。

（1）事后修理方式

机械发生故障或技术性能降低到合格水平以下时所进行的非计划性修理称为事后修理，也称故障修理。它是早期的一种修理方式，当时人们对机械磨损规律缺乏认识，只有当机械出现故障时才进行修理，至今在一些简单机械中仍采用这种方式。

机械发生故障后，往往会给生产造成较大损失，也会给修理工作造成被动和困难，但对故障停机后再修理并不会给生产造成损失的机械，则采取事后修理方式往往更经济。例如：对利用率低、修理技术并不复杂、能及时供应配件实行预防维修经济上不合算的机械，更适宜采用事后修理方式。

（2）定期修理方式

计划预期检修制是典型的定期修理方式，它是20世纪50年代从苏联引进后长期使用至今仍在一定范围内继续使用的定期修理方式，这种方式采用定期保养和计划修理的原则，包括两个方面的内容。

① 根据零件在使用期内发生故障的规律性，通过统计资料找出零件磨损规律，然后把零件的寿命划分成简单的等间隔期，据以安排相应的保养作业，使零件在寿命结束前更换或修理，以最大限度地利用零件。同时可以在很大程度上减少突发性故障的发生，确保机械的正常使用，这是一种有效的预防性措施。

② 把机械修理按其修理内容及工作量划分为若干不同的修理类别，根据零件磨损规律来确定每种修理类别之间的关系和间隔期，使不同的修理类别组成一个计划修理系统，从而形成一个建立在零件平均磨损基础上的定期修理体系。

这种修理方式，能使机械零部件经常保持良好的技术状态，预防突发性故障的产生，减少停机损失，使生产及修理工作均能有计划地进行。这种方式的缺点在于所采用的参数往往不是本身经验的积累，因而与实际情况不尽相符。为了达到预防的目的，尽量避免突发性故障，因而趋向于加大保险系数，造成修理频率高、间隔短、机械的可利用率低、经济效益不好。另一方面，采用的修理间隔期是以机种确定的，而每一台机械的具体情况是互不相同的，如果执行统一的修理周期结构和修理内容，必然会造成较多的过剩维修，使维修费用增高，因修理造成的停机率也随之增加，从而在一定程度上影响企业经济效益。

(3) 定期检查、按需修理方式

定期检查、按需修理，简称定检维修制。它是在总结计划预期检修制的不足，吸收国外以机械状态检测为基础的“预防维修”的做法，经过一些单位试点取得成绩，并已在一些施工企业推广的新的修理方式。它的特点是“定期检查、按需修理”，即根据机械的运行周期，通过一定的检测手段，检查了解机械的技术状态，发现存在的缺陷和隐患，有针对性地安排修理计划，以排除这些缺陷和隐患，从而保证机械有较高的有效利用率，在确保机械完好的前提下，防止过剩修理，减少修理费用，获得较好的经济效果。

定期检查、按需修理的方式，其结果较接近于机械的实际情况，因而所安排的修理计划是接近于机械当时的状况和切合机械缺陷所需要的修理，消除了计划预期检修制不切合实际的过剩或不足的修理，具有修理及时、费用低的优点。但检测诊断只能掌握机械近期状态，不能预测机械远期变化，因而不能安排长期的修理计划（如年、季度计划等），给修理准备工作带来一定困难。

(4) 综合修理方式

由于施工机械种类繁多，厂型复杂，它们的结构繁简、新旧程度、使用要求等存在很大差异，尤其在施工生产中的作用以及停机后对生产的影响程度也互不相同，如果不加区别地采用同一维修方式，必然会进行一些不必要的修理，增加修理工作的负担和减少机械的可利用率，造成人力、物力的浪费。一些施工企业在学习现代机械维修理论的基础上，根据施工机械的特点，改革了旧的修理方式，推行了各种修理方式并存的综合修理方式，并已取得初步成效。

综合修理方式就是将企业所有施工机械根据其结构繁简、重要程度、运行工况以及对磨损规律的认识程度等按 A、B、C 分类，采取不同的修理方式。

① A 类机械。对运行工况比较稳定、磨损规律比较明确以及生产中居重要地位的机械，如运输机械、电动起重机械（包括塔式起重机）、空气压缩机、发电机、加工机床等实行定期修理方式，即继续执行计划预期检修制。

② B 类机械。对运行工况不稳定、结构复杂、各部磨损差异较大或总成处于间歇工作

的重点施工机械，如挖掘机、推土机、铲运机、内燃式起重机、装载机、混凝土输送泵及泵车等采用以状态检测为基础的定检维修制。

③ C 类机械。对于结构简单、磨损比较直观的非重要机械，如卷扬机、电焊机、木工机械、钢筋加工机械、装修机械等，采用工程项目结束时进行一次性整修，然后转移到新工地继续使用或入库保管的方式。对于固定使用的机械，可在做好定期保养的基础上，实行事后修理方式。

(5) 修理方式的发展趋势——预知维修

随着机械的可靠性、维修性的提高、检测诊断技术的发展以及使用、管理水平的提高，机械的修理方式将朝着预知维修发展。

预知维修不仅强调机械的可靠性和维修性设计，而且为了减少机械寿命周期费用、提高机械效率，还必须强调机械经济效益。即采用先进的检测诊断技术，对机械进行不解体检测，结合信息分析和处理，就可以比较准确地了解机械的实际状态，根据检测和诊断中发现的缺陷来安排修理项目，更能符合实际情况。这种按机械实际情况和需要及时安排修理的方式，针对性强、效率高，可以节约大量的维修费用和材料消耗，从而消除了维修中难以避免的盲目性。

目前，在一些发达国家研究应用检测诊断技术已达到较高水平，机械的不解体诊断使预知维修已成为主要的维修方式。

4.1.2 工程机械修理分类

根据机械修理内容和要求以及工作量的大小，对机械修理工作划分为大修、项修、小修。

(1) 大修

大修是指机械大部分零件、甚至某些基础件即将达到或已经达到极限磨损程度，不能正常工作，经过技术鉴定，需要进行一次全面彻底的恢复性修理，使机械的技术状况和使用性能达到规定的技术要求，从而延长其使用寿命。

大修时，机械要全部拆卸分解，更换或修复全部磨损超限的零件；修复工作装置及恢复机械外观的新度。因此，它是工作量最大、费用最高的修理。

(2) 项修

项修是项目修理的简称，包括总成大修。它是以机械技术状态的检测诊断为依据，对机械零件磨损接近极限而不能正常工作的少数或个别总成，有计划地进行局部恢复性修理，以保持机械各总成使用期的平衡，延长整机的大修间隔期。

长期实行的计划预期检修制有中修项目，它是在机械一个大修间隔期中间执行的平衡性修理，目的是消除部分总成性能的劣化，以取得整机的平衡。由于它是按照统一的修理周期结构和修理间隔期安排的计划修理，忽视了机械的具体情况，从而产生机械某些总成技术状态尚好，却按期进行修理，造成过剩修理，或者是某些总成技术状态劣化，因未到期而不安排修理，造成失修。采用项修能避免过剩修理或失修。由于项修内容明确，针对性强，可以防止不必要的扩大修理范围，因而能缩短停修时间和降低修理费用。目前，已有较多的施工企业采用项修来代替中修，并已取得良好的经济效益。

(3) 小修

小修是指机械使用和运行中突然发生的故障性损坏和临时故障的修理，所以又称故障修理。对于实行点检制的机械，小修的工作内容主要是针对日常点检和定期检查发现的问题，进行检查、调整，更换或修复失效的零件，以恢复机械的正常功能，对于实行定期保养制的机械，小修的工作内容主要是根据已掌握的磨损规律，更换或修复在保养间隔期内失效或即将失效的零件，并进行调整，以保持机械的正常工作能力。

机械大修、项修、小修的作业内容比较见表 4-1。

表 4-1　机械大修、项修、小修作业内容比较

修理类别 标准要求	大　修	项　修	小　修
拆卸分解程度	全部拆卸分解	对需修总成部分拆卸分解	拆卸、检查故障部位和磨损严重的零件
修复范围和程度	检查、调整基础件，更换或修复主要件及所有不合格零件	对需修总成进行修复、更换不合用的零件	清除外部积垢。调整零件间隙及相对位置，更换或修复不能使用的零件，修复不完好的部位
质量要求	按大修工艺规程和技术标准检查验收	对修复总成按预定要求验收	按机械完好标准验收
表面要求	全部表面去除旧漆，打光、喷漆或刷漆	局部补漆	不进行

4.1.3　工程机械大修（项修）送修标志

机械的主要总成达到下列各种损坏标志的一项时，该总成即需进行大修（即项修）；机械的多数总成达到大修送修标志时，该机械即需进行大修。

机械主要总成需大修的送修标志：

（1）发动机大修的标志

① 动力性能显著降低。经调整后仍运行无力，需减少载荷，如轮式机械较正常情况要挂低一个挡，其他机械比额定载荷减少 15%以上；燃油消耗率显著增加；怠速运转不稳定或达不到最低转速。

② 汽缸内壁磨损，其不圆度及不圆柱度超过使用限度，以致汽缸压力下降，在热车时测量各缸的压缩压力为标准压力的 60%以下。

③ 机油消耗量显著增加，压力下降，在没有外漏的情况下，其最后运转 100h 的机油添加量（不包括更换机油的数量），超过定额 100%以上；运转中曲轴箱通气管口或机油注入口大量冒烟；机油压力降到最低使用限度。

④ 在热车运转时，连续发生较严重的敲击声。

（2）电动机、发电机大修的标志

① 在额定载荷下测量线圈温度，其最高温度超过规定值。

② 线圈烧损、断路、短路。分绕组各接头处有烧焦脱焊现象，或测量绝缘电阻不符合规定。

③ 转子轴有弯曲、松动、裂纹，轴头磨损逾限，滑环整流子烧损、磨蚀到极限，绝缘不良，铁芯嵌线槽内绝缘有枯焦脱出现象，以及炭刷架破损变形，需彻底整修。

（3）空气压缩机大修标志

① 风量、风压显著降低，在各阀及调节器等有关部分调整后仍达不到额定能力，排气量比额定量减少 25%。

② 在没有外漏的情况下，机油消耗量增大。排气口有严重喷油现象。最后运转 30h 内

的机油添加量（不包括更换机油的数量）超过定额100%。

③ 在热车运转时，连续发生较严重的敲击声。

④ 汽缸内壁磨损，其圆度及圆柱度误差超过使用限度。

（4）变速器、减速器、差速器大修的标志

① 壳体破裂，需拆下解体焊补或换新。

② 各轴承座孔磨损，需彻底修整。

③ 齿轮及轴磨损松旷，运转时有振动或跳挡现象及不正常响声。

④ 锥形齿轮磨损，间隙过大，无法调整。

（5）转向桥、驱动桥大修的标志

① 工字梁及转向节断裂变形，需更换或修整。

② 转向机构的蜗轮、蜗杆及各连接件磨损，调整无效。

③ 转向驱动桥的桥壳破裂或减速、差速齿轮、万向节及半轴花键磨损松旷，需彻底修整。

④ 驱动桥变形或桥壳破裂，需修理或更换。

（6）动力操纵机构大修的标志

① 动力操纵器及分动器壳体破裂、变形，需解体修补或更换。

② 各齿轮及轴磨损、松旷，有三分之一以上需修换。

③ 油压操纵器壳体、油泵轴头及齿轮磨损松旷，以致油压降低，操纵失灵，调整无效。

（7）离合器、转向离合器大修的标志

① 离合器外壳、压盘及分离杆破损、磨损、翘曲超限以及摩擦片磨损、变硬，需全部换新。

② 油压助力器壳体、柱塞、油泵轴头、齿轮等磨损松旷，或离合器操纵机构各部零件磨损过甚，无法调整时。

（8）驱动机构大修的标志

① 主动接盘、最终减速箱壳破裂，各轴承座孔磨损超限及大部分花键轴、驱动轮、半轴磨损、弯曲或断裂需修换。

② 驱动轮或链轮磨损超限，减速齿轮磨损松旷，运转时有异响，须解体整修；半数以上的轴承及油封磨损需修换。

（9）履带式行走机构大修的标志

① 台车架或八字架变形、断裂需解体校正、焊补或修整。

② 驱动轮、引导轮磨损超限，其轴磨损、弯曲，需解体修换。

③ 各轮组、链轮、轴、轴套及履带板、销等大部分磨损超限。

（10）车架（机架）大修的标志

① 车架大梁严重变形或破裂，需拆下各总成进行修补校正。

② 车架各部分锈蚀、铆钉松动以及销子磨损须彻底整修。

③ 回转台、下行走支架及大梁损坏变形，需解体修补或校正。

④ 回转齿圈、导轨、平衡滚轮等大部分磨损超限。

（11）卷扬机构大修的标志

① 齿轮箱壳破裂或轴承座孔磨损松旷，卷筒壁厚磨损超限或轴承座孔磨损松旷，需解体修整或更换。

② 各齿轮、轴、轴承磨损变形，离合器的摩擦零件磨损需修整或更换，以及半数以上

滑轮损坏需修换。

(12) 工作装置大修的标志

① 推土器严重变形或破裂。

② 铲运斗框架或上梁严重变形，底板、侧板及推土板腐蚀破裂，需解体焊补和校整。

③ 平地机的环齿轮、耙齿、刮刀及其固定装置磨损或破裂，需解体修补或更换。

④ 起重臂中心线偏移或挠度超过使用限度。

⑤ 挖掘斗或斗臂破裂或变形，斗齿及滑轮组磨损超限。

⑥ 载重汽车车厢横直梁及边柱腐朽，底板破损。

⑦ 自卸汽车自卸装置各部磨损松旷，满载时顶不起来。

(13) 其他总成

可参照上列类似总成的标志确定。

4.1.4 工程机械修理前的技术鉴定

机械的大修间隔期仅是编制修理计划的依据之一，确定机械是否需要大修，主要是根据机械技术状况是否符合大修送修标志。因此做好机械大修前的技术鉴定，使机械能适时地进行恰当的修理，这对延长机械使用寿命和减少修理费用都具有重要意义。

对于计划中列入需要大修的机械，在送修前，机械管理部门应通过机械日常使用、保养或点检以及操作人员的反映，掌握机械技术状况，并结合机械保养或点检，进行送修前的技术鉴定，除测试机械全部或分部技术状况外，还要审阅本机技术档案和有关历史资料，考核燃油、润滑油的消耗，进行综合分析，对照送修标志，以确定机械如期送修或延长使用期。

根据机械鉴定情况，作出相应的处理。

① 机械尚未达到大修送修标志，可进行小修或调整后延长使用期。

② 机械仅有个别或少数总成达到大修送修标志，可进行项修。

③ 机械主要总成多数已达到大修送修标志，应立即安排大修。

④ 对延长使用期的机械，应根据机械技术状况，确定延长使用的期限，到期再进行技术鉴定，如仍未达到大修送修标志时，可继续延长使用期。

⑤ 机械技术鉴定时，应按规定填写技术鉴定记录，根据鉴定结果，办理送修或变更修理计划手续。

4.1.5 工程机械的委托修理

施工机械大修或项修的工艺复杂，技术要求高，需要有一定规模的专业修理厂来承担。当前设置专业修理厂的施工企业为数不多，需要送外厂委托修理；即使由企业内部修理厂承修，由于经济体制的划分，也要实行委托修理，签订委托修理合同，以利用经济杠杆促进机械修理水平的提高。

(1) 选择承修厂

① 确定委托修理项目。根据年度机械修理计划或使用单位的申请，经企业机械管理部门研究，确认不具备自修条件时，报请主管领导同意后，可对外联系委托修理。

② 选择承修厂。通过调查，选择修理质量高、信誉好的承修厂，优先考虑本地区同行业的修理厂。

(2) 签订修理合同

① 托修单位（甲方）向承修单位（乙方）提出“机械修理委托书”，内容包括：机械名

称、编号、厂型、规格、修理类别、主要修理项目、停修天数及质量要求等。

② 乙方到甲方现场实地了解机械状况，必要时可进行运转检查，双方协商决定修理项目、质量要求、停修日期等具体要求，并由乙方提出修理工料费用预算。

③ 双方对合同中必须明确规定的事项取得一致意见后，签订机械修理合同。内容包括：机械进、出厂期限、送修要求、修理内容及质量要求、材料配件供应的分工、费用结算依据以及违反合同规定的一方要承担的经济责任等。

④ 机械修理费用由工时、燃润油料、辅助材料、外购和自制配件、油漆及机械费等直接费和管理费构成。当前一般采用配件费按实耗结算，其余费用按定额包干结算。也可以采用全部包干结算，这有利于提高承修单位节约配件材料的积极性，但必须有严格的质量标准来保证。

⑤ 修理单位应努力开展旧件修复，以减少换新，降低修理成本，但修复件必须保证质量。其加工费按实计算，也可参照新品价格的一定比例计算。

以上要求同样适用于由内部单位承修者。

(3) 机械的送修

机械送厂修理，除按修理厂的规定办理外，一般可参照下列原则办理。

① 机械送修前必须清洗干净。机体内存水要放尽，各易锈蚀的摩擦面须涂敷油脂；机体内的混凝土、砂土等残存物应铲除干净；易拆卸的零件应集中装箱，防止丢失。

② 送修的机械或总成，应保持可运转状态。一切零件、附件、仪表等必须齐全，严禁拆换，并经承修单位检查清点，填写交接清单。

③ 承修单位如需原机履历书、使用说明书、零件组装图册等技术资料时，送修单位应负责提供，并于修竣出厂时随机交还。

④ 机械进厂解体后，如发现事先未能预料到的情况时，应由双方协商解决。

4.2 工程机械修理计划的编制和实施

工程机械修理计划是企业组织管理机械修理的指导性文件，也是企业生产经营计划的重要组成部分，由企业机械管理部门按年、季度编制机械大修、项修计划，月度修理作业计划由修理单位编制。计划编制前要积累足够的、可靠的并符合机械技术状况的资料、数据及信息，结合施工生产需要，预计机械运行情况，确定最适当的送修期，同时还要考虑以下各点。

① 生产急需和影响整个生产的重点机械要优先安排。

② 尽可能利用施工淡季或工程间隙安排修理。

③ 连续运行的动力设备或起重机械应根据其生产特点适时安排，兼顾施工生产的需要。

④ 应考虑送修前的主要配件、材料等的准备工作进度。

⑤ 要做好年度修理力量的平衡，力求均衡修理。

⑥ 计划安排要注意劳动力的合理利用，提高工时利用率。

4.2.1 工程机械年、季度修理计划的编制

(1) 年度修理计划的编制依据

年度修理计划是企业全年机械修理工作的指导性文件，目的是掌握全年机械大修数量，统筹安排全部修理力量和编制年度材料、配件供应储备计划以及大（项）修理费用计划等。

年度修理计划的编制依据主要是：

① 上年度机械修理计划及其执行情况。

② 机械上次修理类别和已运转台时。

③ 通过年度计划编制前的机械普查，掌握机械实际技术状况。

④ 年度施工生产计划和机械使用计划。

⑤ 制度规定的机械修理间隔期、工时和停修天数定额。

⑥ 配件、材料储备及供应情况以及周转总成的数量。

（2）年度修理计划的编制程序

年度修理计划编制时，一般按收集资料、编制草案、平衡审定和下达执行四个程序进行。

① 收集资料。在正式编制计划前，要收集机械定期检查记录、故障修理记录、技术状况普查记录以及机械履历书等原始资料，并掌握下年度施工生产任务情况、配件库存及供应情况以及各有关定额资料等。

② 编制草案。根据各机械使用单位提出的修理申请表，参照上述各项资料，统筹安排，编制出年度机械修理计划草案。

③ 平衡审定。将修理计划草案组织有关机械人员讨论，并分送有关部门（计划、施工、财务、物资以及修理单位等）征求意见，广泛收集修改意见后，经过综合平衡，正式编制年度机械修理计划，经企业技术负责人审定后，由领导批准。

年度机械修理计划应包括：机械名称、编号、使用单位、修理类别、送修和竣工日期、修理费用预算以及计划承修单位等内容，还要有计划编制说明，指出计划特点、注意事项以及保证计划实施的具体措施等。

④ 下达执行。每年12月初，由企业计划部门下达下年度机械修理计划，作为企业经营计划的重要组成部分进行考核。

（3）滚动计划法的应用

滚动计划法就是用预测、计划、实际、差异值循环法的连续程序来编制中、长期计划，主要是年度修理计划。如按上述年度修理计划的编制程序，要到12月初才能把下年度计划确定并下达，这时下年一季度应修机械的准备工作时间太短，将因准备工作不完善而影响计划执行。如果采用滚动计划，可提前在本年三季度初即着手编制，经过一段时间的调查分析，到10月初就可以下达下年度修理计划。计划中一季度的项目应力求准确，这样可以有充分时间做好来年一季度修理计划的技术和生产准备工作。在执行一季度修理计划的同时，复查二季度计划项目，如计划与实际情况有差异时，可作必要的调整，并做好准备工作。如此“打一、备二、看三”地循环滚动，使计划保持有一定的准备期，以保证修理计划的顺利完成。当然，采用滚动法编制的计划，由于提前编制，可能要降低后期的计划准确性，因此，需要在年中对上半年计划执行情况进行检查，对下半年计划项目的变化情况进行分析，如发生变化时，应根据实际情况对计划进行修正。

（4）季度修理计划的编制

季度修理计划是年度修理计划的实施计划，必须在落实停修时间、修理技术及生产准备工作的基础上编制。编制前应掌握以下情况作为编制依据。

① 本季度计划修理项目的实际进度，并与修理单位共同分析预测到季末可能完成程度。

② 下季度计划送修机械的送修前技术鉴定资料，分析是否应提前或推迟送修期。

③ 计划中的重点机械能否按规定时间送修，如何调整修理进度。

④ 主要配件、材料和周转总成的准备情况。

⑤ 修理单位的力量安排。

计划草案制订后，送生产计划部门和使用、修理单位征求意见，经与各方面讨论分析落实了停修日期，并对修前技术、生产准备工作和劳动力平衡后，正式制定季度机械修理计划，经主管领导审定后，于季末10日前下达使用和修理单位，作为机械送修依据。

修理单位应根据上级下达的季度计划，经内部平衡后，编制季度生产计划和技术组织措施，并下达车间执行。

4.2.2 工程机械修理作业计划的编制和实施

工程机械修理作业计划是执行年、季度机械修理计划的月度修理计划。它是组织修理作业的具体行动计划，其目标是以最经济的人力和时间，在保证质量的前提下，力求缩短停修天数，达到按期或提前完成机械修理任务。

(1) 机械修理作业计划的编制

机械修理作业计划由修理单位计划员负责编制，并组织车间技术人员、修理班（组）长讨论审定。对于一般机械的大修，可采取“横道图”式作业计划，并加上文字说明和措施要求；对于结构复杂的大型、重点机械的大修，应采用网络计划技术。

① 修理作业计划编制的依据。

a. 企业下达季度计划的各项要求。

b. 上月修理作业计划执行情况，需要跨月的计划项目。

c. 送修单位提供的机械技术鉴定资料和修理项目要求以及确切的送修日期。

d. 修理单位有关工种的能力和技术水平以及可提供的作业工时。

e. 配件、材料、周转总成的准备情况。

f. 有关机械修理的定额、标准、规程、规范等技术文件。

② 修理作业计划的内容。

a. 修理作业程序和进度要求。

b. 分阶段、分部作业所需的分工种人数、工时及作业天数。

c. 各分部作业先后程序及相互衔接要求。

d. 需要外协加工的项目及时间要求。

e. 对物资供应的要求。

f. 有关质量、安全的技术措施。

(2) 修前准备工作

认真做好修前准备工作，是保证修理作业计划完成的前提。

① 修前机械技术状况调查。由修理单位技术人员负责修前技术状况调查，查阅机械履历书或技术档案，主要是历次修理记录、近期检查记录等，以了解机械技术状况的历史和现状。如属第一次修理的新型机械，还要查阅机械说明书，熟悉机械的性能、结构及修理中应注意的部位。必要时可到现场观察机械运转情况，并向机械操作和维修人员了解机械情况和存在问题以及对修理的具体要求等。如发现机械的劣化程度与计划中确定的修理类别不符时，应及时通知计划编制单位和送修单位。

② 编制大（项）修理技术任务书。修理技术任务书是指导机械修理的主要技术文件。其内容力求具体、准确、明了。机械大修任务书的内容包括：修前技术状况、主要修理项目及内容、质量要求等。如需结合修理进行局部改装或改造时，应将改装或改造内容列入任务

书中。对于跨车间的修理项目，可分别编制任务书。但须配合一致，防止脱节。

对于简单的项修，可编制简化的修理任务单代替任务书。

③ 编制备料清单。在全部掌握机械技术状况及需修项目的基础上，预计需要更换的主要零部件，应列出备料清单，提醒配件供应部门做好供应准备，库存量不足的配件应尽快外购或联系加工，以避免修理中的待料，这是修理计划完成的重要保证。对于修理中常用的原材料、辅助料等也要做好充分准备。

(3) 机械修理计划的实施和考核

① 为保证修理计划的实施，机械管理部门应经常检查修理计划的执行情况，并帮助机械送修单位和承修单位解决存在问题。

② 每季一个月前，应对下季度计划送修的机械，包括未列入年、季度计划但实际情况需要修理的机械进行技术鉴定，确定其是否送修，并将鉴定结果报送计划编制单位，作为编制下季度计划的依据。

③ 送修单位应按计划确定的时间准时送修，如因特殊情况不能按时送修时，应事先将不能送修的原因和要求改变的送修时间通知计划编制单位和承修单位，由计划编制单位进行处理。

④ 修理单位应按季度计划编制月度作业计划，并于月末后十日内将计划完成情况列表上报主管部门。如未能完成计划，应说明原因。

⑤ 各级领导在安排和检查施工生产计划的同时，要安排和检查机械修理计划，及时处理计划执行中存在的问题。

4.3 工程机械修理作业的组织

工程机械修理作业有多种组织形式，修理单位应根据生产规模、技术水平、承修机械类型以及配件、材料的供应能力等具体条件选用。

4.3.1 工程机械修理作业的基本方法

工程机械修理作业的基本方法，一般分为就机修理法和总成互换修理法两种。

(1) 就机修理法

就机修理法是指在整个修理过程中，将零件从机械上拆下，进行清洗、检验、分类，更换不能修复的零件，修复需修的零件，最后分别组装成组合件或总成，重新装回原机，直到原机全部修复。

采用这种方法，由于零件、合件、组合件、总成的损坏程度和修理工作量不同，所需修理时间也不一样，因而常影响修理工作的连续性，整个机械的装合修竣往往要等待修理时间最长的零件、合件、组合件或总成的修竣才能进行，因此机械停修期较长。但在修理量不大、承修机械类型复杂和周转总成缺乏的修理单位，仍适用这种方法。

(2) 总成互换修理法

总成互换修理法是指机械修理过程中，除原有机架应原件修理、不予互换外，将其余已损坏的组合件、总成从机械上拆下，换用预先修好的总成或组合件装配成整机出厂。所有拆下的总成或组合件另行安排修复，待修竣并检查合格后，再补充到周转组合件或总成的储备量中，以备下次换用。

采用这种方法，可以保证修理装配工作的连续性，从而大大缩短机械的停修期，而且为采取先进的流水作业法创造了有利条件，更有利于提高工效，降低成本，保证质量。对修理量大、承修机型较单一和具备一定数量周转总成的修理单位较为适合。

4.3.2 工程机械修理作业的方式

工程机械修理的作业方式一般分为定位作业法和流水作业法两种。

（1）定位作业法

定位作业法是指机械的拆卸和装配都固定在一定的工作位置上完成，拆卸后，组合件或总成的修理作业，可分散到各专业组进行。它的优点是占用场地小，设备简单，在装合时不受连续性的限制。缺点是总成及组合件的工艺路线较长，且劳动强度大，工效低，一般适用于修理规模不大、承修机型复杂、采用就机修理的小型修理单位。

（2）流水作业法

流水作业法是指机械的拆卸和装配都在流水线上进行。流水线可分连续流水和间歇流水两种，前者是指机械的拆卸和装配是在始终流动着的流水线上进行的；而后者则是每流到某一工位时停歇一段时间，待完成规定的作业后，继续流到下一工位。这种作业方式的优点是专业化程度高，总成和组合件的工艺路线短。但需要完善的设备和较大的投资，因此只适用于修理机型简单、并已采用总成互换修理法的大型修理厂。

4.3.3 工程机械修理作业的劳动组织

工程机械修理作业的劳动组织一般分为综合作业法和专业分工法两种。

（1）综合作业法

综合作业法是指整个机械的修理作业，除部分零件的修配加工由专业车间或专业组去完成外，其余所有修理和装配工作，都由一个修理工组单独完成。

这种作业法组织领导简单，不受场地设备的限制，便于分散作业，灵活性大，但由于每个工人的作业范围广，对技术要求较高，不易提高熟练程度，而且拆装的延续时间较长，修理质量不易保证。因此适用于设备简单、生产量不大、机型比较复杂的小型修理单位。

（2）专业分工法

专业分工法是将机械修理作业，按工种、部位、总成等划分为若干个作业单元，每个单位的修理作业固定由专业工组承担。作业单元分得越细，专业化程度就越高。

这种分工法易于提高工人的技术熟练程度，便于采用专业设备和工具，从而便于提高功效，保证修理质量。由于各项修理作业可同步进行，能缩短停修期。但必须有严密良好的组织管理工作来保证相互间的配合。

4.3.4 工程机械修理工艺组织的选择

（1）机械修理组织形式的选择

根据施工企业内部修理单位承修的机型复杂、批量小、规模小的特点，在作业方法上宜采用就机修理法为主、总成互换修理法为辅的作业方法。即对部分结构比较复杂、修理时间长的总成和组合件，采取互换方法，其他部分采取原件修理。

在作业方式上，机械的拆装可采取定位作业，由综合工组进行，而总成和组合件的修理，可根据专业分工采取流水作业的顺序安排工位。

在劳动组织上宜采取综合拆装与专业修理相结合的形式。即机械的拆卸和装合由综合拆装组进行，总成和组合件则按部位分工，由专业工组或人员进行修理。

总之，修理组织形式要根据修理单位现有条件，尽可能选择先进、适当的作业方法和组织形式，并积极创造条件，逐步扩大总成互换、专业分工、流水作业等范围，提高修理水平。

（2）机械修理的工艺过程

机械修理可分成许多工艺作业，按规定顺序完成这些作业的过程称为工艺过程。不同的作业方法有不同的工艺过程，按照上述的就机修理和总成互换相结合的作业方法，其工艺过程如图 4-1 所示。

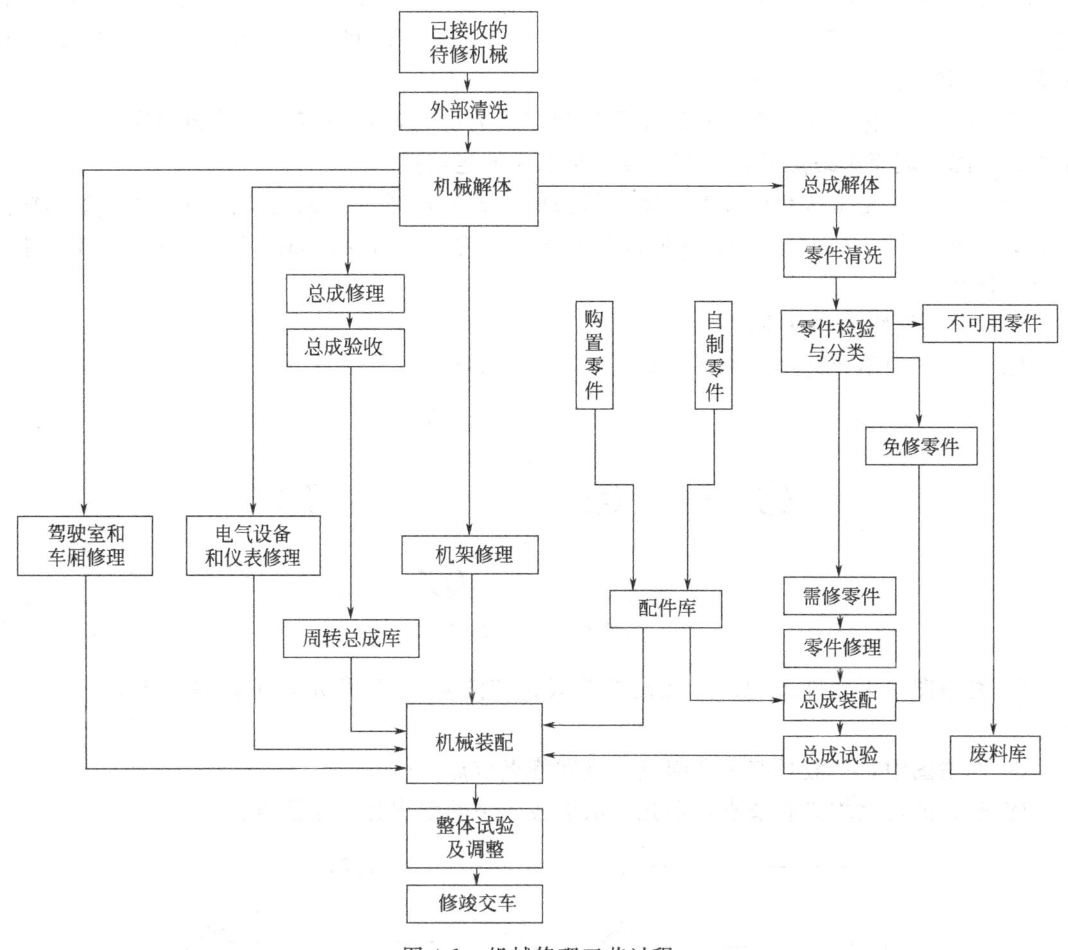

图 4-1　机械修理工艺过程

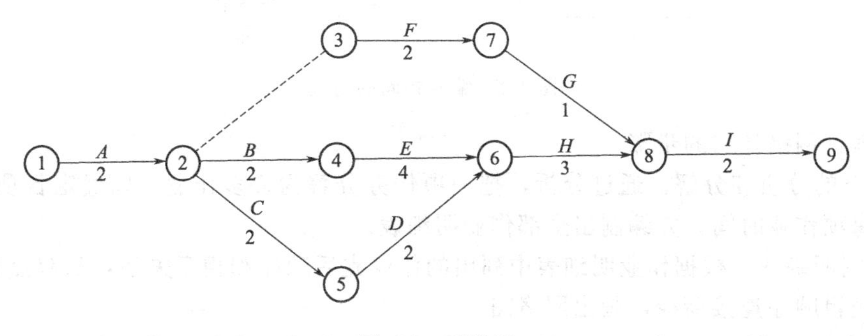

图 4-2　网络图

4.3.5 网络计划技术应用于工程机械修理

网络计划技术又称关键路线法。它是维修组织最优化的方法之一，通过网络图的形式，将大修任务的各个工序有机地组成一体，可以缩短停修时间和降低修理费用。

（1）网络图的组成

网络图由工序、事项和路线组成，如图 4-2 所示。

① 工序。它泛指一项有具体内容需要一定时间完成的活动过程，用“→”表示。工序名称注在“→”的上方，如图 4-2 中的 A、B、C、…；作业时间则标注在“→”的下方，如图 4-2 中的 1、2、3、4。有的工序不消耗人力、物力、时间，只表示前后两个作业的逻辑关系，在网络图中可用“---→”表示。

② 节点。又称事项，它表示工序开始和结束的瞬时，常用带序号的圆圈表示。节点不是过程，除了起点和终点外，所有节点都是工序的连接点。

③ 路线。它是指从起点开始，顺着箭头所指方向，通过一系列节点和箭线，到达终点节点的一条通路，在网络图中，时间最长的路线称为关键路线，如图 4-2 中的①→②→④→⑥→⑧→⑨。

（2）绘制网络图的基本规则

① 网络图中不允许出现循环路线，如图 4-3 所示。

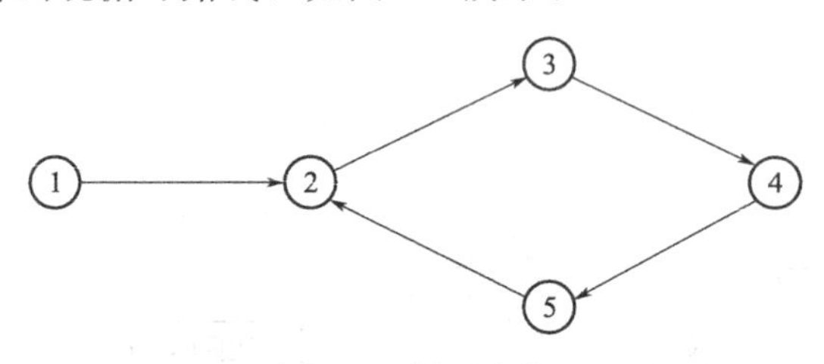

图 4-3　循环路线

② 网络图中不允许出现编号相同的箭线，如图 4-4(a) 所示，正确的画法如图 4-4(b) 所示。

③ 网络图中，一般只有一个起点节点和终点节点。

④ 箭线的首尾均应有节点，不允许从箭线的中间引出另一条箭线。

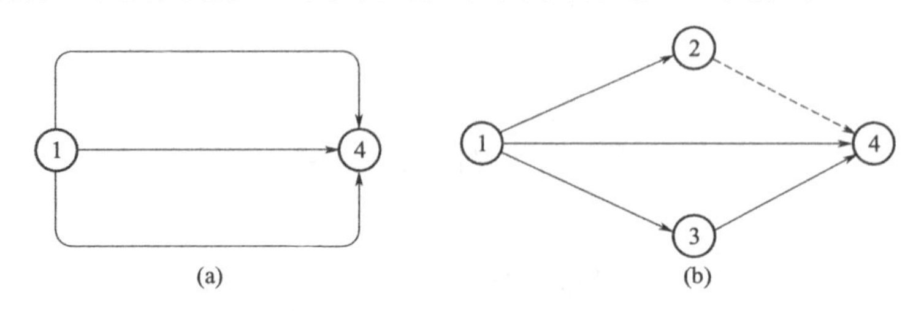

图 4-4　编号相同的箭线

（3）编制网络计划的步骤

① 任务的分析和分解。通过分析，把一项任务分解为许多作业，以确定各项作业的相互关系和每项作业时间，并编制出全部作业明细表。

② 绘制网络图。根据作业明细表中列出的作业先后顺序和相互关系，从起点作业开始，按作业的逻辑顺序连接箭线，画出网络图。

③ 网络图的编号。绘出网络图后，即可进行节点编号。编号时应注意：

a. 一根箭线的箭头节点编号必须大于其箭尾节点编号。

b. 为箭头节点编号时，必须在其前面的所有箭尾事项都已编好后方可进行。

c. 一个网络图中的所有节点不可出现重复编号。

（4）网络图的时间参数

网络图的时间参数主要是指作业时间，它是指完成一项作业所需的时间，一般用 $t(i、j)$ 表示，i 表示作业开始，j 表示作业结束。

对作业时间的确定有两种情况：一是完全可以肯定的，称为肯定型；另一种是凭经验或过去的记录估计的，称为概率型。后者可按下式计算：

$$t_e=(a+4m+b)/6$$

式中　t_e——完成作业的期望平均时间；

a——完成作业的最短时间；

b——完成作业的最长时间；

m——完成作业的最可能时间。

（5）网络图举例

以内燃发动机大修为例，将任务分解为 16 个工序，在确定各工序的工序时间、并对各时间参数进行计算后，列出发动机大修工艺过程工序关系表（表 4-2）和绘制出网络图（图 4-5）。从表及图中计算出各条路线的总作业时间及时差，就可以找出关键路线和掌握可机动使用的时间，从而能在施工中抓住重点和灵活组织作业。

表 4-2　发动机大修工艺过程工序关系表

工序代号	节点箭线号码	工序名称或内容	工时/h
1	①—②	发动机解体	2.0
2	②—③	零件清洗	0.5
3	③—④	零件检验分类	1.0
4	④—⑤	修磨缸盖、缸体平面、校正燃烧室容积	3.0
5	⑤—⑥	压缸套、搪磨缸、铣气门口、镀气门导管、搪飞轮壳孔	6.0
6	④—⑥	磨凸轮轴	2.0
7	⑥—⑦	修理离合器	2.0
8	④—⑦	磨曲轴	3.0
9	⑦—⑧	曲轴及离合器动平衡	2.0
10	⑧—⑨	校连杆及连杆轴承	2.0
11	⑨—⑬	光磨气门，铰气门座并配对研磨	6.0
12	⑧—⑬	校连杆小头衬套、选配活塞销	2.0
13	④—⑩	修理空气压缩机	5.0
14	⑩—⑪	修理化油器、汽油泵	2.0
15	⑪—⑫	修理点火系	2.0
16	⑫—⑭	修理发电机、调节器、启动机等	4.0
17	⑩—⑬	修理三滤器、机油泵、水泵及管路	2.0
18	②—⑭	修理蓄电池并充电	18.0
19	⑬—⑭	发动机总装、冷磨	4.0
20	⑭—⑮	发动机试验及最终装配	4.0
21	⑮—⑯	喷漆、验收	0.5

图列关键路线为①→②→③→④→⑤→⑨→⑩→⑩→⑩→⑩（四个⑩依次为 13、14、15、16），总作业时间为 27 工时。

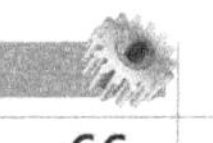

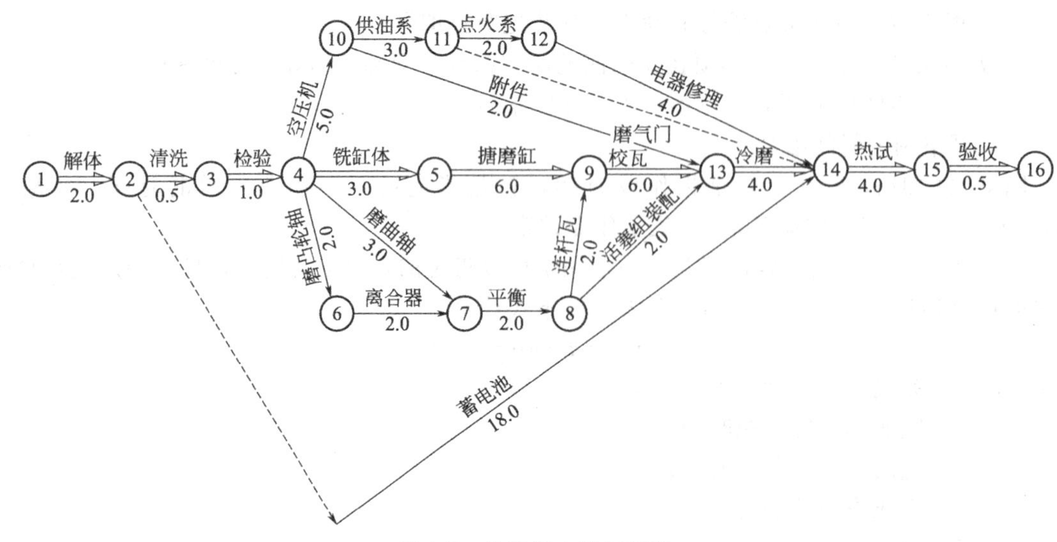

图 4-5　发动机大修网络图

4.4　工程机械修理的质量管理

工程机械修理的质量管理，是指为了保证机械修理后达到规定的质量标准，组织和协调企业有关部门和职工，采取技术、经济、组织措施，全面控制影响机械修理质量的各种因素所进行的一系列管理工作。机械修理的质量管理，是企业全面质量管理的重要组成部分，其目的是保证和提高修理质量。

机械修理质量管理的工作内容主要包括以下几个方面。

① 收集、编制、管理有关机械修理的技术资料。

② 制定机械修理作业依据的规程、规范、标准等技术文件。

③ 配备质量检验必要的测量仪器、仪表，加强计量管理工作。

④ 建立质量检验制度。

⑤ 加强质量检验组织和建立质量责任制。

⑥ 建立质量保证体系。

4.4.1　工程机械修理技术资料和技术文件

机械修理的技术资料和技术文件，是机械修理作业的重要依据和准则，认真掌握和执行这些资料和文件，做到修理作业规范化、标准化，是保证修理质量的基础工作。

（1）技术资料和技术文件的内容

机械修理的主要技术资料和技术文件的名称、内容和用途见表 4-3。

（2）技术资料和技术文件的收集和编制

① 机械使用说明书、修理手册、配件目录等技术资料，一般由生产厂随机提供，由机械使用单位保管，机械送修时，修理单位可向使用单位借阅。对于拥有量较多机型，修理单位应向生产厂购置有关技术资料，以供修理时查阅。

② 机械修理规范、规程、标准等，数量较多的通用机械一般由主管部门统一编制，如汽车、加工机床等。施工机械也曾有主管部门制订过部分机型的规程、标准等。由于机型繁多，对于缺乏这些资料的机型，应由企业自行编制。

表 4-3 机械修理的主要技术资料和技术文件

序号	名 称	主 要 内 容	用 途	编 制 单 位
1	机械使用说明书	机械规格、性能参数;安装、调试、使用、操作等作业方法和要求;维护保养规程和作业要求;调整、润滑图表等	指导机械拆装、调整、润滑、试运转等作业	由生产厂随机提供,送修时应随机送厂。常修机型应由修理单位自备
2	机械修理手册	机械各总成的分解图;拆卸、检查、调整、装配要求;传动、液压、电气等系统图;轴承位置图表;修理标准等	供修理人员熟悉机械结构、制定修理工艺和拆装方案,并作为修理作业的技术依据	由生产厂随机提供、送修时应随机送厂。常修机械应由修理单位自备
3	机械配件目录	机械配件目录包括:件号、规格、装用数量以及主要零件的图样	供配件管理人员编制配件、计划和组织供应工作等依据	由生产厂随机提供,一般配件供应部门应自备
4	机械修理工艺规范	机械拆卸程序及工艺要求;零部件检查、修理工艺及技术要求;装配程序及技术要求	指导修理人员进行修理作业	由企业主管部门或由修理单位分机类编制
5	机械修理技术标准(数据)	分机型的主要零部件修、换及装配技术数据	机械修理及质量检验的依据	由生产厂提供或由主管单位统一编制
6	机械大修验收技术要求	主要机械大修竣工应达到的技术要求	作为大修竣工检验和验收的依据	由修理单位主管部门编制
7	机械技术试验规程	修竣机械进行技术试验(试运转)的程序及要求	鉴定机械的性能、出力是否符合生产和安全要求	建设部制定(JGJ 34—86)

③ 收集编制技术资料时的注意事项:

a. 技术资料应分类编号,编号方法尽可能考虑适合计算机辅助管理。

b. 新购机械的随机技术资料应及时复制,进口机械的技术资料应及时翻译后复制。

c. 严格执行图纸技术文件的编制、批准及修改程序,编制、积累修理图册时应做好以下各点,以保证图册的准确性。

• 尽可能利用机械修理的机会,校对已有图纸及测绘新图纸。

• 拥有量较多的同型机械,由于出厂年份不同或生产厂不同,其设计结构可能有局部改进。因此,对早期使用的图册应与近期购入的机械进行核实,并在修理中逐步使同型机械的配件通用化。

• 修理中注意发现不同机型的零部件能通用,以积累零部件能互换的资料,为减少配件储备品种和数量创造条件。

• 修理进口机械时,应注意国产配件的代用,逐步扩大配件国产化的范围。

d. 对已有的修理规范、规程、标准等技术文件,经过生产验证和吸收先进技术,应定期复查,不断改进。

(3) 修理技术资料的保管

机械修理技术资料,是机械修理、检验工作中必不可少的依据,必须妥善保管。企业应建立资料室,由机械管理部门领导,也可由企业技术档案部门兼管。资料室负责修理技术资料的保管、借阅和复印服务,并按业务量配备专职或兼职、具有工程图基本知识和熟悉技术档案管理业务的资料员。建立资料管理制度,严格资料借阅手续,保证资料的正确性、完整性。

具有一定规模的机械修理厂,应自行设置资料室,管理机械修理各项技术资料。

4.4.2 工程机械修理计量器具的管理

机械修理作业中，为测定零、部件技术数据使用的量具、仪器、检具及专用工具等统称计量器具。修理单位应配备足够的计量器具，并做到科学管理，使其保持准确计量技术状况，是确保执行修理技术标准、保证零部件互换和修理加工质量的重要手段。

(1) 建立计量器具管理制度

机械修理用的计量器具，应由修理车间工具室配备专人负责计量器具的订货、保管及借用，并遵守以下要求。

① 建立计量器具的管理和借用办法。

② 高精度仪器、量具应由经过培训的人员使用。

③ 对借出的计量器具，归还时必须仔细检查有无损伤，如发现异常，应经鉴定合格后方可再借出使用。

④ 建立维护保养制度，经常保持计量器具清洁、防锈和合理放置，以防锈蚀变形。

(2) 严格执行计量器具的定期检验制度

为确保计量器具的正确性，必须按照国家检验规程规定的检验项目和方式进行检验。检验内容包括：

① 入库检验：新购计量器具入库时检查随带的合格证和必要的鉴定记录。

② 入室检验：计量器具进入工具室开始使用前的技术检验。

③ 周期检验：对使用中的计量器具，由检验部门按规定的周期、项目进行技术检验。

对检验不合格的计量器具，应及时修理或报废。

4.4.3 工程机械修理质量管理的组织

机械修理单位必须建立健全与其生产规模相适应的质量管理机构和相应的责任制。

(1) 修理质量检验的组织

① 修理厂应设置质量检查站，修理车间可设置质量检查员，在上级质量部门和本单位技术负责人的双重领导下，对机械修理质量负检验责任。坚持按规定的项目和标准进行检验，严格把关，并有权越级上报。

② 质量检验人员的素质要求：

a. 质量检验人员除应熟悉机械零部件、总成及整机检验的知识和技能外，还应熟悉机械修理的知识和技能。

b. 能坚持原则，严格把好“质量关”，并能帮助修理工人预防质量事故的发生。

c. 具备一定的组织能力，责任心强，并有良好的职业道德。

(2) 修理质量责任制

修理单位的行政领导、职能部门和工人的质量责任制的主要内容为：

① 厂长主管修理质量工作，对机械修理质量负全面责任，要经常听取送修单位、质量管理部门和职工对质量的意见，定期分析修理质量状况，认真处理重大质量事故。

② 总工程师或技术副厂长负责解决修理质量中存在的重大技术问题，组织有关部门制订技术攻关和质量升级规划，支持质量检验部门的工作，督促检查各项质量计划的实现。

③ 各职能部门要组织好有关的质量管理工作，并与专职质量管理部门保持业务联系，沟通情况，提供资料和信息，共同把好质量关。

④ 修理车间对机械修理质量负直接责任。车间主任要对修理质量负责，严格执行技术

标准，遵守修理规范；建立以车间技术副主任和质量检验员参与的质量领导小组，负责组织质量自检、互检，支持质量检验人员的工作。发现质量问题时要及时组织处理；对关键岗位要做好重点质量控制工作。

⑤ 修理班组和主修工要严格执行技术标准，按规程操作，按制度办事；认真做好自检、互检，做到不合格的配件、材料不使用，上道工序不合格不准转入下道工序，不合格的总成不安装，不合格的机械不出厂。

4.4.4 工程机械修理质量的检验和验收

机械修理质量的检验和验收分为进厂检查、解体检验、过程检验和竣工验收等程序。

(1) 进厂检查

进厂检查是机械送修进厂时，由送修单位代表或机长会同承修单位检验员进行，检查结果应作出记录，经双方签认后作为进厂交接凭证。进厂检查的主要内容：

① 检查机械装备状况，零件、附件、仪表等有无短缺或拆换。

② 从外观上检查主要部件、总成的损坏情况。

③ 可以运转的机械应进行试运转，以考察其技术性能。

④ 核对送修申请单所列的修理项目，经双方共同研究，初步确定修理方案，包括主要零、部件修换或技术改造的意见。

⑤ 检收随机进厂的机械履历书、使用说明书等技术资料。

(2) 解体检验

解体检验是在机械解体为总成，总成解体为零、部件并进行清洗后，由车间技术人员会同检验人员和主修工根据技术检验规范，对解体后的零部件进行检验。其主要内容为：

① 检查各零件的磨损变形尺寸，必要时进行探伤、硬度、弹力、密封等机械性能测定和电气部分的绝缘、耐压及抗阻试验，并详细记录试验结果。

② 根据零件鉴定和装配要求，对检查过的零件分为可用、需修和报废三类，分别在零件上作出标记，并进行登记，作为编制备料和加工计划的依据。

③ 对确定需修的零件，应对修复尺寸、加工方法和技术要求等提出具体意见。如意见不统一或技术复杂的修复工艺，须报请技术负责人审定。

(3) 过程检验

过程检验是在零件加工、组合、装配过程中，按照工艺过程进行的检验，又称工序检验。目的是及时控制和消除修理过程中不合格零件和装配的缺陷，以免造成组合件的不合格影响整机质量。

过程检验分为加工、组合、总成和总装配四种工序检验。

① 加工工序检验。这是按照零件加工工艺卡片规定的技术要求，在加工工序间进行的检验。

② 组合工序检验。这是在零件组合为合件、组合件、总成的各个工序中，按照零件修换及装配标准进行的检验。

③ 总成检验。这是对组装后的总成，按其技术性能的要求进行的检验。必要时应通过专用设备进行运转试验，以测定其功能。

④ 总装配检验。这是在各总成装配成整机时按工序进行的检验。

过程检验是发现工序过程质量事故、保证修理质量的关键检验阶段。应实行承修人自检、班组长抽检和检验员复检相结合的“三检制”。经检验不合格的工件不得流入下一工序，不合格的总成不得装用，具体分工和职责如下。

① 承修人应对装配前的每个零件和安装前的每个总成认真进行检查，如发现不符合技术要求，应拒绝装配或安装。承修人负责填写自修部分的修理记录并核对外组移交部分的记录及证明文件。

② 班组长抽检是为了防止漏修、漏检和违反操作规程及修理技术标准的作业。因此要经常注意承修人的操作过程，检查修理项目完成情况，并抽查工件的状况是否与修理记录相符。凡属影响机械运转安全及技术性能的主要部件、总成修复后，都要经班组长检验。

③ 修理中检验员的复验起着质量监督作用。所有工序修理记录都要经检验员复查；凡属总成性能试验、重要部位或技术复杂的工序检验，都要经检验员复验，并在修理记录上签认或填发合格证。

(4) 竣工验收

竣工验收是机械修理竣工出厂前的最全面最系统的一次质量鉴定，由承修单位质量检验部门负责组织，送修单位派员参加，按照施工机械大修验收技术要求的内容（参见本章附录）进行检查验收，合格后由承修单位质量检验部门填写机械竣工检验记录，交送修单位作为合格出厂的凭证。

竣工机械在验收技术试验中所发现的缺陷或故障，承修单位必须积极修复和改善。送修单位也要积极配合抓紧交接。如双方意见不一致时，由上级机械管理部门组织双方研究决定。

4.4.5 全面质量管理在工程机械修理中的应用

全面质量管理是工业企业为了保证和提高产品质量而形成和运用的一整套质量管理活动体系、手段和方法。在开展设备管理现代化中，一些修理单位已将全面质量管理运用到机械修理中，对提高机械修理质量起到了有效的保证作用。

(1) 建立质量保证体系

按照全面质量管理的要求，企业必须建立质量保证体系，它是为了保证修理作业过程或修后服务达到质量要求，把组织机构、职责和权限、工作方法和程序、技术力量和业务活动、资金和资源信息等协调统一起来，形成一个有机整体。按照 JB 3815—84《质量保证术语》的规定，为生产符合修理质量的产品，企业内部的质量体系称为质量管理体系；为生产符合合同要求的产品，企业对外确定的质量体系称为质量保证体系，它包括企业内部的质量管理体系。

机械修理质量保证体系一般应包括以下要素。

① 质量方针和目标。

② 质量体系的各级职责及权限。

③ 机械修理作业计划及对外承修合同。

④ 机械修理的工作流程（从制订计划到交工验收）及工作标准。

⑤ 修理技术文件（包括质量标准）的制定。

⑥ 配件、材料供应程序。

⑦ 修理过程的质量控制。

⑧ 工序检验及竣工的整机检验与试验程序。

⑨ 质量记录及提供质量文件的程序。

⑩ 竣工验收后的用户服务。

⑪ 质量信息的收集、加工和分析。

⑫ 技术培训等。

（2）全面质量管理的基本方法——实施 PDCA 循环

按照计划（Plan）、实施（Do）、检查（Check）、处理（Action）四个阶段顺序进行的管理工作循环，称 PDCA 循环，它是质量管理活动中应该遵循的程序和方法。

① PDCA 循环的基本含义。

a. P 阶段，即计划阶段。这个阶段主要是根据市场的需求，结合企业自身条件，以经济效益为目标，明确质量管理目标，并提出具体行动方案。

b. D 阶段，即实施执行阶段。按照制订的计划去实施计划、执行计划，为实现质量目标而努力。

c. C 阶段，即检查阶段。按照计划和设计的内容检查执行情况和效果，通过检查，总结经验和发现存在的问题，从而提高质量管理水平。

d. A 阶段，即总结阶段。把成功的经验和失败的教训加以归纳总结，把成功的经验予以肯定后纳入标准并推广。对没有解决的问题，反映给下一个循环继续实践。

② PDCA 的特点。

a. 大循环套小循环，一环扣一环；小环保大环，推动大循环。它们互相联系，有机结合，形成一个综合循环体系。上一级的管理循环是下一级管理循环的根据，下一级管理循环又是上一级管理循环的组成部分和具体保证。通过各个小循环的不断转动，推动上一级循环以至整个企业循环的不停转动，从而把企业各项工作有机地组织起来，纳入统一的质量保证体系，实现总的预定的质量目标。全面质量管理工作循环如图 4-6 所示。

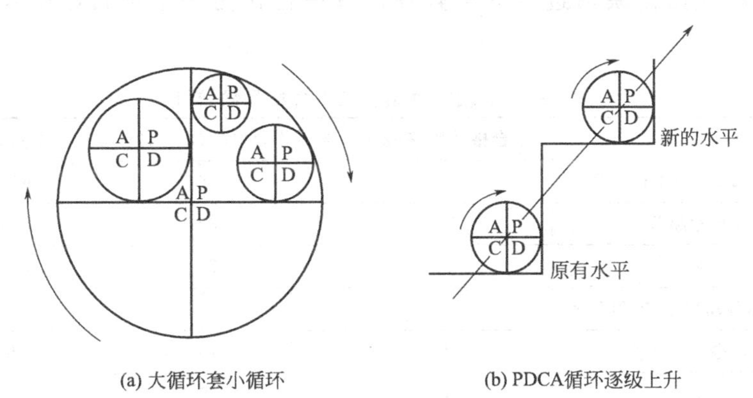

(a) 大循环套小循环　　(b) PDCA循环逐级上升

图 4-6　全面质量管理工作循环

b. 管理循环每转动一周就提高一步，如同上楼梯一样，逐步上升。这样循环往复，质量问题不断得到解决、管理水平和质量水平就步步提高，如图 4-6(b) 所示。

c. PDCA 管理循环是综合性的循环。虽然把管理工作过程划分为四个阶段，但它们间不是截然分开的，而是紧密衔接成一体的，而且各阶段之间存在一定的交叉，如边计划、边执行、边检查、边总结、边改进等情况是在实际工作中经常发生的。

③ PDCA 循环具体划分为八个步骤。

a. 分析现象，找出存在的质量问题。

b. 分析产生质量问题的原因。

c. 找出影响质量最大的原因。

d. 针对质量影响大的原因，制订改进质量措施的计划。

e. 执行制订的质量改进措施计划。

f. 调查采取措施的效果。

g. 总结经验，巩固成绩，工作结果标准化。

h. 提出尚未解决的问题。把问题反映到下一个循环的计划阶段中去。

(3) 全面质量管理的数理统计分析方法

按 PDCA 管理循环，在组织质量保证体系的全部活动中，需要收集大量数据资料，运用各种科学的统计分析方法，进行系统分析。常用的统计分析方法有：排列图法、因果图法、直方图法、相关图法和控制图法等。

① 排列图法。排列图是找出影响修理质量主要因素的一种方法，把影响质量各种因素用图表表示出来，使人一目了然，以便抓住影响质量的主要因素来解决影响质量的问题。

排列图中，横坐标表示影响质量的各种因素，根据每个因素对质量影响的大小，画成柱条形，按影响程度的大小从左到右排列，直方形的高度表示某个因素影响的大小。左侧纵坐标表示频数（件数、金额、工时等）。右侧纵坐标表示频率（以百分比表示）。折线（或曲线）表示各影响因素大小累计百分数。它是自左向右上升的，称巴雷特曲线。

影响因素通常分三类：A 类，累计百分数在 0～80%为主要因素；B 类，累计百分数在 80%～90%的为次要因素；C 类，累计百分数在 90%～100%的为一般因素。主要因素一般是 1～2 个，最多不超过三个。

下面以某修理厂加工曲轴主轴颈这一工序存在的质量问题，来说明排列法的运用。

a. 收集一定时间内数据，如 6 个月 80 个曲轴不合格。

b. 将收集的数据按缺陷进行分类整理，每一行作为一个项目，填入数据统计表，见表 4-4。

表 4-4 曲轴主轴颈加工不合格品数统计

序号	项　目	不合格品数(频数)	累计不合格品数(累计频数)	频率/%	累计频率/%
1	表面粗糙度高、轴颈有刀痕	48	48	60	60
2	径向尺寸超差	15	63	18.8	78.8
3	弯曲	7	70	8.7	87.5
4	油封颈径向跳动超差、轴颈车小	4	74	5	92.5
5	轴颈两端圆弧超差	2	76	2.5	95
6	其他	4	80	5	100
合　计		80			

c. 计算各个项目的累计频数、频率、累计频率。

d. 按比例画出两纵坐标和一个横坐标。

e. 按各类影响质量因素程度的大小，自左向右依次在横坐标上画出柱形条。

f. 按右侧纵坐标比例，找出各类项目的累计百分比点，从原点开始，逐一连接各点，画出巴雷特曲线。

g. 在纵坐标的左侧注明累计数，在柱形条上方注明各自频数，在累计百分比点旁注明累计百分数。

h. 在排列图的下方注明排列图的名称。其排列如图 4-7 所示。

② 因果分析图法。因果分析图又称鱼刺图、树枝图。它是运用系统分析的方式，找出

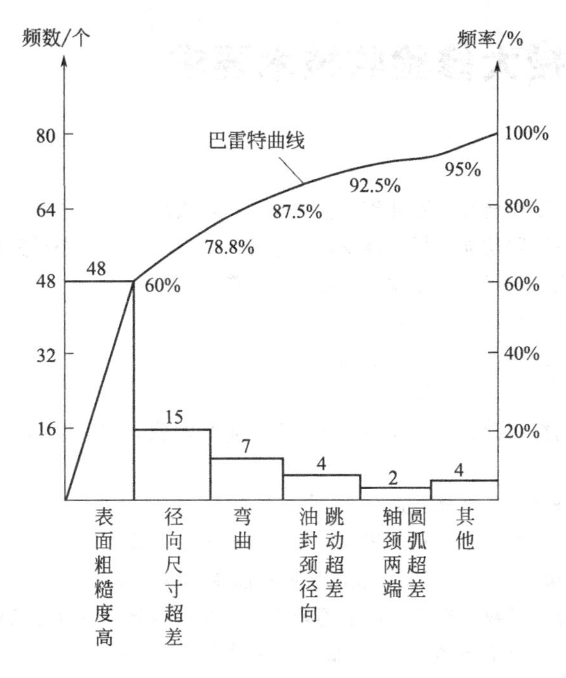

图 4-7　排列图

影响质量问题原因的一种简便而有效的方法。

因果分析图是从问题结果出发，首先找出影响质量问题的最大原因，然后找到影响大原因的中原因；再从中找出小原因，依次类推，步步深入，一直找到能够采取措施为止，如图 4-8 所示。

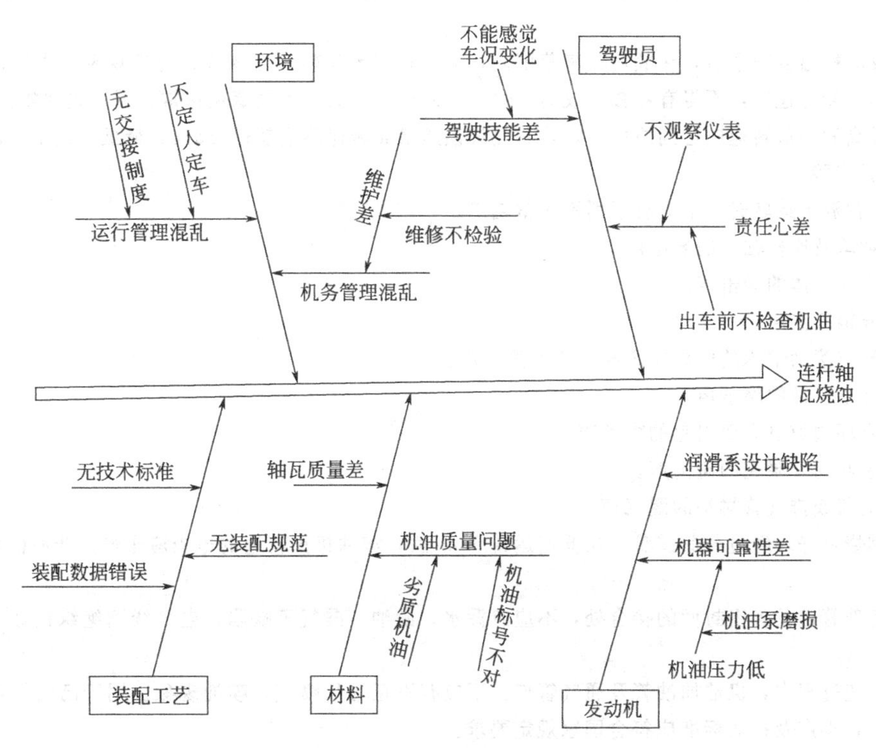

图 4-8　连杆轴瓦烧蚀因果图

附录 工程机械大修验收技术要求

一、通用装置

(一) 一般要求

(1) 各部零件、总成、工作装置、附件等，应装配齐全，安装牢固。

(2) 规定装设的指示器、限位器、报警器及保护罩等安全保护装置，必须完整有效。

(3) 各种管路接头应安装正确，不松动，不碰擦，不渗漏。

(4) 各部仪表齐全，仪表指示符合规定。

(5) 各部不得有漏水、漏油、漏气、漏电现象。

(6) 主要部位螺栓必须完整无损，紧固可靠。

(7) 驾驶室或机棚的门窗、踏板均应安装牢固，开闭灵便严密，驾驶室挡风玻璃应无斑点、波纹或厚薄不匀。

(8) 坐垫、靠背应整修完整，坐靠舒适。

(9) 机身外罩、盖板、底板等不得有凹陷或破损，销钩灵活可靠。

(10) 机架、底盘、大梁等部位均须先涂底漆后再涂油漆。各外观部位喷漆、刷漆应均匀，漆层表面色泽光亮，不得有麻点、流汗、皱纹、露底、起泡等现象。不需涂漆部分不得有漆痕。

(11) 所有电路用线必须符合规格，安装整齐，接头牢固，照明、开关按钮、声、光信号等齐全有效。

(12) 各润滑点油路畅通，油嘴齐全，润滑油适当。

(13) 轮胎气压符合规定。

(二) 发动机

(1) 启动方便。用电动机启动的汽油机，在环境温度不低于−5℃，柴油机不低于5℃时，不用任何预温方法，能在10s内启动；用小发动机启动的柴油机，在环境温度不低于0℃时，能在10min内启动两次。

(2) 发动机温度正常后，在额定转速范围内，应能稳定地运转，无忽快、忽慢现象。由低速突然加速或由高速迅速转低速时，不得有停顿、放炮、熄火、回火等现象，排气烟色正常，无过热现象。

(3) 最高和最低转速应达到原厂规定，其允许误差最高转速不应超过±5%，最低转速不应高于规定的5%，并保持平稳。

(4) 在常温下运转时，不应有下列不正常响声。

① 主轴承及连杆轴承的敲击声。

② 活塞与缸体的敲击声。

③ 活塞销敲击声。

④ 齿轮与滚动轴承的剧烈响声和不均匀敲击声。

⑤ 燃烧不正常的敲击声。

⑥ 活塞环边隙过大而引起的窜动声。

⑦ 水泵叶轮和泵壳的碰击声。

⑧ 汽缸盖或排气管衬垫的漏气声。

(5) 燃烧良好，经过载荷试验，在低速运转5min后，汽油机火花塞的电极应干燥。柴油机喷油嘴无油渍或油滴。

(6) 各部管道及各密封面的接合处，不应有漏水、漏油、漏气等缺陷，电气线路绝缘良好，各仪表指示正确。

(7) 加速过程中，机油加油管及通气管口，不应有不正常的喷气、喷油现象。用于已实行环保控制地区的内燃机，噪声及排放标准应符合国家规定要求。

(8) 汽缸压力应符合原厂规定。各汽缸间的压力相差，汽油机不应超过5%，柴油机不应超过8%。机油压力不得低于最低标准。

(9) 发动机的功率试验，应在发动机热试后进行，测功时应符合下列要求。

① 在额定转速下，功率符合规定。

② 在额定转速下，耗油率不超过规定。

③ 发动机的最高转速与最低转速应符合规定。调速时运转平稳。

④ 发动机排气烟色与排气温度正常。

(三) 电动机

(1) 电动机运转时应无杂音，轴承的温升不得超过95℃（包括室温），无漏油现象。

(2) 电动机在额定电压、额定功率下进行空载运转时，空载电流不得超过设计规定的10%；空载损失不得超过20%。空转时电动机绕组当各相电流、电压对称时，其电流与其中一相最小电流相比较，差别不得大于10%。

(3) 电动机在额定载荷、额定频率下运动时，转差率不得超过额定转差率的25%。

(4) 当电源电压或频率对其额定值的偏差不超过±5%或该两项偏差的绝对值之和不超过5%时，电动机应输出额定功率。

(5) 当电压对称时，绕线式电动机定子与转子的电压变化不得大于±2%。

(6) 绕线式电动机的电刷与滑环须接触紧密，滑环上电刷压力应为12～17kPa，电刷与刷握间隙应为0.1～0.2mm，刷握小端距滑环表面应为2～4mm，运转时电刷应无显著火花。

(7) 电动机的启动转矩不得低于规定20%以上，笼式电动机的启动电流不得超过规定的20%。

(8) 40kW及以上的电动机应进行动平衡试验，将电动机放置在平板上，利用百分表测定机身振动量，其双振幅值应符合规定。

(四) 液压系统

1. 外部检查

(1) 液压元件及管路安装，应符合原机出厂规定。系统中主要液压元件，应具有试验记录。液压油应符合规定。

(2) 液压系统各部连接可靠，无渗漏，各部管道不得有锈蚀、凹陷、揉折、压扁及破裂、扭曲等现象。

(3) 各液压操纵部分应运动灵活，连接可靠，并应有防止过载和液压冲击的安全装置，安全溢流阀的调整压力，不得大于系统额定工作压力的10%，系统内的工作压力不得超过液压泵的额定压力。

(4) 工作机构各焊接部位，不应有开焊现象。

(5) 液压缸、活塞杆表面光洁、无损伤。防尘圈及防尘套应密封良好，无破损。活塞杆端部的交接关节应连接可靠。

2. 运转检查

(1) 液压控制系统操作灵活、可靠，各仪表工作正常，管路无渗漏，各连接处无松动。

(2) 各液压元件应能满足作业要求，动作平稳，灵敏可靠，无异响。

(3) 额定载荷时，工作装置各液压缸的沉降量，没有液压锁或单向阀装置的液压缸沉降量应小于1mm/min；靠换向阀控制的液压缸沉降量应不大于设计值。

(4) 连续作业使油温达到稳定后，测量冷却器入口或出口，或液压油温，温升应不超过40℃。

(5) 油箱油面应在油标中位，油液无气泡或乳化现象。

二、土石方机械

(一) 挖掘机

1. 发动机、液压系统等通用装置

参照第一节有关规定。

2. 外部检查

(1) 各部操纵杆、制动踏板的自由行程，必须符合原厂规定，移动和回位灵活、准确。

(2) 行走机构的传动链和履带的松紧度应调整适当。

(3) 工作装置各部金属结构应焊接良好，无弯曲、变形。滑轮、轴销等主要活动部位应安装可靠。

(4) 钢丝绳的质量及安装应符合规定。

3. 运转检查

(1) 主离合器及各操纵杆（阀）应操作轻便，接合平稳，分离彻底，无颤动，无异响。

(2) 各传动机件、齿轮的接合，必须平稳、无异响，减速器、制动器、传动轴承等的声音和温度均应正常。

(3) 回转挡挂入后，在未触动操纵阀杆前，回转台不得有左右摆动现象。卷扬制动带松开状态时，卷扬筒不得自动转动。

(4) 机身回转、支重滚轮应转动灵活，平衡卡轮间隙应调整一致，回转时机身平稳，无撞击摆动感觉。

(5) 各离合器、制动器应分离彻底，接合平稳，操作灵活，制动可靠。

(6) 履带式行走机构的驱动轮与引导轮中心线应在同一平面，其偏差不大于3mm，直驶时偏斜量不大于1%，且无啃咬轨链、滚筒现象。空载爬坡能力不得小于20°，在坡道上制动有效。

(7) 轮式行走机构的前后轮定位正确，左右转向角要求一致；轮毂内轴承轴向间隙合适，在高速行驶时，制动距离不大于8m。

(8) 分别从不同工况进行挖掘、装载、回转、卸载等循环作业，检验作业性能应达到规定。各传动部件、轴承、齿轮等工作平稳，无异响、过热现象。

（二）拖拉机、推土机

1. 发动机、液压系统等通用装置

参照第一节有关规定。

2. 外部检查

(1) 油门控制机构调整适当，操作灵活有效。

(2) 主离合器、方向拉杆及制动踏板等操作轻便，接合良好，回位灵活。自由行程、拉、踏力等应符合原厂规定。

(3) 推土板、后铰盘或松土器等工作装置，装配与调整应符合要求。

(4) 钢板弹簧两端与垫板平面接合处，不得有偏斜现象。

3. 运转检查

(1) 主离合器接合起步平稳，无颤抖、打滑现象。主离合器松放后，传动部分应全部停止转动，无拖滞现象。

(2) 变速器各挡在工作中，除允许有均匀的齿轮啮合声外，不得有急剧的杂声和敲击声；换挡时应轻便灵活；工作时无跳挡和掉挡现象。

(3) 转向离合器在各挡位都能保证工作可靠，转向平稳；在一挡行驶时作左右原地360°急转弯时，被制动的一边轨链不应转动，制动带不打滑或过热；左右转向半径相同；踩下踏蹬不抖动，自由行程应一致。

(4) 制动灵敏可靠，在20°斜坡上行驶时应能完全制动。松开制动踏板时，制动带能迅速脱开、无卡涩现象。

(5) 各传动齿轮箱及轴承等，不应有急剧的响声和敲击声，油温不超过70℃。

(6) 行走机构的驱动轮、引导轮、支重轮和托带轮等应转动灵活，无跳轨、啃轨、偏磨现象。在平坦路面直线行驶，其偏斜量不得大于1/100。

(7) 直线行驶时，轨链节的内侧面不允许与驱动轮或引导轮凸缘侧面接触，其最小一面的间隙不得小于两面间隙之和的1/3。

(8) 作业部分操纵灵活，推土板左右对称、不偏斜，当推土板推满土时提升或降落应平稳，无打滑或失灵现象。液压操纵的机械，当推土板放置地上时，能用液压顶起机身前部。

(9) 各滚动轴承、滑动轴承及传动部分应转动灵活，不得有卡滞或过热等现象。

(10) 油门拉杆全程调速有效，熄火装置灵敏可靠。

（三）铲运机

1. 拖式铲运机

(1) 平刀片、侧刀片、滑轮及钢丝绳等均应符合规定，装配齐全。

(2) 拖把连接器应能绕销轴灵活转动，十字接头销孔和销子配合适当。后顶把支架应坚固，顶推接触装置齐全。

(3) 检查铲斗、斗门、推板、机架、前后轮轴和操纵传动装置均应符合修理要求。经焊补后的斗体，接缝高低应一致。

(4) 铲运机停放在水平位置时，刀片左右角高度偏差不得超过10mm。刀片切土角度应符合规定，刀片螺孔不得松旷。

(5) 在拖拉机牵引全负荷情况下，检查铲运机刀片的切土角度是否正确，一般切土深度为10～20mm，铲装距离在10～20m范围内应装满铲斗。

(6) 斗门起落平稳、满斗后，斗门关闭应严密，运土时不漏土。斗门两臂的位置应左右平衡，并与斗门对称和垂直。

(7) 轮轴轴承间隙合适，无松动或卡滞。

(8) 推土板往复自如，无卡滞现象，卸土情况良好。

2. 自行式铲运机

(1) 铲运斗参照拖式铲运机；发动机、液压系统等参照第一节有关规定。

(2) 液力变矩器、变速器、差速器等传动装置性能良好，换挡轻便，行驶中无异响，无过热及漏油现象。

(3) 转向轻便灵活，左右转动角及转弯半径应符合规定。

(4) 气压制动器泵气充足，应能按规定工作气压自动调节，制动作用灵敏有效。手制动器锁止可靠。

(5) 液压操纵机构操纵灵活、有效。

(四) 装载机

(1) 发动机、液压系统等通用装置参照第一节有关规定。

(2) 离合器、液力变矩器等传动装置性能良好，符合规定要求。

(3) 液压系统各连接部位连接可靠，无松动、渗漏及响声。各液压工作缸伸缩平稳，无卡阻、蠕动、撞击现象，当铲斗装满砂土举升到最高位停留5min后，两边液压缸的沉降量应一致。

(4) 铲斗满载后，从最低处上升到最高位置所需时间应符合原厂规定。空斗下降时间应少于提升时间。

(5) 在空载和重载下进行各种动作，各部位应无异响和异常现象。

(6) 发动机在额定转速下，利用铲斗升降液压缸试验掘起能力，应能将机身前部顶起。

(7) 车速20km/h，在平坦、干燥路面行驶时，制动有效距离应不大于5.4m。在坡道上停留时，手制动器能有效锁止。

(8) 变速器换挡应灵活，不跳挡，不乱挡，无异响。

(9) 转向轻便灵活，爬坡能力及最小转弯半径能达到原厂规定。

(10) 传动机构的旷动量不得超过规定，并无抖动或异响。

(五) 压路机

(1) 发动机、液压系统等通用装置参照第一节有关规定。

(2) 主离合器及换向离合器应接合平稳，分离彻底，在松软路面或坡道上行驶时不打滑和颤抖。

(3) 变速器、差速器及侧传动齿轮运转中应无异响。

(4) 变速器换挡轻便灵活，无脱挡、乱挡现象。

(5) 转向灵活，无摇摆现象，在滚筒不转动或发动机短暂熄火的情况下，应仍能正常转向。

(6) 在坡道为1∶7的干燥路面上行驶，应能爬10m以上的距离，并能在坡道上用手制动器停车。

(7) 各部齿轮不得有撞击或啃咬现象。各摩擦部位没有过热现象。

(8) 刮泥板应能满足在全长上均匀地与轮面接触，其局部最大间隙不超过1.5mm。

(9) 有松土装置的压路机，松土器必须灵活。

(10) 振动压路机还应符合以下要求。

① 起振操作灵活，工作可靠，振幅、振频及触觉振动力均应符合规定。

② 操作轻便有效，手柄操作力应不大于 60N；脚踏力不大于 100N。

③ 起振试验时，噪声值应符合规定。

④ 如发动机或液压系统失灵时，起振机构能脱离接合。

（六）空气压缩机

1. 发动机（电动机）、液压系统等通用装置

参照第一节有关规定。

2. 外部检查

(1) 储气罐所有焊缝、封头过渡区及受压元件，不得有裂缝、变形、锈蚀、泄漏等缺陷，并须有耐压试验合格证明。

(2) 安全阀、控制阀、操纵装置、防护罩、联轴器等必须齐全完整。

3. 运转检查

(1) 在额定风压时，风量必须符合规定，可用风量仪测定，如无设备时，可用风动机具凭经验判断。

(2) 离合器工作灵敏、可靠，无打滑、发热现象。在发动机怠速运转时，离心式离合器应能自动分离。

(3) 安全阀应灵敏可靠，压力应符合原厂规定。

(4) 压力调节器、减荷阀或额定载荷调节器，工作应正常可靠，在气压降至一定数值时能自动工作。

(5) 空压机的循环水温不得超过 75℃，高压风的温度不得超过 65℃，压缩空气中不得含油。

(6) 空压机的动力在停止转动 3min 内，低压缸的压力表指数不得升高或降低。

(7) 空压机作业时，不得有任何异常敲击声。

三、起重机械

（一）履带式起重机

1. 发动机、液压系统等通用装置

参照第一节有关规定执行。

2. 外部检查

(1) 各指示器、限位器、报警器等安全防护装置，必须完整有效。

(2) 各部操纵杆、制动踏板的自由行程应符合原厂规定，移动和回位灵活、准确。

(3) 传动链条和履带的松紧度应调整适当。

(4) 起重机构的门架、臂杆、吊钩等应焊接良好，无弯曲、变形。滑轮、轴销等主要活动部位应安装牢固。

(5) 钢丝绳的质量及安装应符合规定。

3. 运转检查

(1) 主离合器及各操纵杆（阀）应操作轻便，接合平稳，分离彻底，无颤动，无异响。

(2) 液压操纵机械的油压应符合规定，各油管接头、操纵阀、工作缸等不得漏油。停止工作后，油压降到 0 时所需时间应不少于 1h。

(3) 回转挡挂入后，在未触动操纵阀杆前，回转台不得有左右摆动现象。卷扬制动带松开状态时，卷扬筒不得自动转动。

(4) 机身回转，支重滚轮应转动灵活，平衡卡轮间隙应调整一致，回转时机身平稳，无撞击摆动感觉。

(5) 各离合器、制动器应分离彻底，接合平稳，操作灵活，制动可靠。

(6) 各传动机件、齿轮的接合，必须平稳，无异响，变速器、减速器、制动器、传动轴承等的声音和温度均应正常。

(7) 行走机构驱动轮与引导轮中心线应在同一平面，其偏差不大于 3mm。直驶时偏斜量不大于 1%，且无啃咬轨链、滚筒现象。空载爬坡能力不得小于 20°，在坡道上制动有效。

(8) 臂杆起、落、回转，吊钩升、降，必须轻便灵活，制动有效，限位装置应灵敏可靠。

(9) 分别从不同工况进行起重作业，检验作业性能应达到规定要求。各传动部件、齿轮、轴承等工作平稳，应无异响及过热现象。

（二）汽车式、轮胎式起重机

（1）发动机、液压系统等通用装置参照第一节有关规定。行驶部分参照汽车验收标准，起重部分参照履带式起重机有关验收标准执行。

（2）除（一）项内容外，重点检查下列项目。

① 支腿伸、缩灵活，工作缸内外均不得渗漏。

② 液压伸缩式臂杆，全程伸缩应符合伸缩顺序和同步要求。

③ 当基本臂位于最大仰角，以最高回转速度回转，其性能应达到原厂规定。

④ 液压系统密封良好，无漏油、渗油。工作中油温正常。

（三）塔式起重机

1. 电动机及卷扬机部分

分别参照电动机及卷扬机验收标准执行。

2. 外部检查

（1）机身整齐，各部钢结构必须平直，无弯曲、扭曲，所有铆接或焊接牢固，符合规定要求。

（2）各机械传动部分，应安装正确可靠，各部主要螺栓不松动。联轴器轴向窜动及径向跳动应符合规定。钢丝绳滑轮组连接固定可靠。

（3）配重和压重的重量、形状、尺寸、安装位置等，应符合原厂规定。

（4）电磁离合器灵活可靠，各种仪表及联锁装置完整，接地电阻不大于4Ω，30kW以上电动机的接地电阻不得大于1.7Ω。各电气元件完整齐全，电动机操纵和控制系统、集电器、电缆及电缆卷筒等，应符合技术要求。

（5）制动器各部间隙调整有效。

（6）各种安全防护装置齐全、有效。各部润滑良好。

3. 运转检查

（1）行走轮应无卡住现象。各行走轮支承面的中心线与轨道的中心应平行，其不平行度允差为行走轮直径的1/500。同一轨道上相邻的两轮的不平行度允差为行走轮直径的1/5000。

（2）各减速器的接合处应严密、不漏油。齿轮传动应平衡，无异响。传动轴与轴承的轴向窜量不应超过3mm，运转中无冲击、振动现象。

（3）回转齿圈与滚轮回转灵活，无卡住现象。每半个联轴器安装在轴上时，其端面跳动和径向跳动分别不大于0.2mm和0.09mm。联轴器端面的间隙应略大于轴向窜量。

（4）各制动器工作灵敏、可靠，制动时其接触面积不小于70%。

4. 空载试验中的要求

（1）操纵控制器的零位，左、右方向，应符合原厂规定。

（2）控制机构零位联锁装置、各限位开关、制动器及安全防护装置等，应灵敏可靠。

（3）行走、回转、卷扬减速器等机构工作正常，不漏油，各部轴承无异响，温度不大于75℃。

5. 额定载荷及超载试验中的要求

（1）由额定载荷100%开始，逐次增加到125%，将重物提升离地200mm高度，停留10min，重物对地距离应保持不变。

（2）在进行荷重升、降试验时，重物由悬空停留后，再重复升降时，不应有下滑现象。制动限位灵敏可靠。

（3）吊臂回转平稳、制动可靠。

（4）变幅平稳，制动限位灵敏可靠。

（5）行走控制器操纵灵敏可靠，制动有效，限位开关能使起重机停止行走。

（四）卷扬机

1. 电动机部分

参照电动机验收标准执行。

2. 外部检查

(1) 装用的电气设备及其接线、接地（或接零）及防护罩、油嘴等附件应配备齐全，安装正确。

(2) 操纵机构装配位置正确，制动带与制动轮应在同一中心线上。其间隙不大于1.2mm。

(3) 联轴器装配符合规定，柱销螺母必须紧固可靠，并带有防松装置。

(4) 钢丝绳的规格、质量以及固定绳头的卡子均符合规定。

3. 运转检查

(1) 各传动部分运转平稳，无跳动及异响。传动齿轮不得有冲击声和周期性的强弱音。

(2) 离合器分离彻底，操作轻便，操纵杆动作灵活可靠。

(3) 额定载荷试验中，制动器必须工作可靠，制动时钢丝绳下滑量，慢速系列不大于100mm；快速系列不大于200mm。

(4) 试验中齿轮箱和轴承及各传动摩擦部分温升不超过60℃，制动器不得冒烟。

四、运输机械

(一) 汽车

1. 发动机部分

参照第一节有关规定执行。

2. 外部检查

(1) 离合器、制动器的操作和回位轻便、灵活，踏板自由行程符合规定。

(2) 方向盘自由转动量符合原厂规定。转向机构及拖挂机构各连接处不松旷、锁止可靠。

(3) 制动系统各管路部件连接可靠。管路畅通、不漏气、不漏油。

(4) 散热器、发动机、驾驶室等各连接橡胶支承垫应装配齐全，安装牢固。

(5) 门窗启闭灵活，开闭严密，锁止可靠，合缝均匀，风挡玻璃透明，不眩目。

(6) 半挂拖车的转盘及其连接装置，必须固定良好，保险可靠。

3. 运转检查

(1) 离合器接合平稳，操作轻便，分离彻底，不打滑，无抖动及异响。

(2) 传动机构工作平稳，无异响，不过热。变速器换挡轻便，准确可靠，无不正常响声。

(3) 方向机转动灵活，无跑偏、卡滞、抖动、摆头现象。转弯后能自动回正，最小转弯半径应符合原厂规定。

(4) 加速行驶时，车外最大允许噪声级应不大于当地规定。

(5) 气压制动器要泵气充足，并能按规定工作气压自动调节，制动灵敏，松回灵活。油压制动器无漏油、胀气、踩不下或回位缓慢现象，当制动踏板踩下全程4/5时，应能达到最大制动作用。

(6) 制动性能试验应在制动仪上进行。如进行路试，在平坦、干燥的沥青或混凝土路面上，时速为20km/h的大型车辆，制动总距离不得超过4m，轮胎滚印与拖印距离不得超过3m。在时速40km/h作高速点制动，应无跑偏现象。

(7) 对半挂和全挂汽车，要求机、挂车各轮制动作用一致。

(8) 手制动要灵敏有效，在干燥的平路上时速15km行驶时，在拉紧手制动杆不超过行程的2/3时能停止，或车辆停放在20%的坡道上，拉起手制动器后能不发生移动。

(9) 车轮间隙适宜，制动带不偏磨，要求在平坦硬质路面时速30km时，空挡滑行距离不小于230m。

(10) 自卸汽车的液压倾卸机构应工作平稳，密封可靠，车厢顶升高度应达到规定，并能在任何高度停留，下降时间应不超过原厂规定。

(11) 运转试验后检查各运动部位不应过热，水、油温正常，仪表指示良好，在发动机停止1h后，气压表读数下降应不超过5kPa。

(二) 机动翻斗车

1. 发动机部分

参照发动机验收标准进行检验。

2. 外部检查

(1) 方向机自由转动量，离合器及制动器踏板自由行程，均应符合原厂规定。

（2）前、后轮轴向游隙，用手推拉无明显感觉。

（3）料斗的倾翻、回位、锁紧，应操作轻便，无卡滞和锁不住的现象，料斗无变形、裂缝。

（4）转向轮前束，在钢圈的外缘测量，应符合规定。

3. 运转检查

（1）空载行驶离合器接合平稳，分离彻底。

（2）在平坦、干燥的沥青或混凝土路面上直线行驶，车身无强烈振动，其最高行驶速度及最大爬坡能力应达到原厂规定。

（3）在车速 20km/h 时，脱开动力进行制动，其制动距离应不大于 4.5m。高速制动时，不跑偏。

（4）变速器换挡灵活，不乱挡、脱挡，无异响。各传动部件工作平稳，无撞击和异响。

（5）方向机转动灵活，无跑偏、摆头现象，最小转弯半径应符合原厂规定。

（6）车辆满载时停放在 20%的坡道上，手制动后应不发生移动。

（7）运转试验后，检查轮毂轴承及制动鼓的温升应不超过 60℃。

（三）皮带运输机

1. 电动机部分

参照第一节电动机的有关规定执行。

2. 外部检查

（1）防护装置及附属设备应配备齐全，各润滑处润滑良好。

（2）各个滚筒及支架位置正确，输送带平直，接头处牢固。

（3）开式传动齿轮的侧向间隙应为 0.20～0.40mm。啮合面积，沿齿宽应不小于 50%，沿齿高不小于 60%。

（4）前端机架提升灵活、棘轮制动可靠。

3. 运转检查

（1）运输机运转正常，输送带运动平稳，不偏摆、跑偏，机架无跳动和摇摆现象。各部托轮转动均匀，无卡涩现象。

（2）送料斗及防护罩与工作部分应保持一定距离，无摩擦及刮划等现象。

（3）载荷运转时，托轮转动均匀，无阻滞，输送带无打滑、缓慢、摇晃等现象。

（4）运转后检查各部轴承无过热现象，各密封处不漏油。

五、其他机械

（一）混凝土搅拌机

1. 动力装置等

参照第一节有关规定执行。

2. 外部检查

（1）各机件安装牢固，操纵杆转动灵活，不松旷。传动 V 带松紧度适宜。

（2）自落式搅拌筒叶片平整，搅拌筒滚道的磨损量，不应超过原厚度的 30%。强制式搅拌叶片与筒壁的间隙应在 20～30mm 范围内。

（3）各部齿轮的间隙应符合规定。大齿圈啮合正确，其齿隙在 1.5～3mm 范围内，径向间隙在 4～6mm 范围内。齿面接触区不少于 60%。

（4）搅拌筒导轨圆周的径向跳动不超过 2mm。导轨与托轮接触应均匀。

（5）各铆、焊接处不应有裂缝和松动现象，螺钉、垫片齐全紧固。

（6）移动式混凝土搅拌机，牵引杆安装牢固，轮轴安装牢靠，不得有松旷。

（7）电气开关和控制设备接线牢固，接地（接零）良好。

3. 运转检查

（1）传动系统运转灵活、可靠，无异响，各部轴承温度正常。减速器轴端不漏油。振动装置工作正常。

（2）搅拌筒不得漏浆，轮箍和托轮接触均匀，无跳动、跑偏现象。大齿圈的径向跳动应不大于 3mm；

小齿轮的径向跳动应不大于0.05mm。测量搅拌筒的转速，在载荷情况下，比无载荷时转速降低不得大于2r/min。

(3) 上料斗的提升、下降应无偏摆和位移现象，斗底开启灵活，倒料干净。振动杆、料斗限位杆等工作正常。离合器、制动器灵敏可靠。上料斗应能保证在任何位置可靠地制动。

(4) 出料机构操作灵活、可靠。出料后，搅拌筒内残留混凝土量，应低于额定出料容量的5%。

(5) 供水装置的水泵、水箱、管路、闸阀、压力表等，应工作正常，无漏水现象，量水筒计数器灵敏准确。

(6) 钢丝绳的质量和安装应符合规定。绳轮的钢丝绳放松后，应有2～3圈余量。

(7) 操纵杆摆动角度，应符合原厂规定。

(8) 轮胎式搅拌机应进行牵引试验。按20km/h的速度，在三级或二级路面上牵引，应行驶平稳。

(9) 运转后检查各轴承及摩擦部分，应无过热现象。

(二) 灰浆输送泵

1. 电动机部分

参照第一节有关规定执行。

2. 外部检查

(1) 各部零件、附件及防护装置、工作装置等，应完整良好，安装牢固。

(2) 用手转动大皮带轮，使活塞往复运动，转动时应感觉受力均匀，无阻、卡现象，球阀灵活，隔膜工作正常。

(3) 皮带等传动部件的安装与调整，应符合规定。

3. 运转检查

(1) 空载时运转平稳，无振动和过大噪声，传动齿轮无冲击声和周期性强弱声。

(2) 做吸水试验，逐渐增加到额定工作压力，机械应运转正常，汽缸密封良好，管路接头无漏水、漏浆。输入能力应符合原厂规定。

(3) 摩擦部位无过热。变速器无渗漏现象。

(4) 安全阀、回浆阀应灵敏、可靠，压力表工作正常。

(5) 离合器有过载保护装置的，在超载10%时应彻底分离。

(三) 钢筋调直、切断、弯曲机

1. 电动机部分

参照第一节有关规定执行。

2. 外部检查

(1) 各部机件、附件、防护装置等完整良好，安装牢固，电气元件安装正确，布线整齐，接头牢靠，接地（接零）良好。

(2) 开式齿轮侧向间隙、齿面接触应符合规定。

(3) 两皮带轮槽对正，偏差不大于1mm，皮带松紧适当。

(4) 承受架料槽的中心与导向轮、调直筒、下切刀孔或剪切齿轮槽的中心必须对正。两刀刃水平间隙应能调整（其范围为0.2～0.3mm)。

(5) 调直切断机料架应稳定、平直。拉杆弹簧应保证滑动刀台弹回可靠。料槽的宽度，根据钢筋直径应能灵活调整。

(6) 切断机两刀刃的安装重叠量应为2mm，间隙允许范围为0.1～0.5mm。滑鞍和座之间垂直方向和水平方向的间隙应符合原厂规定。

(7) 弯曲机工作台面应平整，送料辊灵活，回转盘稳固。

3. 运转检查

(1) 离合器应接触平稳，分离彻底，调直切断机的滚轮、剪切齿轮，弯曲机触回转盘、切刀等，作业运转应正常。

(2) 调直切断机切断钢筋的长度应稳定，直径小于10mm的钢筋应不超过±1mm；直径大于10mm的钢筋应不超过±2mm。

(3) 调直切断机的牵引机构应操作灵活，被压紧钢筋不应有明显的转动现象，滑动刀台应能可靠地回位。调直后的钢筋表面不应有明显的刻痕。切断后的钢筋断口处应平直，无撕裂现象。

(4) 弯曲机弯曲成形的钢筋，起弯点位移不得大于15mm，弯钩相对位移不得大于8mm。

(5) 液压传动部分不应有周期性噪声和不规则的冲击声，且无渗漏现象，工作油温升不应超过40℃。

(6) 作业时整机运转平稳，各部轴承温升正常，滑动轴承最高不应超过80℃，滚动轴承最高不应超过70℃。

(四) 电焊机

1. 发电机式焊机动力装置

参照第一节有关规定执行。

2. 外部检查（变压器式焊机）

(1) 铭牌、机壳、防护罩、仪表、脚轮及电流调整手柄等，必须完整齐全。

(2) 铁芯整齐、紧固，滑动铁芯导磁面平整、间隙均匀，移动时不得有卡滞、倾斜。

(3) 焊机的绝缘物色泽均匀，弹性良好，无破损裂纹、老化脱落之处。

(4) 绕组对机壳及绕组相互间绝缘电阻值均不得低于0.5MΩ。

3. 运转检查

(1) 调整电流最小值、中间值、最大值，分别测量负荷电流。按照铭牌标定电流值与持续率，观察焊条熔化及焊件熔接程度，应符合工艺要求。

(2) 试焊中，电流、电压应稳定，自动性能应良好，不得出现断弧、偏弧现象，并检查电流调节器及电流表的指示值，应与产品的出厂技术规定偏差不大于±10%。

(3) 焊机作业时，不得有发抖和不良噪声，焊机绕组和铁芯的温度应保持稳定。

(4) 测试焊弧压降所得数值，应不超过产品出厂规定的±5%。

第5章 工程机械修理的一般工艺

5.1 工程机械的拆卸和装配

5.1.1 工程机械拆卸和装配的基本要求

(1) 机械拆卸的基本要求

① 做好拆卸前的准备工作。拆卸前必须搞清机械各部构造和工作原理，按其构造特点，制定拆卸顺序和操作方法，一般是先外后内，先总成后部件，最后分解为零件。

② 选择好拆卸的工作地点。机械在进入拆卸地点前，应进行外部清洗。机械进入指定地点后，应先顶起机身，用垫木垫牢，并趁热放尽各机构的润滑油、工作油、燃油和冷却水。

③ 从实际出发，按需拆卸。对于不经拆卸即可判断其状况确系良好、不需修理的零部件，则可不拆卸，以免零部件在拆装过程中损坏和降低装配精度。对于需要拆卸的零部件，则一定要拆，不可因图省事而马虎了事。

④ 要使用合适的工具、设备。拆卸时所用的工具一定要与被拆卸的零件相适应，避免因工具不合适而乱敲乱打，造成零件变形或损坏。必须了解机械各总成及部件的质量，正确使用起重设备，保证安全拆卸。

⑤ 拆卸时应为装配作好准备。

a. 对于成套加工或选配的偶合零件，以及某些不可互换的零件，拆卸前应按原来部位或顺序标明记号，以免在装配时发生错乱（如活塞与缸套、轴承与轴颈、气门与座以及柴油泵的精密偶件等）。

b. 拆卸下来的零件，应分类存放，为装配创造条件。

(2) 机械装配的基本要求

① 做好装配前的准备工作。

a. 首先要熟悉机械各零部件的相互连接关系及装配技术要求。

b. 零部件装配前要清洗干净，并经过检查、鉴定，对重要零件应按修理规范规定进行检验。不合格的零件不得装配。凡规定需要检查、试验的组合件及总成，在安装前必须进行试验，并随附检验合格证。

c. 确定适当的装配工作地点及备齐必需的设备、仪器及工具等。

② 装配时必须选择正确的配合方法，分析并检查零件装配的尺寸链精度，通过选配、修配或调整来满足配合精度的要求。

③ 选择合适的装配方法和装配设备。如静配合采用相应的压力机装配，或对包容件进行加热和对被包容件进行冷缩。为避免损坏零件和提高工效，应采用专用工具。

④ 对所有偶合件和不能互换的零件，应按拆卸、修理或制造时所作的记号成对或成套装配，不允许错乱。

⑤ 对高速旋转有平衡要求的部件（如曲轴、飞轮、传动轴等），经过修理后，应进行平衡试验。长轴及长丝杆等细长零件，不论是新品或旧品，均应检查其平直情况。

⑥ 各组合件在装配时，应注意零件的圆度、弯曲度、同心度、平行度以及平面度、垂直度等允许偏差积累，避免装配后的间隙或偏差超过装配技术要求的限度。因此，在装配时，应注意选配。

⑦ 注意装配中的密封，采用规定的密封结构和材料。注意密封件的装配方法和装配紧度，防止“三漏”。

⑧ 每一部件装配完毕，必须检查和清理，防止有遗漏未装的零件；防止将多余零件封闭在箱壳之中，造成事故。

5.1.2 螺纹连接件的装配

（1）安装前检查

① 被装配螺栓的规格应符合要求，无弯曲、变形、碰磕、滑扣和锈蚀严重等现象；螺纹部分的配合质量应在自由状态下能用手拧动而无松旷；螺母、垫圈的厚度适当。

② 用螺栓连接的零部件相互接触的平面应贴合均匀。

③ 安装用的扳手与螺母的规格应一致。

（2）安装中的要求

① 使用扳手拧紧螺栓时，要根据螺栓的直径适当用力，既要拧紧，又不使其产生过大的应力。不要随意用套管加长扳手，以免螺纹滑扣，甚至螺杆折断。

② 对于承受交变载荷的重要部位的螺栓，如塔式起重机回转支承大齿圈和上、下承座的固定螺栓，塔身、塔帽、臂杆以及各工作机构连接螺栓等。安装时，应使用能显示拧紧力矩的转矩扳手分次拧紧，达到规定的拧紧力矩，并保持各螺栓的拧紧力矩一致。安装后经过走合期作业，还应用同一转矩扳手复查一遍，以求这类螺栓的拧紧力矩符合要求。

一般碳素钢的拧紧力矩见表 5-1。塔式起重机使用的高强度合金钢螺栓的扭紧力矩见表 5-2。

表 5-1 碳素钢（钢 40）螺栓拧紧力矩

螺纹规格/mm	M8	M10	M12	M14	M16	M18	M20	M22	M24
拧紧力矩/N·m	10	30	35	55	85	120	190	230	270

③ 对于成组螺栓的安装，应先将两个零部件的连接面按装配记号对齐，使螺孔对准后将螺杆插入所有螺孔，然后拧上螺母。不得在螺孔未对准时采用硬打的做法，破坏配合质量。紧固螺母时应与拆卸顺序相反，先中间、后四周，按对角线顺序分次拧紧，采用转矩扳手以同一拧紧力矩按上述顺序拧紧。

表 5-2　高强度合金钢螺栓扭紧力矩

螺纹规格/mm	预紧力/kN	拧紧力矩/N·m	
		涂轻机油时	聚二硫化铝时
M12	50	100	120
M16	100	250	350
M20	150	450	600
M22	190	650	900
M24	220	800	1100
M27	290	1250	1650
M30	350	1650	2200
M33	430	2200	2900
M36	310	2850	3800

④ 安装有定位装置的零部件时，螺栓紧固顺序应先从定位装置附近开始。

⑤ 拧紧后，螺栓的轴心线应垂直于零件表面，并均匀地与零件平面压紧。螺纹应外露2～3 扣。

（3）安装后的锁定

在振动条件下工作的螺栓连接必须采取锁定措施，以防松脱。常用的锁定方法有：

① 加弹簧垫圈。这是普遍应用的锁定方法。使用时应检查弹簧垫圈是否还有弹力，一般要求是在自由状态下开口处两相对面的位移量不小于垫圈厚度的 1/2。弹簧垫圈在螺栓被拧紧后，在其整个周长内应与螺母的端面和零件的支承面紧密贴合。

② 用双层螺母锁紧。将螺母按正常情况拧紧后，再在上面拧一个薄型螺母；拧紧薄型螺母时，必须同时用两只扳手将薄型螺母与原有螺母相对地拧紧到不小于该螺栓的拧紧力矩。

③ 用开口销锁定。使用开口销锁定，必须是带槽的螺母和有孔的螺杆。螺母拧紧后，用开口销穿过螺杆孔在螺母槽中开口。这种锁定极为可靠，多用于变载、振动处的螺栓锁定。

④ 用止动垫片锁定。这种垫片一般有两个爪，螺母拧紧后，将垫片两个爪分别向上、下弯曲，上爪紧贴螺母，下爪紧贴零件，即可防止螺母回松。

5.1.3　静配合副的装配

静配合副的装配关键在于控制配合公盈量。一般机械静配合副的公盈量，在修理技术文件中有明确规定，装配时应予以保证。

静配合副装配要点：

① 要保持一定紧度，为此除尺寸上应考虑公盈量要求外，还必须考虑保证表面粗糙度和表面硬度的要求，否则其实际装配后的公盈量会在较大范围内变化。

② 装配时应保持零件清洁并涂以润滑油，防止配合表面在压入时刮伤或咬死。

③ 为防止零件压入时发生偏斜，孔口应有 30°～45°倒角；轴端应有 10°～15°斜角，压入时应尽可能采用导套和专用夹具。

④ 当配合公盈量较大时，装配时应采用热胀或冷缩法装配。当采用热胀法时，加热温度可根据材料的热胀系数和配合公盈量的大小，按下式计算：

$$T=\frac{\delta_{\max}+\Delta}{1000\alpha d}+t$$

式中 δ_{max}——最大配合公盈量，μm；

Δ——保证装配能顺利进行所需的装配间隙，Δ一般取（0.001～0.002）d 或（1～2）δ_{max}，μm；

α——零件材料的热膨胀系数，$10^{-6}℃^{-1}$；

d——孔或轴的名义尺寸，mm；

t——室温（或被包容件的温度），℃。

5.1.4 齿轮副的装配

齿轮传动副的装配要求是要精确地保持啮合齿轮的相对位置，使之接触良好，并保持一定的啮合间隙，以达到运转均匀，无冲击和振动，传动噪声小。

（1）圆柱齿轮副的装配

① 圆柱齿轮副的装配应保证齿轮啮合的正确性，即应保证规定的啮合间隙（包括侧隙和齿隙差）和啮合印痕。

② 机械装配技术条件中规定了圆柱齿轮的啮合间隙。影响齿隙变化的原因，除齿轮加工误差外，主要是因齿面磨损及中心距变化引起的。装配时应分析具体原因，予以消除。

③ 齿轮啮合时，正确的啮合印痕其长度不应小于齿长的60%，印痕应位于齿面中部，如图5-1(a)所示，图中其他三种情况均不符合要求，装配时应通过调整、修配、校正等方法予以排除。

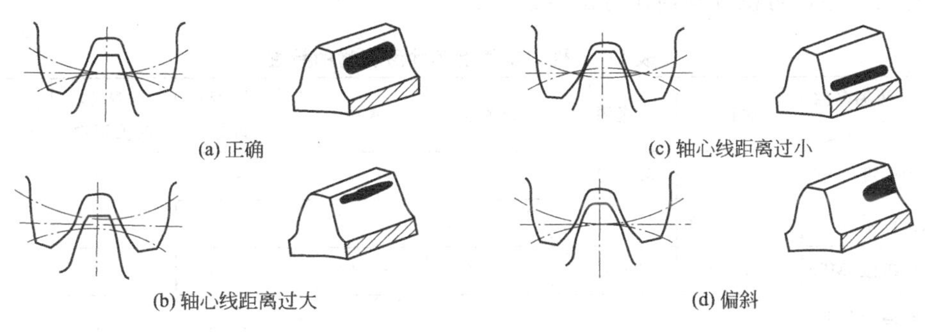

图5-1 圆柱齿轮啮合情况

（2）圆锥齿轮副的装配及其调整

圆锥齿轮副的装配较为复杂，需要根据啮合印痕来调整齿轮啮合位置和齿隙。一般情况下，齿轮的啮合印痕受负荷后从小端移向大端，其长度及高度均扩大，如图5-2所示。装配后无负荷检查时，其长度应略长于齿长的一半，位置在齿长的中部稍靠近小头，

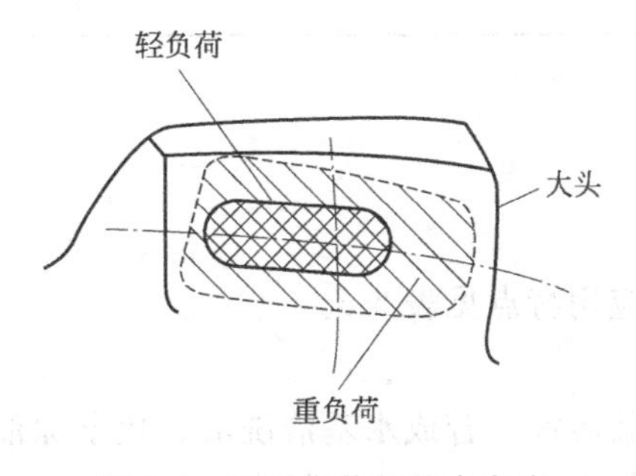

图5-2 圆锥齿轮的啮合印痕

在小齿轮齿面上较高，在大齿轮齿面上较低。当检查不符合要求时，可按表 5-3 的方法进行调整。

表 5-3　圆锥齿轮啮合印痕检查调整方法

现　　象	原　　因	调　整　方　法
小齿轮接触印痕偏高，大齿轮印痕偏低	齿轮轴向定位不当	小齿轮沿轴向移出 大齿轮沿轴向移进
小齿轮接触印痕偏低，大齿轮印痕偏高	齿轮轴向定位不当	大齿轮沿轴向移出 小齿轮沿轴向移进
两齿轮同在小端接触	轴线交角太大	根据支承结构的可能调整支承点
两齿轮同在大端接触	轴线交角太小	根据支承结构的可能调整支承点
在同一齿的一侧偏高，另一侧偏低	①两轴不在同一平面 ②齿轮加工不良	①调整支承点 ②不能调整时更换

5.2　工程机械零件的清洗

工程机械修理中零件的清洗包括油污、旧漆、锈层、积炭、水垢和其他杂物等的清除。由于这些污垢物的化学成分和特性不同，其清除方法也不一样，表 5-4 所列为机械零件上各种污垢物的特性，可供选择清洗方法时参考。

表 5-4　机械零件上各种污垢物的特性

污垢特征 \ 污垢名称	泥污	老漆	锈蚀物	水垢	老化的机油、润滑油	沥青-焦油沉积物	积炭
污垢层的厚度/mm	5～30	0.5～1.5	0.1～2	1～5	1～10	0.5～5	0.3～10
拉伸强度极限/MPa	0.01～0.02	—	—	—	—	—	—
压缩强度极限/MPa	0.3～2	20～50	1～10	5～10	—	—	—
80℃时的运动黏度/(m^2/s)	—	—	—	—	0.2～3	0.2～1.5	—
对金属表面的附着力/MPa	0.005～0.02	5～10	—	—	0.10～0.15	0.3～1.0	0.5～0.7
污垢密度/(kg/m^2)	2500～2800	1000～1400	1500～2500	2300～2600	900～950	950～1050	1050～1200
污垢的热导率/[W/(m·℃)]	0.0174	0.0058	3.48～11.6	0.116～2.32	0.1276～0.1508	0.1508～0.1621	0.232～0.348

5.2.1　清除油垢

（1）清除油垢的方法

常用清除油垢的方法及应用特点见表 5-5。

（2）清洗液

清洗液的种类很多，有碱溶液、合成水基清洗液、化学除油溶液以及电化学除油的电解溶液等，各类清洗液和溶液的配方及工艺参数见表 5-6～表 5-9。

表 5-5 常用清洗方法应用特点

清洗方法	配用清洗液	主要特点	适用性
擦洗	煤油、轻柴油或水基清洗液	不需专用设备、操作简便，但生产效率低，安全性差，不符合节能原则	适用于单件、小型零件以及大型件的局部清洗
浸洗	碱性 BW 液或其他各种水基溶剂清洗液	设备简单，主要依靠清洗液的清洗作用，清洗时间长	适用于形状复杂的零件和油垢较厚的零件
喷洗	除多泡沫的水基清洗液外，均可使用	工件和喷嘴应有相对运动，设备较复杂，但生产效率高	适用于形状不太复杂而批量较大的零件，可清洗半固态油垢和一般固态污垢
高压喷洗	碱液或水基清洗液	能除去严重油污，包括固态油垢，工作压力一般在 7MPa 以上	适用于油垢严重的大型工件
电解清洗	碱液或水基清洗液	清洗质量优于浸洗，但要求清洗液为电解质，并需配直流电源	适用于对清洗质量要求较高的零件，如电镀前的清洗
气相清洗	三氯乙烯、三氯乙烷、三氯三氟乙烷等	清洗效果好、工作表面清洁度高，但设备较复杂，且需加热、冷凝等装置，对安全管理要求高	适用于对清洗质量要求较高的零件
超声波清洗	碱液或水基清洗液	清洗效果好，生产效率高，但需要成套超声波清洗装置	适用于形状复杂且清洗要求高的小型零件

表 5-6 钢铁零件碱性溶液的配方及清洗工艺

溶液配方	主要工艺要求
氢氧化钠 50～55g/L 碳酸钠 25～30g/L 磷酸钠 25～30g/L 硅酸钠 10～15g/L	清洗温度：90～95℃ 清洗方式：喷洗或浸洗 清洗时间：10～15min

表 5-7 铝零件碱性溶液的配方及清洗工艺

溶液配方	主要工艺要求
碳酸钠 15～20g/L 磷酸钠 5～10g/L 肥皂 2g/L 重铬酸钾 0.5g/L	清洗温度：60～80℃ 清洗方式：浸洗或喷洗 清洗时间：5～10min

表 5-8 化学除油溶液的配方及工艺参数

基体 工艺参数		钢铁	铜及铜合金	铝及铝合金	
				配方 1	配方 2
溶液配方/(g/L)	氢氧化钠	60～80	5～15	8～12	—
	碳酸钠	20～40	20～25	—	40～50
	磷酸钠	20～40	30～60	40～60	40～60
	水玻璃	5～10	3～5	25～35	2～5
	乳化剂	适量	适量	适量	适量
温度/℃		70～90	60～80	60～70	70～90
除油时间/min		除净为止	<20	3～5	5～15

表 5-9 电化学除油的配方及工艺参数

工艺参数		配方种类			
		1	2	3	4
溶液配方/(g/L)	氢氧化钠	30～40	10～20	—	3～5
	碳酸钠	30～40	20～30	20～40	40～50
	磷酸钠	40～50	20～30	20～40	40～50
	硅酸钠	—	—	3～5	—
温度/℃	70～90	70～80	70～80	70～90	
电流密度/(A/dm^2)	5～10	5～10	2～5	5～10	
除油时间/min	阴极	7.5	5～10	1～3	3～5
	阳极	2.5	0.2～0.5	—	—

注：配方 1、2 适用于钢铁件除油，配方 3 适用于一般有色金属及其合金的除油，配方 4 适用于铜及其合金工件的除油。

（3）零件清洗的注意事项

① 零件经过清洗后，在任何部位都不应残存油脂凝块。

② 清洗后零件的光洁表面应擦拭干净，不得有油水存在。

③ 滚动轴承经清洗后，当旋转外圈时，应能转动灵活；在滚道及滚珠或滚柱表面，不得存有油污。

④ 清洗细小零件时，应按拆装单元分别盛放，不应将多种零件混放在一起；原已用铁丝串牢的零件，不应拆散。

⑤ 已清洗的零件，在运送过程或保管时，必须保持运送工具和盛器的清洁，不使其受污染；存放地点应注意防潮，以免日久生锈。

5.2.2 表面除锈清洗

锈是金属表面因大气腐蚀或高温氧化而产生的氧化物和氢氧化物。零件修理时必须将表面的锈蚀产物清除干净。可根据具体情况，采用机械除锈、化学除锈或电化学除锈等方法。

（1）机械除锈

① 手工机具除锈。靠人力用钢丝刷、刮刀、砂布等刷刮或打磨锈蚀表面，清除锈层。此法简单易行，但劳动强度大，效率低，除锈效果不好，在缺乏适当除锈设备时采用。

② 动力机械除锈。利用电动机、风动机等作动力，带动各种除锈工具清除锈层，如电动磨光、刷光、抛光和滚光等。应根据零件形状、数量多少、锈层厚薄、除锈要求等条件选择。

③ 喷砂除锈。喷砂除锈就是利用压缩空气把一定粒度的砂子，通过喷枪喷在零件锈蚀表面，利用砂子的冲击和摩擦作用，将锈层清除掉。此法主要用于油漆、喷镀、电镀等工艺的表面准备，通过喷砂不仅除锈，而且使零件表面达到一定粗糙度，以提高覆盖层与零件表面的结合力。喷砂所用的砂子粒度、压力和零件的关系如表 5-10 所示。

表 5-10 喷砂的粒度、压力和零件的关系

零件特征	空气压力/MPa	砂粒尺寸/mm
厚度在 3mm 以上的大型零件	0.3～0.5	2.5～3.5
中等铸件和厚度在 3mm 以下的零件	0.2～0.4	1～2
小型、薄壁零件及黄铜零件	0.15～0.25	0.5～1
厚度在 1mm 以下的板材、铝制零件等	0.1～0.15	0.5 以下

（2）化学除锈

化学除锈又称浸蚀、酸化，它是利用酸性（或碱性）溶液与金属表面锈层发生化学反应使锈层溶解、剥离面被清除。常用钢铁材料除锈溶液配方及工艺规范见表 5-11。

表 5-11 常用钢铁材料除锈溶液配方及工艺规范

材料 含量/(g/L) 编号 成分	有黑皮的普通钢铁件			氧化物不多的钢铁件	铸件	已经除锈、需光泽处理的钢件	经热处理后的厚氧化皮钢件
	1	2	3				
H_2SO_4	200～250			80～150		75%(体积)	200mL/L
HCl		150～200	浓 HCl		100		480mL/L
HNO_3						100%(体积)	
HF					10～20		
$(NH_2)_2CS$	2～3			2～3			
乌洛托品		1～3					
温度/℃	40～60	30～40	15～30	40～60	30～40		

（3）电化学除锈

电化学除锈又称电解腐蚀，它是利用电极反应，将零件表面的锈蚀层清除。锈蚀零件既可在阳极，又可在阴极上除锈。阳极除锈适合于高强度和弹性要求较好的金属零件；阴极除锈适合于氧化层致密、尺寸精度要求较高的零件。生产中常采用阴、阳极除锈交替进行，既可缩短浸蚀时间，又可保证尺寸精度及减轻氢脆。常用的电化学除锈溶液的配方及工艺规范见表5-12。

表5-12　电化学除锈溶液配方及工艺规范

名　　称	种　　类				
	阳极浸蚀除锈		阴极浸蚀除锈		交流浸蚀除锈
	1	2	3	4	5
硫酸(d=1.84)/(g/L)	200～250	1%～2%	100～150	40～50	120～150
盐酸(d=1.19)/(g/L)				25～30	30～50
氧化钠/(g/L)		3%～5%		20～22	
硫酸亚铁/(g/L)		20%～30%			
磺化木工胶		0.3%～0.5%			
乌洛托品				少量	
温度/℃	40～60	室温	40～50	60～70	
电流密度/(A/cm^2)	5～10	5～10	3～10	7～10	
电极材料	铁或铅	铁或铅	铁或铅锑合金	含硅20%～24%的硅铸铁	
时间/min	10～20	除尽为止	10～15	除尽为止	

（4）二合一除油除锈剂

二合一除油除锈剂是表面清洗技术的新发展，它可以对油污和锈斑不太严重的零件同时进行除油和除锈。使用时应选用去油能力较强的乳化剂。如果零件表面油污太多时，应先进行碱性化学除油处理，再进行除油、除锈联合处理。

二合一除油除锈剂的配方及工艺规范见表5-13。

表5-13　黑色金属二合一除油除锈剂配方及工艺规范

名　　称	配方1	配方2	配方3
硫酸 H_2SO_4/(g/L)	70～100	150～250	
盐酸 HCl			840～880mL/L
十二烷基硫酸钠/(g/L)	8～12	0.5	
平平加(102匀染剂)/(g/L)		15～25	
烷基苯胺磺酸钠/(g/L)			50
硫脲$(NH_2)_2CS$/(g/L)		1～2	10
温度/℃	70～90	75～85	室温

5.2.3　清除积炭

积炭是由于燃油和润滑油在燃烧过程中不能完全燃烧时生成的，它积留在发动机一些主要零件上，使导热能力降低，引起发动机过热和其他不良后果。在机械修理中，必须彻底清除。通常采用机械法或化学法清除。

（1）机械法清除积炭

机械法简单易行，但劳动强度大、效率低且容易刮伤零件表面。一般在积炭层较厚或零件表面光洁度要求不严格时采用。

① 用刮刀或金属丝刷清除。此法易于产生划痕，破坏零件表面光洁度。

② 喷射带砂液体清除。用压缩空气将液体和石英砂的混合物，喷射到零件积炭层表面，以清除积炭。此法除炭效果较好，但只能用于表面形状规则的零件。其工艺规范见表 5-14。

表 5-14　喷射液体砂除炭的工艺规范

项　　目	软有色金属	硬有色金属	铜	铸铁
砂在液体与砂混合物中的百分数/%	15～18	18～20	20～30	30～45
喷嘴与积炭件的距离	80～100mm			
喷射角	37°～40°			
混合物压力	180～200kPa			
空气压力	400～500kPa			

（2）化学法清除积炭

化学法是用化学溶液浸泡带积炭的零件，使积炭与化学溶液发生作用被软化或溶解，然后用刷、擦等办法将积炭清除。这种化学溶液称为退炭剂，按其性质可分为无机退炭剂和有机退炭剂两种。无机退炭剂毒性小、成本低，但效果差，且对有色金属有腐蚀性，主要用于钢铁零件。有机退炭剂退炭能力强，可常温使用，对有色金属无腐蚀性，但成本高，毒性大，适用于有色金属及较精密零件。

无机退炭剂配方见表 5-15，有机退炭剂配方见表 5-16。

表 5-15　无机退炭剂配方　　kg

原料名称	钢件和铸铁件			铝合金件		
	配方 1	配方 2	配方 3	配方 1	配方 2	配方 3
苛性钠	2.5	10	2.5	—	—	—
碳酸钠	3.3	—	3.1	1.85	2.0	1.0
硅酸钠	0.15	—	1.0	0.85	0.8	—
软肥皂	0.85	—	0.8	1.0	1.0	1.0
重铬酸钾	—	0.5	0.5	—	0.5	0.5
水(L)	100	100	100	100	100	100

表 5-16　有机退炭剂配方

原料名称	煤油	汽油	松节油	苯酚	油酸	氨水
含量/%	22	8	17	30	8	15

5.2.4　清除水垢

发动机冷却系统中的水垢，会使发动机散热不良，修理中应予清除。清除的方法以酸溶液清洗效果较好，但酸溶液只对碳酸盐起作用。当冷却系中存在大量硫酸盐水垢时，应先用碳酸钠溶液进行处理，使硫酸盐水垢转变为碳酸盐水垢，然后再用酸溶液清除。

使用浓度为 5%～10%的盐酸溶液，温度在 60～80℃的范围内除垢，效果较好，且对铸铁缸体和黄铜的散热器基本上无腐蚀作用。对于铸铁汽缸盖的发动机，除垢时可直接将酸溶液注入冷却系中，取下节温器后低速运转 20～40min，即可将冷却系中的水垢全部除去。酸溶液除垢后要全部放净，并用清水冲洗干净。

对于铝质汽缸盖的发动机，有两种清除水垢的溶液，一种是在每升水中加入硅酸钠15g、液态肥皂2g的溶液；另一种是在每升水中加入75～100g石油磺酸的溶液。除垢时也可直接将溶液注入发动机冷却系统，使发动机在正常温度下运转。其中第一种溶液需运转1h，第二种溶液需运转8～10h，然后放净溶液，并用清水冲洗干净。

热的酸溶液与水垢作用时会产生飞溅，并排出有害气体。操作人员应戴耐酸手套和防护眼镜、口罩等防护用品。

5.3 工程机械的磨合和试验

(1) 磨合的作用和要求

大修后的主要总成，必须进行磨合运转，使零件表面的凸峰被逐渐磨平，以增大配合面积，减小接触应力，提高零件承载能力，从而降低磨损速度，延长使用寿命。

为使磨合过程时间短，磨损量少，必须注意下列要求。

① 磨合过程的载荷和转速必须从低到高，经过一定时间的空载低速运转，然后分级逐渐达到规定转速和不低于75%～80%的额定载荷。

② 针对新装组合件间隙较小和摩擦阻力较大的特点，正确选用流动性和导热性较好的低黏度润滑油。

(2) 发动机的磨合和试验

发动机的磨合分三个阶段进行，即冷磨合、无载荷热磨合和载荷热磨合。

① 冷磨合　冷磨合是将不装汽缸盖的发动机安装在磨合试验台上，用电动机驱动进行磨合。开始以低速运转，然后逐渐升高到正常转速的1/2～2/3，但其中高速时间不宜过长。磨合持续时间根据发动机装配质量，在40min～2h内选择。

磨合过程中，如发现局部过热、异响等不正常现象，应立即停止磨合，待故障排除后，方可继续进行。

冷磨后要对主要组合件进行检验，观察汽缸、曲轴等滑动配合表面的光洁度和有无拉毛及偏磨情况。磨合合格后，将发动机装配齐全，更换润滑油并清洗滤清器，为热磨合做好准备。

② 无载荷热磨合　启动发动机，在无载荷情况下运转，从额定转速的1/2逐渐升高到3/4左右，总运转时间不超过0.5h。

磨合过程中应听诊发动机的声音；检查组合件的发热程度和运转的平稳性；表的读数是否正常，润滑油温不应超过80℃。

磨合后应对气门间隙按热车规范进行调整，拧紧汽缸盖螺母。

③ 载荷热磨合　载荷热磨合的磨合时间，可参照下列范围。

额定载荷的15%～20%，磨合时间为5～10min。

额定载荷的50%～70%，磨合时间为10～20min。

满载荷，磨合时间为5～10min。

磨合后的检验。发动机全部磨合终了，应进行检查。如发现某些缺陷和故障，应排除后按规定要求装复。

(3) 变速器的磨合和试验

变速器磨合的目的在于改善齿面的接触精度，提高齿轮运转的平稳性；同时检查动力传递的可靠性、操作的灵活性以及有无发热、噪声、漏油等现象。

变速器各挡的磨合和试验应在空载和载荷两种情况下进行，加载程度应逐步递增，并尽可能达到正常工作载荷程度，但加载时间不宜过长。总的磨合时间主要应取决于每一挡位齿轮的原始啮合状况，一般空载磨合时间在2h以内，载荷磨合时间在20min以内。磨合时的主轴转速应近似于发动机的额定转速。

将变速器装到磨合试验台上，加入适当的润滑油，对磨合高耐磨合金钢齿轮时还要先加入研磨膏，然后启动电动机进行磨合。在磨合过程同时进行各项检查，注意分辨齿轮的声响。每一挡的声响达到正常要求时，即可转入另一挡，直至全部挡位合格。如由于变速器壳体发生严重变形而产生较大的噪声，应先修复后再进行磨合。

载荷试验所采用的加载装置有机械制动式、电磁制动式、液力制动式、电制动式等。

(4) 驱动桥的磨合和试验

驱动桥的磨合在于对各个齿轮进行磨合，对轮式底盘，可以只磨合主减速器和差速器；对履带式底盘，则是用动力通过变速器驱动中央传动并连同最终传动一起进行磨合。轮式底盘的磨合，其速度可取主减速器驱动轴的转速相当于发动机在正常转速时变速器为直接挡的转速，并最好能进行载荷磨合；履带式底盘的磨合速度应通过变速器从低速到高速分挡磨合，变速器主轴的转速应近似于发动机额定转速，可不带载荷磨合。其磨合时间一般为2～3h。

驱动桥在磨合过程应检查：主减速器（中央传动）的啮合情况；轮毂或驱动轮旋转的平稳性；轮毂或驱动轮端面是否有摆动；轴承发热情况；噪声程度；以及有无漏油现象。

第6章 工程机械故障诊断与维修案例

6.1 推土机故障诊断与维修

6.1.1 TY220型推土机液力传动系统故障的诊断与维修

TY220（D85A-18）型推土机是引进日本小松制作所全套专有制造技术生产的产品。该机型工作效率高，操作轻便；但其液力传动系统中液压元件较多，故障诊断较为复杂，遇到故障时若盲目拆卸，往往徒劳无益；如能用压力测试法查找故障所在部位，则可获得事半功倍的效果。

(1) TY220型推土机液力传动系统

液力传动系统包括液力变矩器、变速器油路系统和转向、制动油路系统，其组成见图6-1。各液压阀的功能见表6-1。

表6-1　各液压阀的功能

<table>
<tr><th colspan="3">名　称</th><th>功　能</th></tr>
<tr><td rowspan="6">变速器控制阀</td><td rowspan="3">三联阀</td><td>液压调节阀(液压控制随动阀)</td><td>具有液压调节功能和溢流功能</td></tr>
<tr><td>快退阀(快速返回阀)</td><td>该阀与液压调节阀联合作用,使变速器离合器接合平稳,分离彻底</td></tr>
<tr><td>减压阀</td><td>将1速离合器油压减到1.25MPa</td></tr>
<tr><td colspan="2">启动安全阀</td><td>当变速杆在挡上时,即使启动发动机,推土机也不能起步</td></tr>
<tr><td colspan="2">换向阀</td><td>变换行驶方向,控制行驶速度</td></tr>
<tr><td colspan="2">速度阀</td><td>变换挡位,控制行驶速度</td></tr>
<tr><td rowspan="3">转向控制阀</td><td rowspan="2">二联阀</td><td>主溢流阀(顺序阀)</td><td>控制转向油路油压,所溢出的油与变速器液压调节阀溢出的油合流到变矩器</td></tr>
<tr><td>转向分流阀</td><td>将来自转向滤清器的压力油按3∶1的比例分配给转向回路和制动回路</td></tr>
<tr><td colspan="2">转向左、右离合器滑阀</td><td>把压力油分配到左或右转向离合器</td></tr>
<tr><td colspan="3">转向制动器分流阀</td><td>把压力油分配到左或右制动器</td></tr>
<tr><td colspan="3">转向制动器溢流阀</td><td>控制制动回路的油压</td></tr>
<tr><td colspan="3">转向制动器助力器</td><td>减轻制动踏板的操作力</td></tr>
</table>

（2）液压测试条件

① 油液品牌、质量等级和黏度应符合要求，后桥箱油位正常。

② 预热发动机，使发动机冷却液和液力传动油的温度为70～90℃。

③ 发动机转速应符合标准，怠速为600r/min，标定转速为2000r/min。

④ 准备量程2.5MPa和7MPa的油压表，并配制软管和接头（接头螺纹为M10×1）。

（3）液压测试方法

① 各测量点设有方头锥形螺塞（称测量塞），测量压力时，拆下螺塞，接上量程合适的油压表。

② 把变速杆放空挡（N）位置，如果需要放在前进或后退位置上测试减压阀压力，要注意发动机在全速时车辆会移动。

③ 启动发动机，分别测试发动机全速（2000r/min）和低速（600r/min）时的油压。

④ 将发生故障时油压表的读数与设定压力值对比，判断故障所在部位。

⑤ 油压测试点、测量塞位置和设定压力值见图6-1和表6-2。

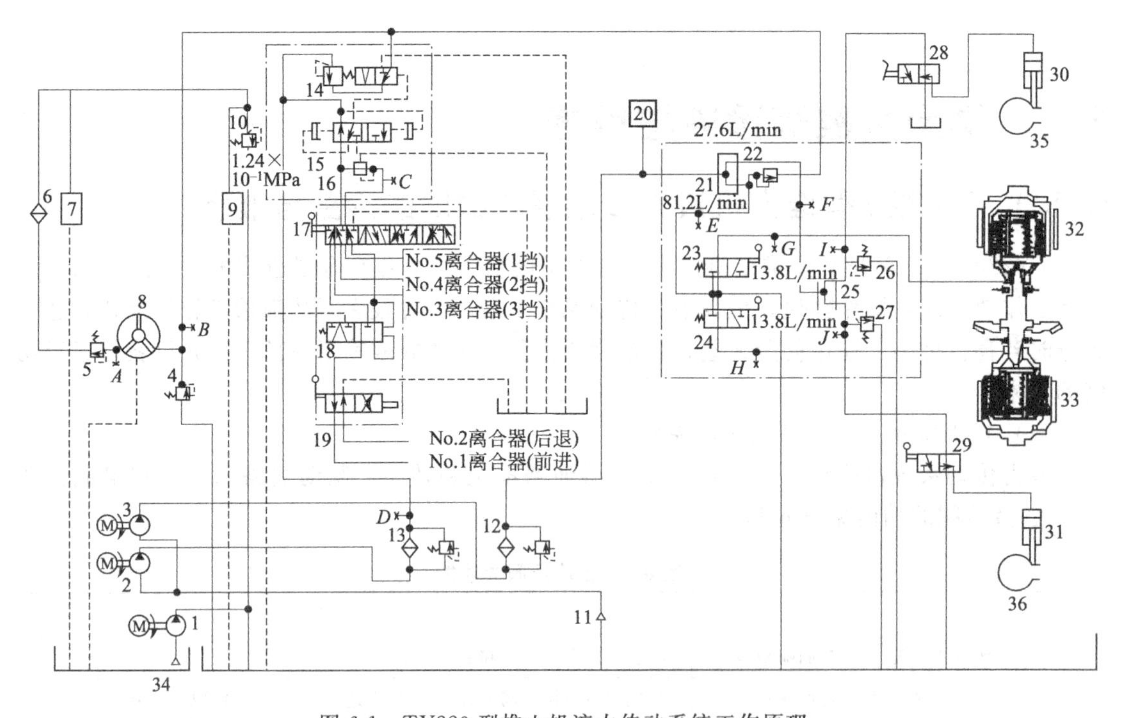

图6-1　TY220型推土机液力传动系统工作原理

1—换油泵；2—变速器（PAL040）；3—转向泵（FAR063）；4—液力变矩器溢流阀；5—液力变矩器调节器阀；6—机油冷却器；7—动力输出端（P. T. O）润滑；8—液力变矩器；9—液力换挡变速器润滑；10—润滑溢流阀；11—磁铁粗滤器；12—转向滤清器；13—液力换挡变速器滤清器；14—液力换挡变速器调节阀；15—液力换挡变速器快退阀；16—液力换挡变速器减压阀；17—液力换挡变速器速度阀；18—液力换挡变速器安全阀；19—液力换挡变速器换向阀；20—旋转伺服阀；21—转向分流器；22—转向主溢流阀；23—转向右离合器滑阀；24—转向左离合器滑阀；25—转向制动器分流阀；26—右转向制动器溢流阀；27—左转向制动器溢流阀；28—右转向制动器滑阀；29—左转向制动器滑阀；30—右转向制动器助力器；31—左转向制动器助力器；32—右转向离合器；33—左转向离合器；34—液力变矩器箱；35—右转向制动器；36—左转向制动器

表 6-2 油压测试点、测量塞位置和设定压力值

测试部位	测试点（图 6-1）	测量塞位置	设定压力/MPa	
			全速	低速
变矩器出口压力	*A*	在变矩器调节阀体右下方	0.3～0.5	0.2～0.3
变矩器进口压力	*B*	在变矩器溢流阀进油管路上	0.7～0.9	
变速器减压阀压力	*C*	在变速器控制阀体减压阀一侧		
变速器调节阀压力	*D*	在变速油路滤清器盖上	2.3～2.7	1.8～2.4
转向主溢流阀压力	*E*	在转向溢流阀进口管路上（或在转向滤清器盖上测试）	1.2～1.7	0.9～1.3
转向制动总压力	*F*	在转向分流阀出口制动管上（也可在转向滤清器盖上，但踩下制动踏板）	同 *G*、*H* 点接表，踩制动踏板时的压力	
右转向离合器压力	*G*	在右转向滑阀出口	1.2～1.7	0.9～1.3
左转向离合器压力	*H*	在左转向滑阀出口	1.2～1.7	0.9～1.3
右转向制动压力	*I*	在右转向制动溢流阀上	1.5～2	1.5～2
左转向制动压力	*J*	在左转向制动溢流阀上	1.5～2	1.5～2

故障诊断与排除

通过油压测试，判断液压泵、液压阀的性能；判断油滤清器、变速器、转向离合器各密封环、密封圈是否漏油等，测试结果原因分析和故障排除方法见表 6-3。

部分故障诊断实例

推土机液力传动装置常见的故障多在液压系统，下面介绍用压力测试法诊断 TY220 型推土机故障的部分实例。

例 1　挂挡不走。测试 *D* 点压力：低速为 0，全速 0.3MPa。由于 *D* 点压力太低，*C* 点压力亦低，致使各挡离合器均打滑，所以推土机挂挡不走。从 *D* 点放气后压力升高，但停止发动机运转约 10min 后再启动时，*D* 点压力又变低了。这说明液压泵进口低压区侵入空气，更换磁性粗滤器盖与壳体之间的 O 形圈之后，故障即排除。

例 2　各挡行驶均无力，不能进行作业。测试 *D* 点压力，低速 0.4MPa，全速 0.7MPa。此故障亦是 *D* 点压力过低引起的，但排放空气无效，检查油位和各油滤清器均无异常；据以往经验，*D* 点压力降至 0.7MPa 时应检查快退阀。在拆洗变速器三联阀时，发现快退阀阀杆与阀套卡住，导致压力油一直从排油孔泄漏。抛光其阀杆之后，复测 *D* 点压力；低速为 2.3MPa，全速为 2.4MPa。推土机工作正常。

例 3　中油门感到推力不足，同时 2、3 挡速度变低。测试 *D* 点压力：低速 1.0MPa，全速 3.5MPa。压力随发动机转速变化太大，说明变速器液压调节阀失去调节功能。拆检此阀，发现阀芯与阀套、阀芯与小活塞的接触表面因发生穴蚀而产生积炭与坑穴，因而犯卡。用金相砂纸将其抛光后复测 *D* 点压力，低速为 1.85MPa，全速为 2.3MPa（尚在规定范围之内），推土机能正常工作。

例 4　变矩器驱动力下降。测试 *D* 点、*E* 点压力均正常，又测 *B* 点压力只有 0.4MPa。因此，拆检变矩器溢流阀，发现其弹簧断为 4 节，更换弹簧后变矩器驱动力正常。

例 5　液力传动系统油温高，长时间作业时液压阀易犯卡。测试油压：*D*、*E* 点压力正常；*B* 点压力全速为 0.5MPa（低速为 0）；*A* 点压力全速为 0.2MPa，低速为 0。由于变矩器进、出口压力偏低，导致变矩器循环圆内油流不足，散热不良，温升过高；但分解清洗调整变矩器送流阀和调节器阀无效，分析 *B* 点压力过低的原因主要是变矩器内部油道密封环严重泄漏。该机结合大修更换变矩器进、出油道上的密封环后，故障彻底排除。

表 6-3 测试结果原因分析和故障排除方法

测试结果	故障原因分析	故障排除
D 点压力低	①后桥箱油位过低 ②液压泵进口低压区密封不严，导致空气侵入 ③磁性粗滤器堵塞或软管吸瘪 ④变速滤清器堵塞及其旁通阀锈死或滤芯支承管太软而受压塌陷 ⑤变速器液压调节阀卡住（此时低速油压低于1.3MPa） ⑥变速器快退阀阀杆与阀套卡住（此时油压低于0.7MPa） ⑦变速器控制阀各结合平面的O形圈压扁或损坏 ⑧变速泵磨损或油封损坏	①检查变矩器回油泵吸油滤网是否堵塞（此滤网堵塞而导致后桥箱油位过低） ②清洗粗滤器，更换O形圈 ③检查吸油软管及管箍 ④清洗滤清器，更换滤芯 ⑤清洗检查变速器控制阀 ⑥检修液压泵
C 点压力低	①D 点压力过低 ②变速器减压阀卡住 ③1挡离合器活塞密封圈漏油	①先使 D 点压力正常 ②分析、清洗、检查变速器控制阀 ③更换1挡离合器密封件
B 点压力低	①D 点压力低之①、②、③条 ②变矩器溢流阀阀杆卡住（打开） ③变矩器溢流阀弹簧折断 ④变矩器溢流阀调定压力过低（用垫片调整） ⑤变矩器内油道密封环泄油	①先使 D 点压力正常 ②分析清洗检查变矩器溢流阀 ③如上述检测均正常，应拆检变矩器，更换密封环
A 点压力高	①调节器阀调整不当 ②油冷却器堵塞	①加减垫片，调整调节器阀 ②分解、清洗油冷却器
A 点压力低	①B 点压力过低 ②调节器阀卡住（开度大） ③调节器阀弹簧折断或调整不当	①先使 B 点压力正常 ②分解、清洗、检查调节器阀，并用垫片进行调整
E 点压力低	①D 点压力低之①、②、③条 ②转向滤清器堵塞及旁通阀锈死 ③转向主溢流阀阀体与阀柱、阀柱与小活塞卡滞或弹簧折断 ④转向主溢流阀严重磨损，配合间隙过大 ⑤转向泵磨损或油封损坏	①检查油位，清洗各滤油器 ②不拉转向杆 E 点压力低，一般为转向主溢流阀故障，如产生穴蚀与积炭，应检查空气与水分的来源 ③检修转向泵
F 点压力低	①E 点压力低 ②制动分流阀卡死	若 E 点压力正常，F 点压力过低，再测试 I、J 点压力，如 I、J 点压力低，应检查制动分流阀
G 点或 H 点压力低	①E 点压力低 ②转向杆行程不到位 ③轴承座与横轴之间的密封环漏油 ④转向离合器活塞密封环磨损或损坏	①先使 E 点压力正常 ②检测转向杆行程 ③G 点、H 点压力均低，检查转向主溢流阀，如一边压力低，检查S管、O形圈和转向离合器密封环
I 点、J 点压力低	①E 点压力低 ②制动分流阀活塞卡死 ③转向拉杆、制动拉杆或制动间隙调整不当 ④制动助力器阀体油道O形圈损坏 ⑤制动溢流阀调整不当	①先使 E 点压力正常 ②检查制动分流阀（晃动分流阀总成，活塞应能自由运动） ③清洗、检查、调整制动溢流阀 ④按程序调整转向与制动拉杆 ⑤检查制动器助力器油道O形圈

例6　低速不能转向（加大油门能转）。测试压力：E 点低速为0.4MPa，全速为1.1MPa；H 点低速为0.4MPa，全速为1.0MPa；G 点低速为0.4MPa，全速为0.9MPa。

E、H、C 点低速压力都低，同时旋转伺服阀也反应不灵敏，这说明转向主溢流阀有故障。拆检此阀，发现其弹簧折断，阀芯不能回位，更换弹簧后转向正常。

例 7　冷车转向正常，作业 40min 之后转向沉重。测试 E 点压力：低速 0.5MPa，全速 1.1MPa。E 点压力低通常是转向主溢流阀卡滞引起的。分解清洗此阀后复测压力：低速 1.05MPa，全速 0.7MPa（尚在正常范围之内），转向恢复正常。

例 8　转向制动不灵。测试压力：E 点压力正常，I 点与 J 点在转向杆拉到底时压力都低（低速都是 0，全速时 I 点为 0.7MPa，J 点为 0.4MPa），且左右压力不相等。这说明制动分流阀发生故障。拆检此阀时，发现分流活塞卡住（卡住的位置偏右），将活塞清洗抛光之后测试压力在正常范围之内，转向也恢复正常。

例 9　不能右转向。测试压力：E 点、I 点压力正常，J 点压力过低。这说明右制动器助力器及油路漏油或右制动溢流阀调整不当。当拆检制动器助力器时，发现其进油道 O 形圈损坏，更换此 O 形圈后，J 点压力和右转向恢复正常。

6.1.2　T180～220 型推土机液压转向系统故障的诊断与维修

［故障现象］

T180、T200、T220 和 TY220 等型号推土机在使用过程中，常出现转向困难、不能转向和冷车时能转向而当底盘温度升高后又不能转向等故障现象。此时，可根据使用时间和故障的发生过程进行液压系统的检查和修理。

故障诊断与排除

① 左右两处突然同时出现上述故障现象。可拆检方向操纵阀总成进油口处的溢流阀。故障原因是：油液过脏，油中杂质磨伤或拉伤溢流阀芯和阀体的内腔表面，使阀芯卡死在开启接通回油口的位置上，对油压不起调节作用，系统压力达不到标准值。若溢流阀解体后，经检查零件损伤不严重，可用 180 粒度或 240 粒度的砂布对阀芯和与阀芯对应的孔进行修磨，清洗干净后安装即可使用，同时更换油液和清洗滤清器。

② 推土机在使用过程中不论是单边还是双边慢慢地出现上述故障现象。应作测压检查。即将测压表装在方向操纵阀总成进油管的测压点上，启动发动机后进油管的压力应为 25MPa。若此测压点压力达不到标准值，应检查液压泵和溢流阀；若压力正常，说明液压泵和溢流阀无故障，故障出在溢流阀之后。此时，可使发动机熄火，把测压表移装在方向操纵阀分离油路出口的测压点上，然后启动发动机、拉动转向操纵杆，此点压力也应为 1.25MPa。达不到此压力值，说明系统内部有渗漏，致使转向失灵。能够产生渗漏的部位有以下几处。

a. 方向操纵阀到轴承之间的 S 形通油管。将中央传动箱后盖打开，启动发动机，拉动转向操纵杆，可以直接观察到渗漏处。S 形通油管的两端是用 O 形圈密封的，若 O 形圈损坏则会引起渗漏，应更换同型号的新件。

b. 连接盘和内毂的连接螺栓松动造成渗漏。将方向盖打开，检查螺栓。如果螺栓松动，应将螺栓卸开，使连接盘和内毂的连接面分离，清理沉积物和检查有无损伤，然后重新安装螺栓并拧紧。

c. 连接盘与轴承座之间的铜合金密封环处，以及方向离合器活塞与内毂之间的非金属密封环处。

为了证实是否是这两处渗漏，可将方向盖打开，启动发动机并拉动转向操纵杆进行观察。排除故障时，可将连接盘拆下，检查环槽和轴承座内壁与密封环相接触的部位。此部位必须光洁平整、无损伤，否则安装后密封环会急剧磨损而导致方向离合器分离不开。因在方向分离油路不进油时，连接盘与轴承座之间的环形油道无压力，密封环的侧面与环槽产生相对运动，如果环槽有损伤或不光滑，会磨伤和刮伤密封环并产生磨屑，加剧密封环侧面的磨损；当分离油路进油时，连接盘与轴承座之间的环形油道建立起压力，密封环和连接盘一起转动，密封环的外径表面与轴承座产生相对运动时，这些磨屑必然会侵入到相对运动面间，造成损伤，同时也产生磨屑。这两处产生的磨屑有一部分随油液进入工作腔后，会使方向离合器活塞密封环损伤，导致油液渗漏。因此，在修复环槽和轴承座时，要使精度达到标准；安装前要去除毛刺并清洗干净；密封环装入环槽后应灵活、无阻滞现象；往轴承座内推入连接盘时要缓慢，防止切伤密封环。

几点维修经验

① 连接盘的拆卸和安装。连接盘与轴是花键连接，在制造厂安装时是用 300kN 的压力压装到位的，所以拆卸比较困难。为此，可按图 6-2 制作一专用拉具。拉具上的小圆面是和轴端接触的，制作时可单独加工，然后与大圆面对中焊接在一起即可。孔距 109mm 的两孔为拉连接盘用，孔距 142mm 的两孔为拉驱动盘用。拆卸前，要在连接盘和轴花键的对应位置打上记号；拆卸时用 M20×85、强度为 8.8 级的螺栓穿过拉具上 ϕ22mm 的通孔，拧入连接盘（或驱动盘）的拆卸螺孔中。两螺栓要均匀拧紧，保持拉具与轴端平行，防止拉具偏斜而损伤轴端螺纹。安装时，不要改变压装时的位置，用轴端螺母进行压紧后就能保证原有的安装精度。

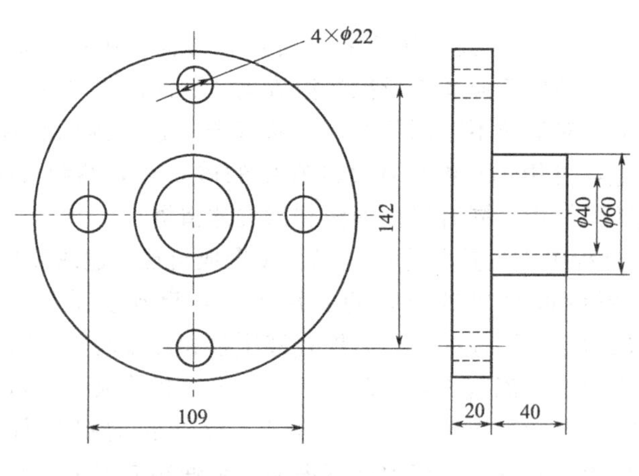

图 6-2　专用拉具

② 方向离合器活塞密封环的拆卸。选择一平稳牢固的平面，对应方向离合器中心的上方要有一用力点。在平面上放一小于活塞直径的圆形钢件，将方向离合器活塞向下平稳地放在此钢件上，再用一小于压盘内孔直径的圆形钢件，放入压盘的内孔与内鼓接触，然后用 50kN 的千斤顶放在圆形钢件上并与上方的用力点对中。压动千斤顶，使内鼓向下移动 8mm，拆下压盘上的 8 只螺栓，再慢慢地松开千斤顶，使内鼓上移。当密封环露出时，将千斤顶定位，则可取下活塞密封环。

③ 活塞密封环的清理和检查。活塞密封环一般不易损坏，损坏的主要原因是油液中有磨屑和泥沙，沉积在环槽中使活塞密封环受压后不能扩展并受损，致使密封性能降低。可用钢锯条的背面或玻璃碴儿将活塞密封环表面的脏物刮净，翻个面安装即可继续使用。无论是新件还是修复件，安装后都必须进行测量检查。内鼓与活塞密封环的接触面直径的标准尺寸

应为 245mm，活塞密封环的开口间隙应为 3.8～5.6mm，小于 3.8mm 时应修整开口尺寸，大于 5.6mm 时就不能使用，应换新件。活塞密封环装入环槽后，环的侧隙必须在 0.2～0.4mm 之内，最大不应该超过 0.6mm。

6.2 铲运机故障诊断与维修

6.2.1 TOR0151E 铲运机液压系统故障的诊断与维修

随着井下采场的下移，井下通风环境越来越恶劣。为了降低柴油铲运机排气污染，减少废气对人体的危害，某矿已经开始使用 TOR0151E 型铲运机代替 ST2D 型柴油铲运机。在使用过程中，TOR0151E 型铲运机主电动机几乎没有发生故障，但该机液压系统时有故障发生，直接影响了铲运机的出矿效率，增加了停机时间，加大了采矿成本。为了更好地发挥 TOR0151E 型铲运机的效益，技术人员根据该机液压系统的结构、组成，分析了系统工作原理，对 TOR0151E 铲运机液压系统进行了故障诊断与排除。

(1) 液压系统工作原理

① 转向液压系统。

转向液压系统由转向泵 1、溢流阀 2、充压阀 3、转向阀 4、转向液压缸 5 和高压油管等元件组成，如图 6-3 所示。

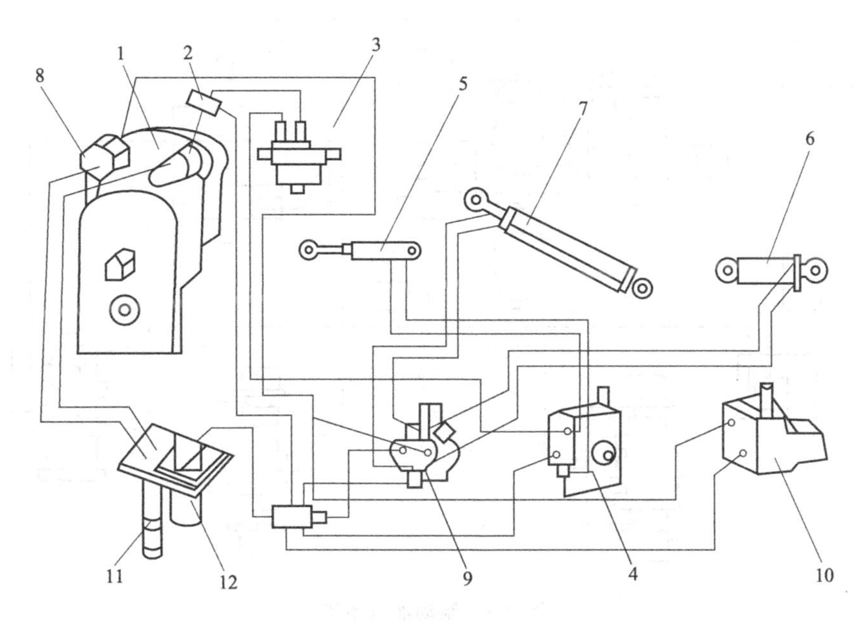

图 6-3 转向液压系统

1—转向泵；2—溢流阀；3—充压阀；4—转向阀；5—转向液压缸；6—大臂液压缸；7—铲斗液压缸；8—液压泵；9—控制阀；10—卸载阀；11—吸油滤芯；12—回油过滤器

与变矩器-变速箱输出相连的转向泵，通过制动系统溢流阀和充压阀向转向阀供油。当移动转向控制杆时，与手柄位移量成比例的油量通过转向阀，此时由转向泵供给的高压油流入转向液压缸。当控制杆停止运动时，阀芯自动返回中间位置，车身停在给定的转角上。转向阀中还有一个内附的减压溢流阀来确定转向系统的压力，其设定值为 15.0MPa，并可以通过阀体上的一个螺钉来调节；为了防止外力在系统中引进的峰值负载造成元件损坏，还设置了冲击溢流阀；冲击溢流阀设定为 20.0MPa，当没有转向动作时，转向泵的输出从转向阀进入大臂/铲斗液压系统。

② 大臂/铲斗液压系统。

大臂/铲斗液压系统由吸油滤芯 11、液压泵 8、大臂/铲斗控制阀 9、大臂液压缸 6、双作用铲斗液压缸 7 和回油过滤器 12 等元件组成，如图 6-3 所示。

与变矩器动力输出相连接的液压泵向大臂/铲斗控制阀供油。从驾驶室控制手柄到控制阀芯采用机械式连接，阀芯的运动开放或关闭阀内的油孔，使液压油进入液压缸，完成指定的动作。大臂/铲斗控制阀中还有一个内附的液压溢流阀来确定系统的工作压力，其设定值为 21.0MPa。在所有的液压缸动作功能上都装上防止外力冲击损坏的冲击溢流阀和防汽蚀阀，铲斗液压缸活塞大头侧的冲击溢流阀压力设定为 6.0MPa，其余冲击溢流阀压力设定为 24.0MPa。

卸载阀用于检测大臂/铲斗液压系统中的负载。当不使用转向系统时，其液压油通过卸载阀进入大臂/铲斗液压系统以加快其动作，而当大臂/铲斗油路中的压力大于 12.0MPa 时，转向液压油被导入液压油箱。

③ 制动系统。

系统如图 6-4 所示。

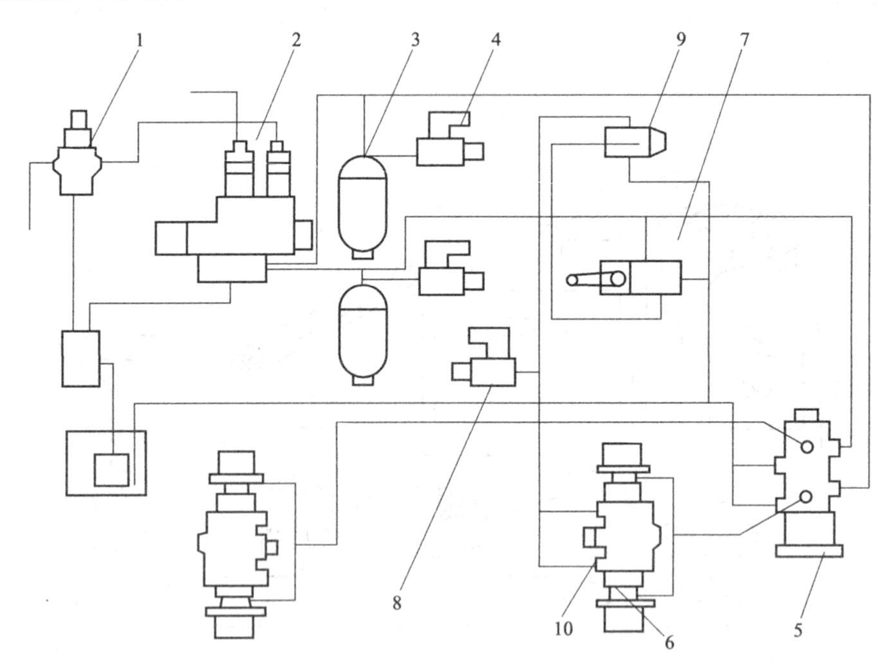

图 6-4　制动液压系统

1—溢流阀；2—充压阀；3—蓄能器；4、8—压力开关；5—制动阀；6—制动油缸；7—停车制动阀；9—电磁阀；10—弹簧制动油缸

TOR0151E 铲运机配备有双油路行车制动系统和另一停车制动系统。行车制动系统溢流阀压力设定为 36.0MPa，制动油路通过充压阀与转向油路连接。充压阀的功能是在压力蓄能器中保持 9.5～12.8MPa 的压力，两套油路各有自己的压力开关，当压力低于 7.0MPa 时向司机发出信号。制动踏板用于控制通往制动液压缸的压力，从而控制刹车力，前后桥各有一套制动油路。

停车制动是作用于前桥驱动轴刹车盘的弹簧制动刹车装置。停车制动控制阀的压力来自前桥制动油路，当使用手刹时，弹簧制动液压缸压力排空，放松制动须给弹簧制动液压缸加压，此时仪表板的指示灯熄灭。车上还有一个电磁阀，电动机停机时自动施加手闸。停车手柄的位置对这一功能没有影响，当蓄能器压力降到 7.0MPa 以下时，停车/紧急制动自动动作。

④ 卷缆液压系统。

卷缆液压系统如图 6-5 所示。

液压油从卷缆泵和卷缆主泵送到卷缆控制阀，流经卷缆马达，最后回到油箱。卷缆控制阀根据卷入还是放出电缆来调节流向卷缆马达的液压油压力，卷入时压力为 8.6MPa，放出时压力为 6.4MPa。卷缆泵排量较低，大部分液压油流量来自安装在齿轮箱上卷缆主泵，该泵只在车辆运动时才供油。手动阀可以在检修时消除电缆中的张力，另一方面，当车身后有一大段松弛电缆时，启动电动机之前应该打开此阀，电动机启动之后，缓慢地关闭控制阀，开动卷缆系统，从而避免电缆受到突然的拉力。

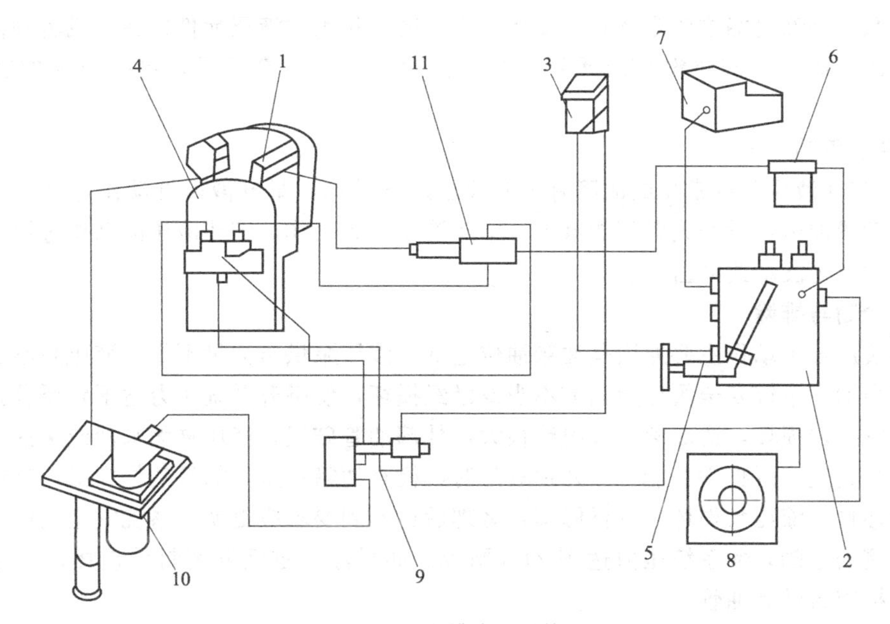

图 6-5 卷缆液压系统

1—卷缆泵；2—卷缆阀；3—卷缆马达；4—卷缆主泵；5—手动阀；6—滤清器；7—卸荷阀；8—冷却器；9、11—检验阀；10—回油滤芯

(2) 液压系统的故障

[故障现象1]

转向液压系统常见的故障有转向液压缸不动作、系统压力不稳定和外部泄漏等。

故障诊断与排除

转向液压缸不动作主要原因是油箱液压油太少，转向控制阀失效。油质被污染，阀体内有杂物，使油路堵塞，阀芯磨损腐蚀。弹簧疲劳折断，阀体安装时产生变形，造成转向阀阀芯不能移动。转向泵齿轮严重磨损，或者转向泵传动装置损坏，转向泵不能输出压力油。转向液压缸活塞密封件损坏，失去密封作用。液压缸臂磨损拉伤，有沟槽，内泄量很大。吸油管、压力油管及管接头损坏漏油。处理这一故障时，先检查油箱是否无油或油太少，根据实际情况给油箱加油。检查液压泵及传动装置，查看液压泵齿轮磨损情况，传动装置是否损坏。液压泵磨损应进行修理，磨损严重时及时更换。疏通整个油路，清洗转向阀阀芯及相关液压元件，阀芯磨损进行打磨修理，弹簧疲劳折断应更换弹簧，转向油缸活塞密封件损坏，液压缸拉伤应更换新件。

转向液压系统压力过低主要原因是转向泵发生故障，液压泵输出的液压油达不到额定压力。转向阀中的安全阀开启压力过低，或者安全阀芯损伤，出油口处于常开状态，管路元件损坏漏油，系统压力建立不起来。处理故障时检查液压泵是否正常，如果液压泵损坏，应进行修理或更换。转向安全阀压力定位不正确，重新调整安全阀压力，使压力达到 15.0MPa，安全阀损坏应及时更换。管路元件破损漏油，更换 O 形密封圈和相应管路元件。

转向系统压力不稳定主要原因是液压油中含有空气；油路侵入杂质，造成油液污染；系统中液压元件本身工作不稳定。处理故障时，先检查液压油路，对油路进行排气，如果油质污染，清洗阀体等液压元件，排放和洗涤系统油路，更换原有液压油。液压油的黏度过高或过低，更换推荐黏度的液压油。

液压系统外部泄漏主要是密封圈损坏，失去密封作用。液压元件损坏，或者阀体出现气孔。处理故障时，拆卸清洗液压元件，核对密封圈是否符合标准，更换损坏的密封圈和阀体。

[**故障现象2**]

大臂/铲斗液压系统常见的故障有举升液压缸不动作，举升液压缸动作过慢，举升液压缸产生波动或冲击，举升大臂不能落下，铲斗液压缸无动作，铲斗液压缸动作过慢，铲斗液压缸动作时产生波动或冲击等。

故障诊断与排除

举升液压缸不动作主要原因是油箱油位过低，液压泵供给油量不足，液压泵不工作，不能输出压力油，系统安全阀压力调节不当或已经损坏，使举升系统压力达不到要求。举升液压缸活塞密封件损坏，造成液压缸内泄很大，外部油管破损，液压缸无来油或来油不足，铲斗中装载量超过液压缸举升能力。处理故障时，检查油箱油量，如果油位太低，应把液压油加到规定油位。液压泵损坏，进行修理，修理后达不到要求应更换。系统安全阀压力调整不当，重新调安全阀，使系统压力达到 21.0MPa。如果液压缸活塞密封件损坏，管路破损漏油，应更换密封件和油管。

举升液压缸动作过慢主要原因是液压缸供油不足，液压缸密封件损坏；液压油泄漏；系统油路受阻，液压油流动不畅；系统安全阀或液压缸过载安全阀调节不当，大臂构件发生变形，无活动间隙，缺少润滑，举升臂铰销损坏，运动件之间产生挤压摩擦。处理故障时，先检查油箱油位，油位过低应添加液压油。液压泵损坏进行修理更换。清洗液压油路和油箱，更换损坏的密封件。系统安全阀或液压缸过载安全阀压力不合要求，重新调整系统安全阀，使系统压力为 21.0MPa，液压缸过载安全阀压力为 24.0MPa。举升臂铰销损坏应更换，缺乏润滑的地方加注润滑油，大臂构件发生变形，拆卸下来进行校正。

举升液压缸产生冲击波动是由于液压系统进入了空气，活塞杆弯曲，缸筒变形或活塞拉伤。处理这种故障，检查油箱油位，油量不够应加满。接头、管路及液压缸密封处进气，根据需要进行修理，更换密封件。对损坏的液压缸和活塞杆进行修理。

举升大臂无负载时不能落下，主要原因是液压缸发生故障，大臂构件产生变形，无活动间隙，缺少润滑，举升臂铰销损坏。处理故障时，拆卸变形大臂进行校正，更换损坏的铰销，缺少润滑的部位加注润滑油。

铲斗液压缸的故障原因和处理措施与举升液压缸故障相似，这里不再重复说明。

[故障现象3]

制动系统常见故障有制动不动作、制动系统压力不足、蓄能器和充压阀故障等。

故障诊断与排除

制动不动作是由于液压油箱油位过低，液压泵丧失作用，不能输出足量的压力油；吸油管、压力油管及管接头损坏漏油。处理故障时，检查液压油箱的油量，油量不够加油。修理损坏的液压泵，更换破损密封件和其他元件。

制动系统压力不足是由于液压泵发生故障，系统安全阀开启压力调整不当，系统油管泄漏等造成的。处理故障时，检查液压泵损坏情况，修理损坏零件，如果无修复价值应更换新件。系统安全阀开启压力如果过低，重新调整安全阀压力设定值为16.0MPa，油管、接头破损漏油应更换新件。

蓄能器故障常常会出现蓄能器不能充油、充油时间过长、充油压力不高、频繁充油等现象。其主要原因是油箱油位太低，液压泵故障，蓄能器气囊充气压力不当，蓄能器管路及连接处漏油或堵塞。处理故障时，检查液压油箱的油位，油位过低应加油。蓄能器预充气压力过高或过低，把预充压力调整到6.2MPa，修理损坏的液压泵，更换破损密封件和油管。

充压阀故障是由于阀芯磨损或卡住，O形圈老化破损，充压阀弹簧疲劳折断，过滤器杂质过多，堵塞油路等造成的。处理故障时，检查阀芯磨损工况，如果阀芯磨损超出极限应更换，过滤器扬尘过多，清洗过滤器滤芯，检查充压阀弹簧弹力，弹力不合标准应更换。

卷缆液压系统主要故障是卷缆卷不动，其原因是液压油箱无油或油位过低，卷缆液压泵损坏，不能正常供油，卷缆阀、油管及接头漏油或堵塞。

卷缆马达发生故障，马达轴承严重磨损或损坏，不能正常运转。处理故障时，根据油箱油位进行加油，清洗卷缆液压系统的滤芯和油路，保证油液正常流动。检查系统压力，卷缆卷入时压力为8.6MPa，卷缆放出时压力为6.4MPa，如果压力不符合标准值要及时调整。卷缆阀、卷缆马达出现故障，进行修理，损坏严重要更换。

其他故障诊断与排除

液压油中气泡过多。主要是由于油的等级或黏度不适当，大量的油绕过溢流阀。处理故障时，将液压油全部放掉，再加入适当的液压油。如果溢流阀压力调整值过低，按规定调整溢流阀，无法修复时应更换。

液压系统油温过高，这主要是由于连续最高压力作业，油从溢流阀绕过，油的等级或黏度不对，液压泵损坏。处理故障时，将液压系统中的油全部放掉，换用适当黏度的油，修复损坏的液压泵，改正作业方法，限制在最高压力下长时间作业。

总之，TOR0151E铲运机液压系统，一定要采用使用手册中推荐的液压油，添加新油时油的黏度要适当。及时调整和更换填实压盖及密封圈，油管要牢固安装，从而避免空气进入液压系统。加强液压系统的维护和保养，防止液压油污染物侵入，应经常保持液压系统清洁，定期更换液压油，可以减少液压系统故障的发生。

6.2.2　WS16S-2铲运机悬挂系统故障的诊断与维修

为了保证WS16S-2型自行式铲运机行驶的稳定性和良好的缓冲性能，该机设有先进的悬挂系统。其主要特点为气控液动，即气压控制、液压执行。系统集电、气、液为一体，具有操作简便、自动化程度高、可控性好的特点。具备下降-锁定、举升-缓冲、自动调平三项功能。如图6-6所示为车身与前桥壳之间的悬挂连接与液压执行情况，图6-7为系统的气压控制情况。由电磁阀控制气压，推动空汽缸筒活塞，来操纵液压阀，实现对下降-锁定、举升-缓冲、自动调平三种状态的选择。举升和缓冲在液压阀阀芯上虽是两个位置，而在实际上它们是相互衔接连续的，即当完成举升后，液压阀阀芯在回位弹簧的推动下，自动过渡并保持在缓冲位置，故实际它们是一种状态（举升-缓冲状态）。当车身被举升后，可根据行驶路面和载重分布情况，自动进行调平，控制箱和弹簧衬套链节主要担负自动调平功能，同时也参与举升-缓冲过程。

在 WS16S-2 型铲运机的使用过程中，其悬挂系统的损坏率较高，现列举其中一台的故障进行分析。

[**故障现象**]

没有举升-缓冲状态。

故障诊断与排除

在进行全面仔细的分析判断前，应先作出系统的关联图，如图 6-6 所示。

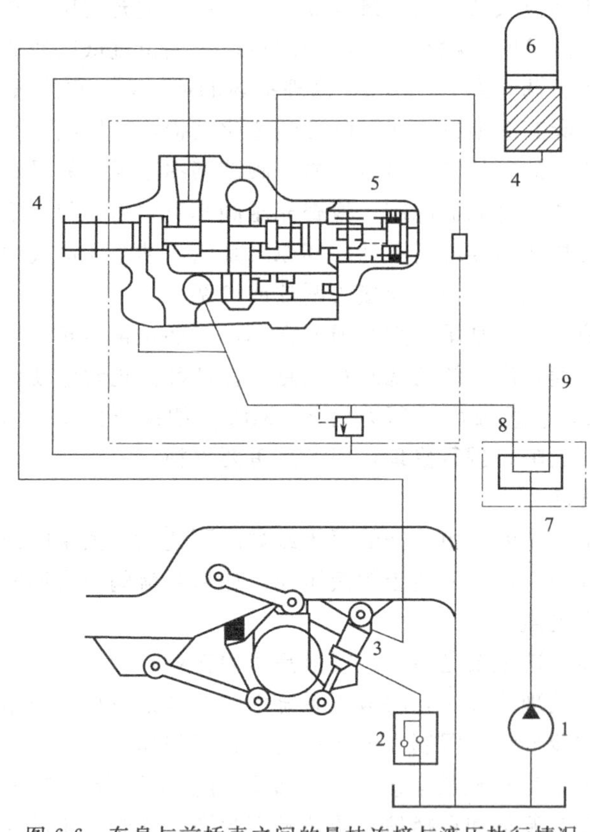

图 6-6 车身与前桥壳之间的悬挂连接与液压执行情况

1—齿轮泵；2—止回阀；3—悬挂装置液压缸；4—蓄能器；5—液压阀；6—氮气；7—分流器；8—左侧；9—右侧

从图 6-8 中不难看出，组成悬挂系统的气压控制系统和液压执行系统，具有比较明显的界限。接口处为操纵连杆，如果抛开具体部件直接从接口处入手分析，就可推断出故障是由哪一个系统引起的。这就简化了步骤、提高了效率，可称这种手段为分界法。接着启动发动机，当气压达到标准时，按动悬挂开关，指令举升-缓冲，观察连杆，发现没有摆动。由此可以初步推断为气控系统引起的故障。针对气控系统的故障，可根据其工作状态图 6-9 做出故障分析框图，如图 6-10 所示。

面对众多的故障因素，以先简后繁、先易后难的原则进行外部检查，未发现气管及接头

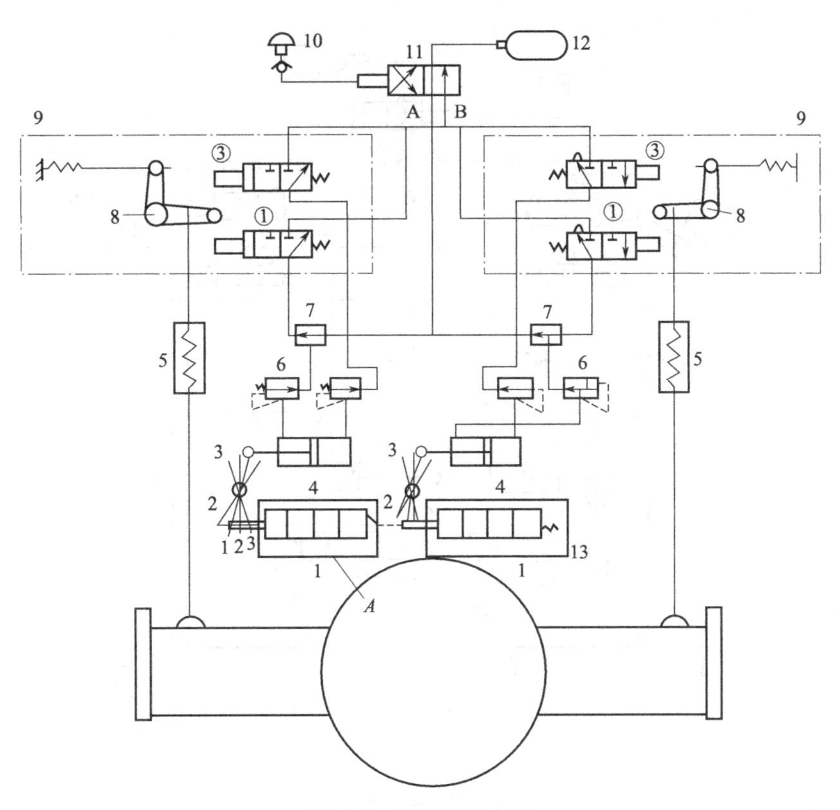

图 6-7 气压控制系统

1—液压阀；2—蓄能器；3—连杆；4—空气缸筒；5—弹簧衬套链节；6—快速释放阀；7—止回阀；8—摇臂杆；9—控制箱；10—悬挂装置开关；11—电磁阀；12—储气筒；13—回位弹簧

注：图 6-7 中液压阀阀芯所示位置，向下即为下降-锁定，向上为举升，定位为缓冲，蓄能器为给蓄能器补充足够的氮气。平时有限位器（图中未显示），通过调节限位器，可使阀芯到达此位。

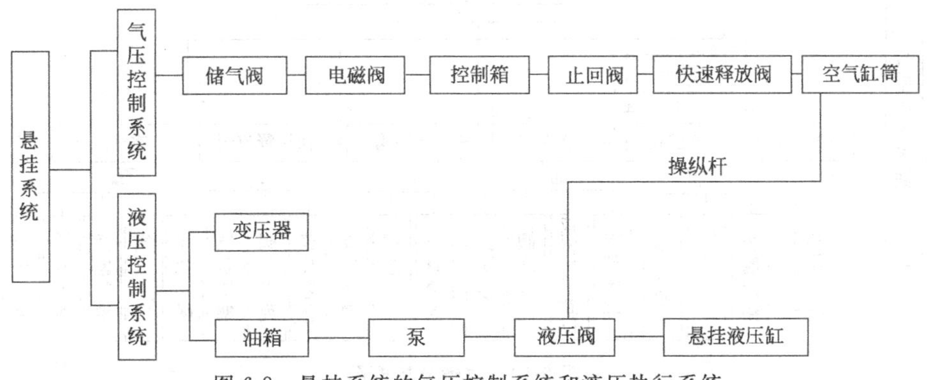

图 6-8 悬挂系统的气压控制系统和液压执行系统

部分泄漏，悬挂装置开关工作也良好。在排除外围故障后，开始对零部件逐个进行故障分析。为减少盲目性，简化逻辑推理，参照故障分析框图（见图 6-10），按气路走向（箭头方向）相反的顺序分析推断，并称这种手段为逆向法。因此从最后一个零部件——空气缸筒着手。在不拆卸空气缸筒的前提下，先拆下进气管，发现气压不足。这样就可初步排除其他三个故障因素。接着对快速释放阀进行分析，继续拆下其进气管，仍发现气压不足。这样就排除其自身的四种故障因素。继续往前分析，最后推断出是由于电磁阀出气管气压不足造成的故障。再检查电磁阀进气管气压，一切正常。这样就可断定电磁阀自身存在问题。经拆卸后

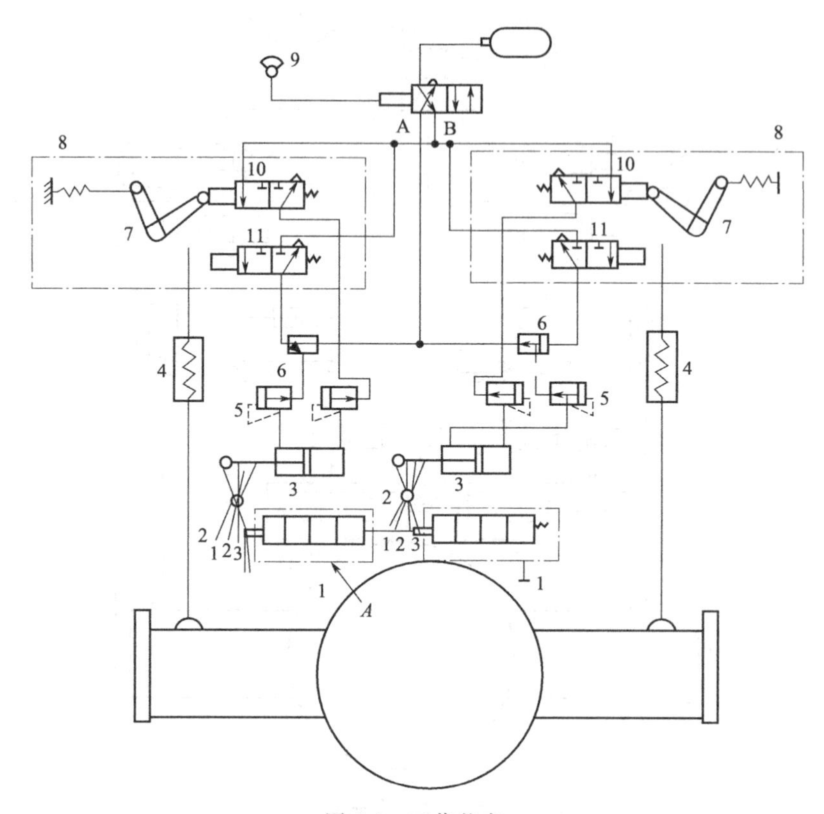

图 6-9　工作状态

1—液压阀；2—蓄能器；3—空气缸筒；4—弹簧衬套链节；5—快速释放阀；6—止回阀；7—摇臂杆；8—控制箱；9—悬挂装置开关；10—向上；11—向下

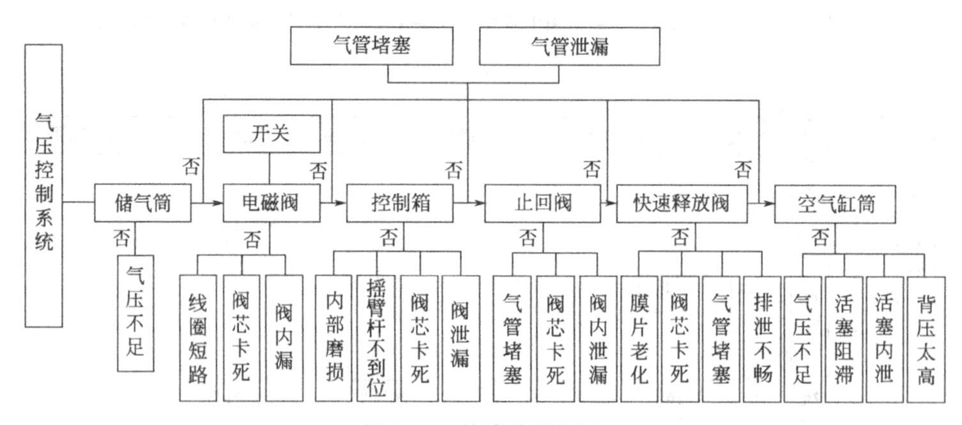

图 6-10　故障分析框图

检查发现是由于阀芯上的密封胶块严重老化、磨损造成内泄漏所致。找到了问题的所在，可自制密封胶块，经安装和行程调试，最后装车试验，结果虽然是两个悬挂液压缸都产生了举升动作，但还存在着两个液压缸举升高度不相同的问题。经分析造成这一问题的可能性有两个：一是悬挂液压缸的供油时间不同，二是两个液压缸在相同时间内的供油量不同。经实际测量，两根弹簧衬套链节的长度相同（链节通过控制摇臂杆与阀的接触时间，来限制液压缸的进油时间，即伸缩量），所以，可初步断定是由于两悬挂液压缸的供油流量不等造成的。仍然按分界法从接口处的操纵连杆入手，发现两根操纵连杆的摆角不同，造成液压阀阀芯不到位，供油流量减小，接着拆下空气缸筒出气管发现无背压现象，脱开连杆，活动活塞杆，也无卡滞现象。经分析判断为活塞内泄漏，最后经拆卸检查，发现缸筒内壁严重锈蚀、活塞密封胶圈磨损。经更换组装后，投入使用，终于一切恢复正常。

在悬挂系统的故障排除中，电磁阀阀芯密封胶块老化、磨损、空气缸筒内壁锈蚀、空气缸筒活塞密封胶圈磨损是几种较常见的现象。为此，建议作如下改进。

① 在气控系统中，加装油水分离器，将气压中的水分和油质充分分离出来，提高零部件的使用寿命。

② 对空气缸筒的活塞及活塞杆进行如图 6-11 所示的改进。

③ 对电磁阀阀芯密封胶块进行如图 6-12 所示的改进。

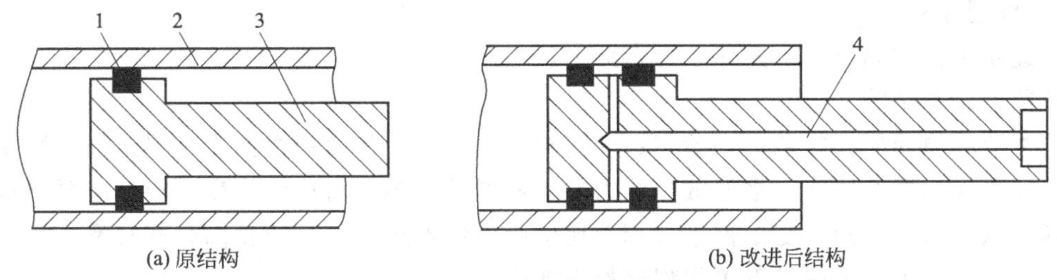

图 6-11　空气缸筒的活塞及活塞杆的结构改进

1—密封胶圈；2—空气缸；3—活塞及活塞杆；4—润滑油储存油道

注：改用双密封胶圈，活塞上设置润滑油道，防止内壁锈蚀，减轻磨损。

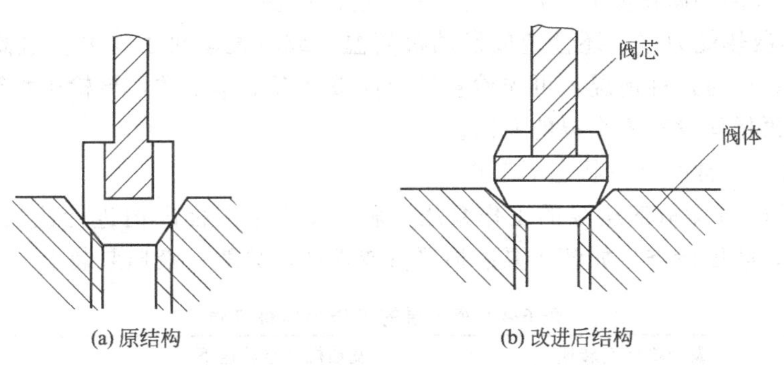

图 6-12　电磁阀阀芯密封胶块的结构改进

注：适当改变阀芯内部结构及阀体密封面的角度，增强密封胶块稳固性，减小接触变形，减轻磨损和老化，延长使用寿命。

6.3　装载机故障诊断与维修

6.3.1　卡特彼勒 950B 装载机传动系统常见故障的诊断与维修

[故障现象1]

机器工作时突然失去某个挡位，同时伴以振动和异常撞击声。

故障诊断与排除

此类故障多为变速箱中某个行星齿轮机构损坏造成。如是失去 1 挡，则为 6′离合器的行星齿轮机构损坏；如是失去 2 挡，则是 5′离合器的行星齿轮机构损坏，类似地，失去 3 挡、4 挡，则分别为 4′和 3′离合器的行星齿轮机构损坏；如是失去所有前进挡，则为 2′离合器的行星机构损坏；如是失去所有倒挡，则为1′离合器的行星齿轮机构损坏；如是失去所有挡位，则有可能是变矩器或输出齿轮箱或两组以上行星齿轮机构损坏。

[故障现象2]

机器某个挡位工作无力且症状逐渐加重。

故障诊断与排除

此类故障多为变速箱中某个离合器摩擦片严重磨损或是活塞油封损坏造成。如是1挡，则为6′离合器的摩擦片或活塞油封损坏；其他挡位依此类推。

对于1、2两类故障，可将变矩器、变速箱和输出齿轮箱一起拆下、解体，将损坏的配件换下即可。

[故障现象3]

变速箱工作油温过高，并伴以行走无力。

故障诊断与排除

此类故障原因比较复杂，一般有：变速箱机油太少；变速箱机油冷却器或油路堵塞；变速箱液压泵吸油滤网堵塞；水箱散热能力差；机器严重超负荷运转；变速箱液压泵严重磨损或损坏；系统泄漏严重；变矩器进口调节比例阀工作不正常；变速箱离合器打滑。

针对上述原因，可按以下工作程序检查解决。

① 用变速箱油尺检查油位，如油位太低，将所欠机油补足。

② 将变速箱机油冷却器和有关管路拆出，检查清洗后装回。

③ 将吸油滤网和磁铁滤芯一起拆出，检查清洗后装回。

④ 如水箱散热能力差，还会造成发动机高温，或者发动机工作温度过高也会造成水箱散热能力不足；针对这种情况，可先检查风扇皮带是否工作正常，再检查水箱是否脏污并加以清洗，然后再排除发动机高温的原因。

⑤ 使机器在正常的负荷状态下工作。

⑥ 参照图6-13测取液压泵的工作泵压，和表6-4中的标准值进行比较，若泵压过低，将液压泵拆下，解体检查，如液压泵磨损严重或损坏，另取一液压泵装上。

表6-4 液压泵的工作泵压标准值 kPa

压力点	发动机低空转速下	发动机高空转速下	调整方法
泵压 A	2140(最小)	2685±115	
变矩器进口油压 C		965(最大)	
变矩器出口油压 D		415±35 踩下刹车，操纵杆置于前进四挡状态下测取	增加或减少出口溢流阀的调整垫片
变速箱润滑油压 E		152(最小)	

⑦ 测取变矩器出口油压和变速箱油压并与表6-4中的标准值进行比较。如果变矩器出口压力太高，可参照图6-14和表6-5将压力调到正常值。如果变矩器出口压力太低而泵压和变矩器进口油压正常，则应拆下变矩器，将损坏的零件换下；如变速箱油压太低而变矩器进口油压正常，可拆下变矩器和变速箱并解体，将损坏的零件换下。

表6-5 变矩器出口油压和变速箱油压调整垫片及可调压力

调整垫片零件号	垫片厚度/mm	可调压力/kPa
4M1751	0.41	19
5S7001	0.91	40

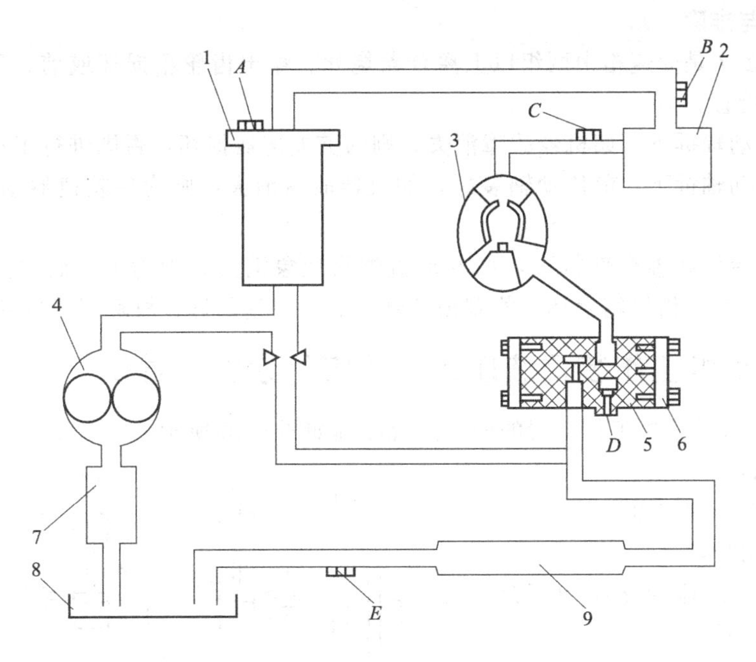

图 6-13 变矩器工作原理

1—变速箱机油滤清器；2—变速箱主控阀；3—液力变矩器；4—变速箱液压泵；5—变矩器出口溢流阀；6—变矩器出口溢流阀壳体；7—变速箱液压泵吸油滤网；8—输出齿轮箱壳体；9—变速箱机油冷却器
A—泵压测点；B—主安全阀控制压力测点；C—变矩器进口油压测点；D—变矩器出口油压测点；E—变速箱润滑油压测点

⑧ 参照图 6-13 测取变矩器进口油压，与表 6-4 中的标准值进行比较。如果太高，拆检变速箱主控阀，换下损坏的零件。

⑨ 变速箱离合器打滑除可引起变速箱高温外，一般还会有故障 2 的现象。同时，在拆检变速箱吸油滤网时会发现许多摩擦材料和金属粉末。通过拆检变速箱将损坏的零件换下，此故障即可解决。

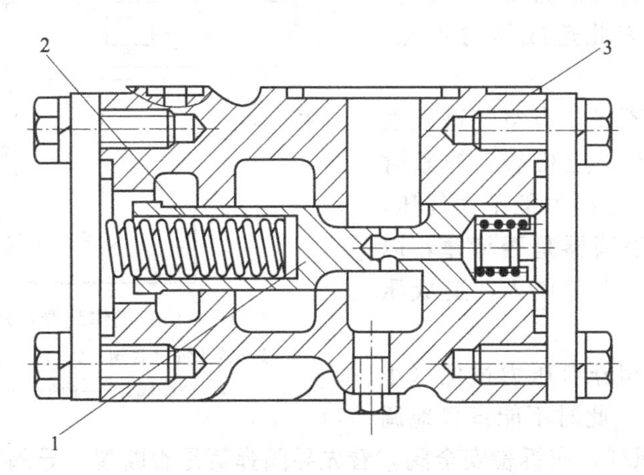

图 6-14 溢流阀

1—调整垫片；2—变矩器出口溢流阀；3—溢流阀壳体

[故障现象4]

机器突然失去所有挡位，同时不论挂前进挡还是倒挡，发动机均熄火。

故障诊断与排除

此种故障多半是变速箱中两组以上离合器烧死、输出齿轮箱损坏或前、后差速器损坏。可用以下办法检查。

① 将前传动轴拆下，如机器故障消失，则为前差速器损坏，否则进行工作②。

② 将后传动轴拆下，前传动轴装好，如机器故障消失，则为后差速器损坏，否则进行工作③。

③ 将前、后传动轴全部拆下，如发动机熄火现象消失，则为前、后差速器同时损坏；否则为变速箱或输出齿轮箱损坏。找到损坏部位后，将其修好，故障即可排除。

6.3.2 装载机工作装置液压系统故障的诊断与维修

巨力 ZL50 型装载机工作装置的液压系统原理如图 6-15 所示。

[**故障现象1**]

铲斗的提升速度缓慢且无力。

故障诊断与排除

总的原因是高压油路压力不足，具体情况有下列几种。

① 油箱油位过低，使泵吸空、吸油不足或回油滤清器堵塞，使液压泵供油不足，造成压力低，液压推力减小。应将油箱加足液压油；清洗滤清器，保持其清洁。

② 该机采用双联齿轮泵，若液压泵本身有泄漏，会使泵的容积效率达不到要求（92%）。应对其进行调整、研磨修复或更换密封圈。

③ 将吸油口误认为是排油口，致使齿轮泵转向错误，因此造成压力不足。应改正其转向。

④ 进油管密封不良，有空气进入油管内，造成压力不足。应检查、拧紧管接头；防止系统中各点压力低于大气压，经常检查进油管路滤清器是否堵塞，以免吸油口压力过低、空气侵入，造成压力降低。

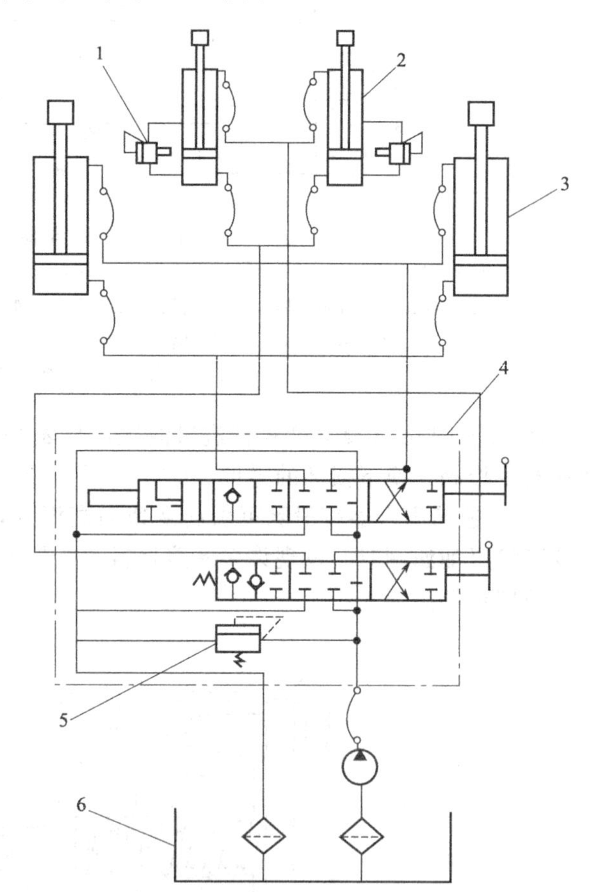

图 6-15 工作装置液压系统原理

1—转斗缸过载阀；2—转斗缸；3—动臂缸；4—分配阀；5—油箱；6—总安全阀

⑤ 先导式安全阀开启压力过低（小于规定值 15.7MPa）。此时不能盲目地调紧总安全阀的调压螺杆，应拆检安全阀，看先导阀弹簧是否断裂、导阀密封是否良好、主阀芯是否卡死及主阀芯阻尼孔是否堵塞。如果以上均无问题，则应调整安全阀的开启压力。其调整方法为：先拧下分配阀上的螺塞，接上压力表，再启动柴油机并将其转速控制在 1800r/min 左右，然后将转斗滑阀置于中位；动臂提升到极限位置，使系统憋压，这时调整调压螺钉，直至压力表读数为 15.7MPa 即可。

⑥ 若分配阀的O形密封圈老化、变形或磨损，阀杆外露部分锈蚀，使密封面破坏，则都会造成分配阀外泄漏。此时应更换O形圈；如果阀杆端头锈蚀较严重，可将锈蚀部分磨掉，然后进行铜焊，使之恢复到原有直径并打磨光滑即可。若分配阀的阀芯和阀套磨损严重，则会造成内泄漏大。此时应更换分配阀；若条件允许，也可在阀芯表面镀铬，然后与阀套配对研磨，使其配合间隙达到0.006～0.012mm且无卡滞现象为宜。

⑦ 动臂缸活塞密封环损坏造成内泄漏。检查时可将动臂缸活塞缩到底，然后拆下无杆腔油管，使动臂缸有杆腔继续充油，如果无杆腔油口有大量的工作油泄出（正常泄漏量应≤30mL/min)，说明活塞密封已损坏，应立即更换。

[故障现象2]

转斗提升时有抖动。

故障诊断与排除

① 油量不足，使工作压力不稳定。应加足液压油。

② 吸油管接口密封不严，空气进入系统中使工作压力不稳定。应检查密封性。

③ 油液中混入了空气，由于油液中有很多微小气泡，使混有空气的油液成为可压缩物体。应消除低压油路中密封不严处，再将混有空气的油液排除掉。

④ 液压缸活塞杆的锁紧螺母松动，致使活塞杆在液压缸中窜动。应将液压缸拆开，将锁紧螺母拧紧。

⑤ 总安全阀开启压力不稳，使高压油压力发生变化，引起抖动。应检查阀的调压弹簧，调整开启压力。

⑥ 两转斗缸和两动臂缸由于泄漏量不等，造成流量波动，引起抖动。应按故障1的⑦项方法检查，如果无问题，可进行下述处理：如果活塞杆大面积拉毛，应将其拆下，在外圆磨床上进行磨削，再镀上0.05mm的硬铅；如果杆径有所减小（约1mm)，则可适当增加导向套的厚度来解决。

[故障现象3]

动臂工作正常，但铲斗翻转缓慢无力。

故障诊断与排除

主要原因是转斗缸两过载阀的调定压力不正常。转斗缸无杆腔和有杆腔两过载阀的调定压力应分别为17.5MPa和10MPa。压力的检测过程为：在测压处接压力表，将转斗操纵阀置于中位，使动臂提升或下放，当连杆过死点时，转斗缸的有杆腔或无杆腔应建立压力。转斗缸活塞杆动作时压力表所示压力即为过载阀的调定压力。如果压力低于出厂时的调定压力，其原因可能有：

① 转斗缸有内泄漏。排除方法同动臂缸。

② 转斗缸过载阀主阀芯有杂质颗粒，将主阀芯卡死，使过载阀处于常开状态。应清除杂质，同时应检查弹簧是否折断、失效，密封圈是否老化，阀杆与阀体的配合间隙是否合适（正常配合间隙为0.006～0.012mm)。

[故障现象4]

操作系统有故障。

故障诊断与排除

该机工作装置液压系统的控制元件是DF-32型分配阀，是由两联换向阀和安全阀组成。铲斗换向阀为三位阀，动臂换向阀为四位阀。铲斗换向阀能自动复位，动臂阀是机械定位、手动复位。在实际操作中常出现的故障及其排除方法如表6-6所示。

表 6-6 操作系统常出现的故障及其排除方法

故障现象	故障诊断	故障排除
操作沉重	滑阀发卡或损坏 操作连杆机构工作异常	清洗、修复或更换阀零件 检查、调整或更换损坏的零件
铲斗滑阀不复中位	阀的弹簧有问题，滑阀发卡 操纵杆机构工作异常	清洗、更换坏的弹簧 清洗、修复或更换阀零件 调整、更换坏的零件
操作时执行元件无动作	阀芯卡紧或损坏 过滤器破损，污物进入而卡住 配管、软管破裂，控制压力低	清洗、修复或更换控制阀 清洗、修复或更换损坏的零件 更换破裂管道，调整控制压力

6.4 平地机故障诊断与维修

6.4.1 PY160B 平地机变矩器故障的诊断与维修

[故障现象]

一台"天工"产 PY160B 平地机出现了驱动无力，且从变矩器分动齿轮室通气孔溢油。维修人员排除了发动机、摩擦片式离合器、机械换挡变速箱以及其他传动系统存在故障的可能性。更换了密封件，还更换了变矩器入口限压阀、出口限压阀、变速泵。试车后，故障并没有排除。

故障诊断与排除

维修人员进行了故障诊断并检查了拆下的变矩器。首先检查了从变矩器通向传动齿轮室有泄油可能的骨架油封及旋转油封，油封本身及与之配合的旋转面都没问题，那么泄出的大量油液只能来自由传动齿轮室中齿轮驱动的同轴安装的工作泵或变速泵。因变速泵是新泵，最大可能是来自工作泵。检查工作泵中唇口相反安装的两个骨架油封，内部油封唇口明显损坏。据维修人员反映，这两个油封也更换过。根据齿轮泵二次密封原理，极有可能是起二次密封作用的铜套过度磨损，密封作用失效。二次密封作用原理如图 6-16 所示，图中铜套 1 与侧板 2 形成封闭腔 e，e 腔内的油压，由于侧板 2 与齿轮轴颈接触处的间隙节流减压，压力 p_e<压力 p_b（泵的压力）。液流再经铜套 1 与轴颈接触面之第二次节流减压作用，则 f 腔内压力 p_f 更小于 p_e。由于 p_f 很小，它对骨架油封的破坏作用当然较小，齿轮轴与铜套的轴向间隙应控制在 0.035～0.045mm 之间，且不得有几何形状偏差。经检查，工作泵的减压铜套已经磨出很深的沟槽，且与齿轮轴配合间隙相当大，二次减压的作用很小。很明显，即使再更换骨架油封，也会很快被高压油冲破。由于齿轮泵的端面间隙也很大，效率很低，建议更换此工作泵。

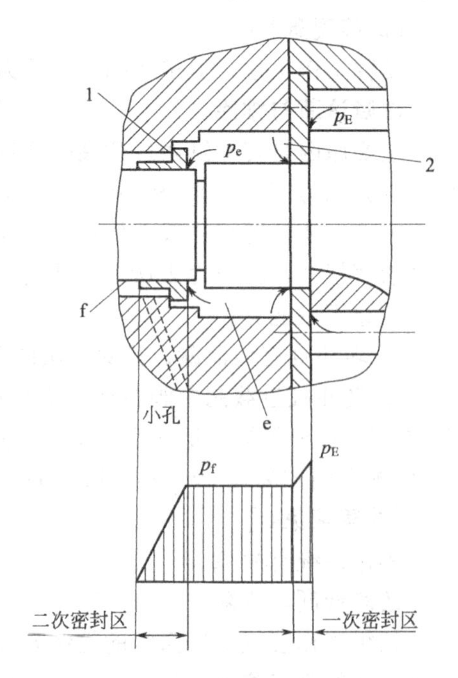

图 6-16 二次密封作用原理
1—铜套；2—侧板

泄漏问题已基本解决，驱动无力还应彻底检查变矩器。经检查进口压力阀、出口压力阀、泵轮、涡轮、导轮座及所有密封件都没问题，检查导轮时发现了问题。该变矩器采用的是带单向离合器的双导轮，其结构如图 6-17 所示，滚柱 1 为楔紧元件，在弹簧 3、滑销 2 的作用下夹在外座圈 4 和内座圈 5 之间，内座圈用花键套在导轮座上固定不动，内座圈与滚子接触的表面有一定斜度。当外座圈顺时针转动时，滚子在弹簧力与摩擦力的推动下卡在内、外座圈组成的楔形滚道上，利用摩擦力保持楔紧锁定状态。当外座圈逆时针转动时，滚柱则处于松动状态，允许外座圈逆时针单向转动。PY160B 平地机变矩器特性曲线如图 6-18 所示，k 为变矩系数，η 为传动效率，i 为传动比。当$i=0\sim i_1$ 时，两个导轮受到的液流冲击方向都与涡轮转向相反，因而固定不动，相当于一个固定的导轮，此时的变矩系数较大，能适应较大阻力。如果双导轮由于某种原因不能楔紧固定，则涡轮不能获得较大的转矩；当 $i=i_1\sim i_2$ 时，第一导轮将与涡轮一起转动，不参加工作，当 $i\geqslant i_2$ 时，两导轮都与涡轮一起转动，工况类似偶合器，效率值 η 上升。经双导轮解体检查，导轮内单向离合器的弹簧大部分已折断，滚柱已严重磨损，楔紧位置的内、外座圈也磨出很深的印痕。很显然，在大负荷下（传动比 $i=0\sim i_1$），单向离合器根本无法楔紧，涡轮获得的转矩将会大大减小，表现为驱动力不足。经更换导轮和工作泵，试车后，平地机恢复了原来的性能。

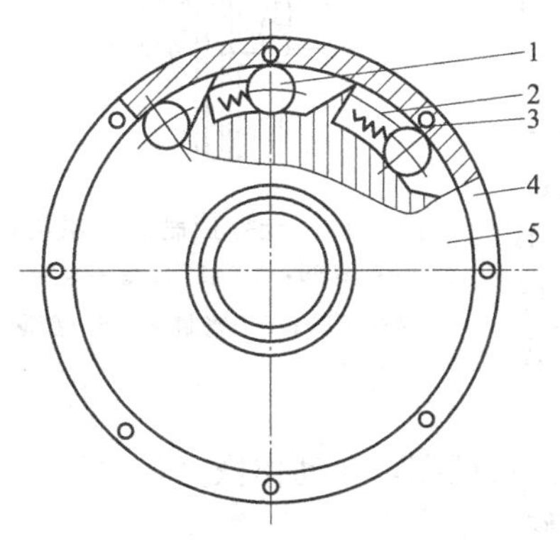

图 6-17 带单向离合器的双导轮结构

1—滚柱；2—滑销；3—弹簧；4—外座圈；5—内座圈

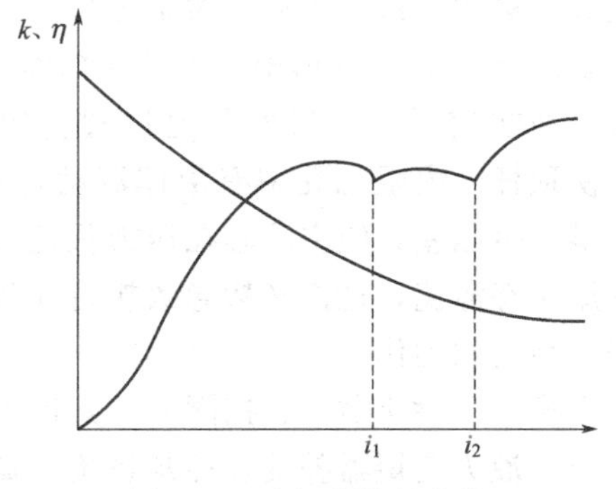

图 6-18 变矩器特性曲线

6.4.2 PY160B 平地机液压与液力传动系统故障的诊断与维修

（1）作业装置液压系统故障的诊断与维修

PY160B 平地机的工作装置的动作由液压传动系统来操纵，包括：刮刀左右升降、刮刀回转、前轮倾斜、后轮转向、刮刀倾斜、刮刀引出和其他选装机构。其中左刮刀升降、刮刀回转、前轮倾斜和后轮转向由双联齿轮泵的左泵通过左侧四联多路换向阀供油，而其他 3 个工作机构由右泵通过另一组四联多路换向阀供油，而该多路阀中有一联用于选装其他作业机构，也可作备用。两组多路阀的入口处都装有安全阀，以对两个独立液压系统起安全保护作用。

[故障现象]

在施工作业中突然出现左侧刮刀升降动作失灵，进而操纵其他动作时，发现由左侧多路换向阀控制的刮刀回转、前轮倾斜和后轮转向等功能也全部丧失。

故障诊断

在左侧多路换向阀进油路上接 1 块压力表，启动发动机，操纵该阀控制的 4 个动作，供油压力始终很低（不超过1MPa），而另一组多路阀控制的动作可以正常工作，再对双联齿轮泵进行检查，通过听、摸、看等发现液压泵的噪声和振动情况正常，可断定液压泵工作正常，因此判定故障出现在多路阀进油口处的主安全阀上。拆下此安全阀检查，看到阀上有一O形密封圈及挡圈损坏，其他零件正常。

故障排除

主安全阀为一先导控制溢流阀，其结构如图6-19所示，其工作原理为：液压泵输出的压力油经顶杆4中间的阻尼孔进入B腔，进而作用在先导阀1上。在正常情况下，液压系统的压力小于调定压力，先导阀关闭，顶杆4内阻尼孔中无液体流动，主阀芯3上、下A、B两腔压力相等，在B腔又有弹簧力作用于主阀芯3上，所以主阀芯关闭。当系统压力高于调定压力时，先导阀首先开启，高压油从A腔经阻尼孔→B腔→先导阀→油箱，此时主阀芯上、下两腔产生压力差，在此压差作用下主阀芯提起，系统溢流，对系统起安全保护作用。在故障状态下，由于O形密封圈5和挡圈6损坏，造成B腔压力油在较低压力时即可通过阀套的缝隙泄漏回油箱，使顶杆4内阻尼孔中有液体流动，在主阀芯A、B腔过早产生压差，使主阀芯在压力很低时即抬起，系统在低压状态溢流，这样必然导致执行元件无法克服负载力完成预定的动作。

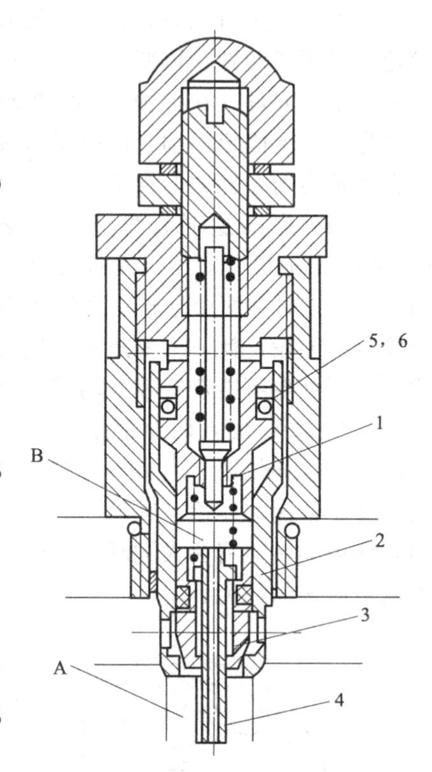

图6-19　先导控制的主溢流阀
1—先导阀；2—阀体；3—主阀芯；4—顶杆；5—密封圈；6—挡圈

更换O形密封圈5、挡圈6及其他密封，重新装配后试车，各动作恢复正常。

(2) 液力变矩器补油及冷却系统故障的诊断与维修

该平地机的动力传递路线为：发动机飞轮→主离合器→液力变矩器→变速箱→后桥传动→平衡串联传动箱→车轮，其液力变矩器及第二液压操纵系统原理如图6-20所示。其中限压阀15的调定压力为1.5～1.7MPa，限压阀8（起背压阀作用）的调定压力为0.25～0.28MPa，安全阀14的调定压力为0.4～0.5MPa。

[**故障现象**]

液力变矩器输出动力不足，变矩器油温上升过快，经1h左右，温度就能升到120℃以上；这时已不能行车，无法工作。

故障诊断

据用户反映，该平地机变矩系统齿轮泵和变矩器为新近更换，并清洗了油箱，更换了系统用油。由此初步分析产生该故障的元件主要集中在限压阀15、安全阀14及起背压作用的限压阀8上，因这3个阀中任意一个阀压力不正常都可以造成变矩器输出动力不足、工作效率下降、发热量增加等故障。

首先检查限压阀15，通过压力表4观察该处压力为1.6MPa，属正常范围。其次检查安全阀14，由于该阀前端无法安装压力表，于是通过松动该阀回油口接头的方法检查，松动接头后无油液流出，说明该安全阀无不正常溢流，基本可以，断定该阀能正常工作；最后检查限压阀8，发现压力表2处压力值为0.1MPa，小于正常值，因而判断为限压阀

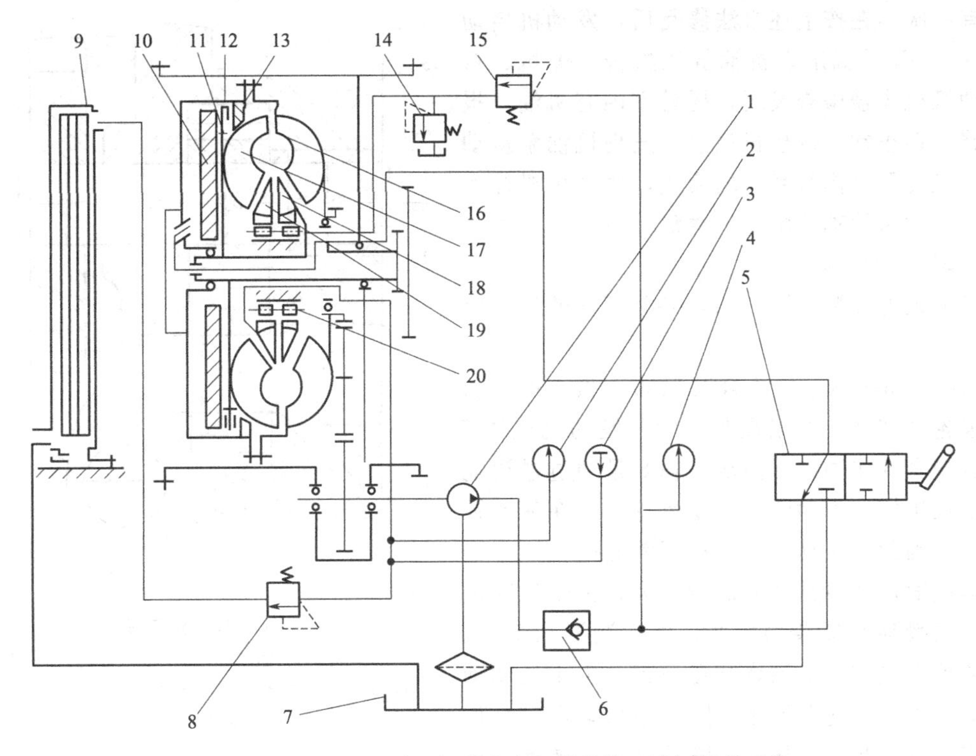

图 6-20 PY 160B 平地机液力变矩器及第二液压操纵系统

1—齿轮泵；2—变矩器出口压力表；3—变矩器出口温度表；4—操纵压力表；5—操纵阀；6—单向阀；7—油箱；8、15—限压阀；9—散热器；10—活塞；11—齿圈；12—锁紧摩擦盘；13—支承圈；14—安全阀；16—泵轮；17—涡轮；18—第二导轮；19—第一导轮；20—单向离合器

8 出现故障。

故障排除

拆下限压阀 8，通过检查发现阀体变形，阀芯被卡在开启位置上不能自由移动，不能达到只有当限压阀进口压力大于 0.28MPa 时才能开启的目的，而只是当液体流经该阀时产生阻力（约 0.1MPa），起背压作用，因而造成变矩器循环圆内压力过低，这样会在工作轮中产生大量气泡，液体在绕过叶片时产生脱离现象，破坏了工作轮的正常工作，并使过流断面面积缩小，流速增大，叶片上的作用力则减小，即工作轮的效率降低，传递的功率减少，表现为变矩器输出动力不足，温升过快，不能正常工作。更换限压阀 8 后，平地机恢复了正常。

6.5 挖掘机故障的诊断与维修

6.5.1 小松 PC220-5 型挖掘机的故障诊断与维修

(1) 小松 PC220-5 型发动机机油压力不正常故障的诊断与维修

[故障现象]

一台小松 PC220-5 型挖掘机，其发动机为 SA6D95L-1 型，在使用过程中出现过几次发动机烧曲轴的故障，都是因机油泵失效后没有机油压力、报警系统低压时不报警所引起的。一般情况下，通过修复低压报警电路、更换机油泵总成和磨曲轴重新配轴瓦的方法进行修复。有一次，在按上述方法修复后，发动机启动运行约0.5h后就出现机油低压报警。停机、打开发动机机头盖检查发现，摇臂室内有机油，报警线路一切正常。拆检机油泵，发现机油泵从动齿轮与机油泵壳体有摩擦的痕迹，发动机机体上机油泵从动齿轮轴装配孔有磨痕。

故障诊断与排除

机油泵的装配见图6-21，各装配面的配合尺寸见表6-7。

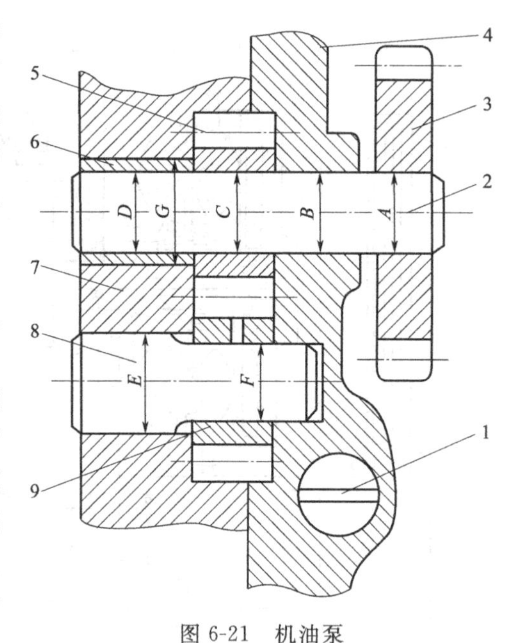

图6-21 机油泵

1—安全阀；2—驱动轴；3—驱动齿轮；4—液压泵壳；5—主动齿轮；6—铜套；7—发动机机体；8—从动轴；9—从动齿轮

根据表6-7所示的配合关系知，驱动轴2随驱动齿轮3转动，所以在驱动轴与发动机机体7间装有铜套6作轴承，而从动轴8是通过过盈配合固定在机体上不动的，从动齿轮9则在从动轴上转动，因此在从动齿轮上有润滑油孔。

拆检旧机油泵并经分析后认为，由于从动齿轮上的润滑油孔被杂物堵塞，因而润滑油不足，致使从动齿轮与从动轴烧结在一起；由于从动轴与发动机机体间配合不是很紧，当从动齿轮与从动轴烧结在一起后，从动轴随从动齿轮转动，机体上的孔很快被磨损变大，机油泵主、从动齿轮间失去应有的配合间隙，导致了机油压力消失、发动机烧曲轴。

表6-7 机油泵装配面的配合尺寸 mm

部位(符号)	标准尺寸 ϕ	公差		标准间隙或过盈量
		轴	孔	
驱动齿轮与驱动轴(A)	13	−0.024 −0.042	−0.065 −0.086	0.023～0.062(过盈)
驱动轴与液压泵壳(B)	13	−0.024 −0.042	+0.018 0	0.024～0.060(间隙)
驱动轴与主动齿(C)	13	−0.024 −0.042	−0.065 −0.086	0.023～0.062(过盈)
驱动轴与铜套(D)	13	−0.024 −0.042	+0.048 +0.004	0.028～0.090(间隙)
从动轴与发动机机体(E)	16	+0.064 +0.046	+0.018 0	0.028～0.064(过盈)
从动轴与从动齿轮(F)	13	−0.110 −0.125	−0.065 −0.086	0.024～0.060(间隙)
铜套与发动机机体(G)	16	+0.087 +0.060	+0.018 0	0.042～0.087(过盈)

一般的修理工并不十分清楚机油泵的上述配合与运动关系，在更换机油泵时没有检查从动轴与机体孔的配合尺寸就将机油泵装上，所以在更换机油泵后发动机机油压力仍然很低。

这次修理时，没有更换发动机机体，仅采用将发动机机体的从动轴轴孔镗大至$\phi20^{+0.018}_{0}$mm并镶铜套的办法进行修复。铜套结构见图6-22。修复时，必须注意：镗孔时保证新孔与原孔同心；加工时保证新孔与原孔同心；加工时应精确定位；装配机油泵时应注意要先灌注机油，机油

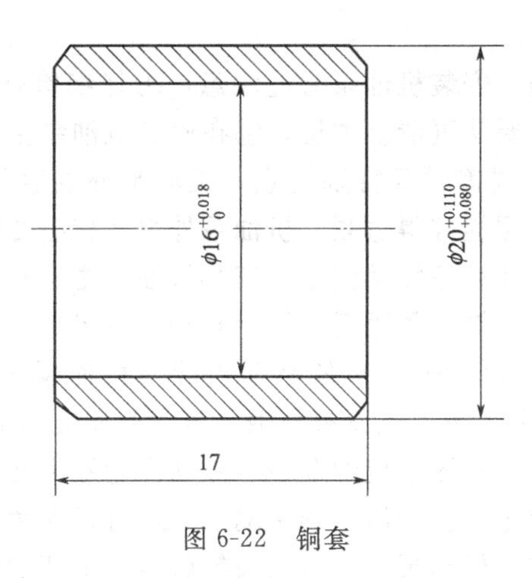

图 6-22　铜套

泵壳固定螺栓应均衡紧固，边紧边转动机油泵齿轮，齿轮应转动灵活，没有卡滞现象。

按上述方法处理后，该机使用了两个多月，机油压力一直正常。

（2）小松 PC220-5 型发动机机油泵故障的诊断与维修

某公司现有多台小松 PC220-5 挖掘机，发动机型号为 SA6D95L-1 型，其机油泵的泵体设计在发动机缸体的前下部，是与缸体一次性铸造加工而成的，其结构如图 6-23 所示。因此，泵腔内磨损或损坏，修理起来非常困难，而且这种机油泵在长期使用后，容易出现卡死现象。若在施工中不能及时判断，会造成重大机械事故。

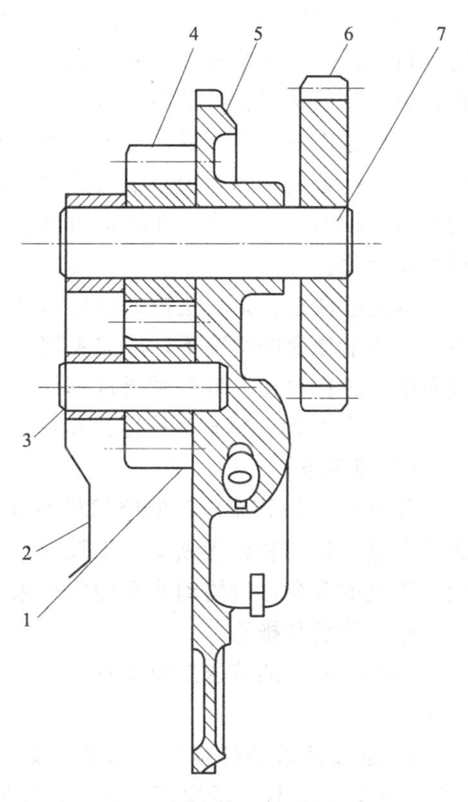

图 6-23　机油泵结构

1—机油泵被动齿轮；2—汽缸体；3—机油泵被动齿轮轴；4—机油泵主动齿轮；5—机油泵外端盖；6—机油泵外驱动齿轮；7—机油泵主动齿轮轴

[故障现象1]

正常使用一年多的一台挖掘机，在施工时突然出现机油报警，驾驶员立刻关闭发动机。修理人员分别检查了高压油泵和增压器等几处机油油管，均没有机油泄漏，据此可以断定，是机油泵出现了问题。

故障诊断与排除

拆下发动机前端的主动齿轮室盖，发现机油泵外驱动齿轮在机油泵主动齿轮轴上非常松旷，用手轻轻一拔机油泵外驱动齿轮就可以取下。但机油泵主动齿轮轴却无法转动，拆下机油泵外端盖，发现故障原因是机油泵被动齿轮上的机油润滑孔被积炭堵塞，使机油泵被动齿轮在被动齿轮轴上旋转时无法润滑而产生高温卡死，使机油泵不能向发动机润滑系统供油，导致机油报警器报警，找到故障后，更换了一套机油泵的齿轮，故障排除。

[故障现象2]

发动机大修后在磨合期内出现机油泵内腔、被动齿轮轴孔严重损坏，曲轴抱死的事故。

故障诊断与排除

这是修理时蛮干造成的。安装机油泵时应注意：①仔细检查机油泵泵腔内是否有毛刺、磨损的凸台和积炭杂物，并要认真清洗油道。②在确定机油泵主、被动齿轮在泵腔内转动自如的情况下，安装机油泵外端盖时要特别注意，机油泵外端盖是铝合金铸造成形的，非常薄，如果外端盖四周的紧固螺栓拧得过紧，机油泵外端盖就会变形，使机油泵主、被动齿轮的轴向间隙变小，严重时会使齿轮转动困难。安装机油泵主、被动齿轮前，各部位都要用机油润滑，机油泵外端盖四周的螺栓紧固后，用手转动一下机油泵主动齿轮轴，看是否转动自如。③安装机油泵外驱动齿轮，机油泵外驱动齿轮与机油泵主动齿轮轴的配合过盈量是0.025～0.061mm，既没有半圆键、也没有与轴固定，外驱动齿轮用开水加热后，用手锤轻轻敲入，厂家这样设计的主要意图是机油泵主、被动齿轮被卡死时，发动机还会有一个继续运转的过程，这样外驱动齿轮在主动齿轮的带动下，还可以继续旋转。如果外驱动齿轮与机油泵主动齿轮轴是刚性连接，机油泵主、被动齿轮就会在卡死的情况下被强行驱动旋转，导致机油泵内腔损坏。因此，把机油泵外驱动齿轮与机油泵主动齿轮轴设计成这种连接方式，就可避免油泵内腔的损坏。可是一些维修人员感觉这种连接方式不可靠，用电焊将外驱动齿轮与机油泵主动齿轮轴焊接在一起，使这次事故严重地损坏了机油泵内腔和被动齿轮轴基孔，更严重的是驾驶员没能及时关闭发动机，使曲轴抱死，经济损失严重。

分析这次故障的原因，主要是机油泵外端盖四周螺栓拧得过紧，在挖掘机工作时，发动机的温度随着负荷的增加而很快升高。这时机油泵外端盖的变形也会加剧，使机油泵主、被动齿轮的轴向间隙变小，在转动时刮下了大量的金属末、堵塞了润滑油孔，使机油泵主、被动齿轮卡死。

因此应注意：第一是挖掘机的机油报警装置应完好、驾驶员对机油报警的处理要果断，在没有弄清原因的情况下，应先关闭发动机，再查找原因；第二是维修人员在维修前，应掌握系统的工作原理，装配时要认真仔细，以避免故障的发生。

(3) 小松 PC200-5 型挖掘机斗杆油缸活塞杆不能缩回故障的诊断与维修

[故障现象]

某单位一台 PC200-5 型挖掘机在操纵斗杆阀时，出现斗杆缸活塞杆伸出后不能缩回的故障现象，但若联合操纵动臂 PPC 阀，加之挖掘机本身的重力，斗杆缸活塞杆可以被动压回。该机的其余各机构动作和性能均未见异常。

故障诊断与排除

根据斗杆缸的液压系统原理（见图 6-24），该斗杆缸活塞杆只伸不缩的故障原因有以下几个方面。

① 缸筒及活塞杆损坏，或因活塞密封环磨损超限造成内泄严重。拆下斗杆缸（见图 6-25）解体后发现，活塞环 5 完好，说明内泄并不严重。而后，又检查了活塞杆 1 及缸筒 2，发现活塞底部缓冲柱塞 10 已松脱，并在活塞杆的运动作用力下撞伤液压缸底部。从解剖后的斗杆缸知，底部缓冲柱塞松脱是由于锁紧螺母 6 未能压住螺纹胶粒 8，使胶粒在液压油中受浸泡、冲蚀，在油压、油温的长时间作用下日久失效，并从活塞杆小孔中脱出，导致其上的 12 粒钢球 7 部分脱落，缓冲柱塞也因无锁紧而脱出，最终造成缸筒损坏和液压回路出故障，从而出现斗杆缸活塞杆只伸不缩的现象。

② 液压回路堵塞。清洗了液压回路，除去了回路中的油垢、泥沙和铁屑等污物，从清洗后的液压油中还找到了已破损的钢球，连续冲洗液压回路 5～6 次后，当装好回路试机时，故障却仍未被排除。

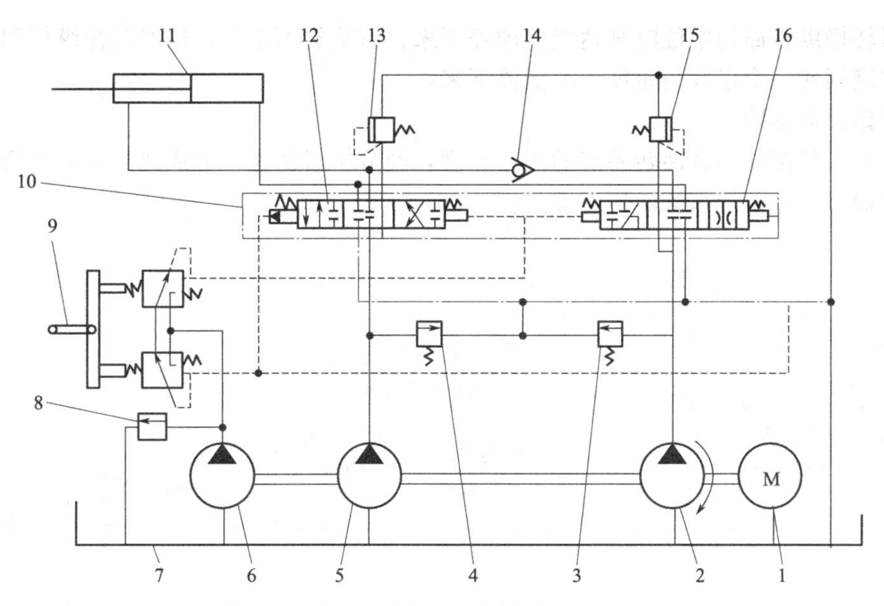

图 6-24　斗杆缸液压系统原理

1—发动机；2、5—柱塞泵；3、4、8、13、15—溢流阀；6—变量泵；7—油箱；9—PPC 阀；10—主控阀；11—斗杆缸；12、16—滑阀；14—单向阀

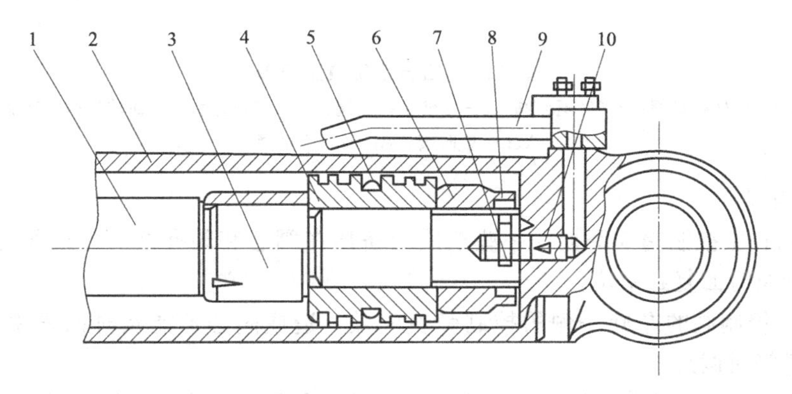

图 6-25　斗杆缸结构

1—活塞杆；2—缸筒；3—上部缓冲柱塞；4—活塞；5—活塞环；6—锁紧螺母；7—钢球；8—螺纹胶粒；9—底部油管；10—底部缓冲柱塞

③ 控制油路故障。为判断故障是否由控制油路引起的，将控制斗杆油路的控制油管与铲斗或动臂缸的控制油管对调，从对调后的状况就可判断故障是否在控制油路的回路上。经对调试验证实，故障与控制油路无关。

④ 主控阀故障。从图 6-24 知，主控阀 10 是受控制油路控制的，通过以上分析可以肯定，故障出现在主控阀内。解体主控阀后发现，主控阀内滑阀的阀芯中有一控制斗杆慢动作的滑阀 12 的阀芯被卡死，需用手锤木柄轻轻敲击或用手掌用力拍击才能抽出，而且此阀芯存在极轻微的拉伤，从主控阀内还清洗出一部分铁屑。于是，可用 0 号研磨膏将卡死的阀芯和阀座孔加以对研，并对主控阀进行彻底的清洗。重新装配后，机器故障已彻底排除。

(4) 小松 PC200-5 型挖掘机回转故障的诊断与维修

[故障现象1]

一台小松 PC200-5 型挖掘机，在施工作业中，回转马达出现以下异常情况：左旋转正

常，即回转操纵杆回到中位时马达能立即停下来；右旋转不正常，即回转操纵杆回到中位时马达需继续回转一个很大的角度后才能停下来。

故障诊断与排除

针对以上情况并结合回转系统的工作原理，经分析后认为，造成此故障的主要原因有如下几个方面（该机回转系统液压原理见图 6-26）。

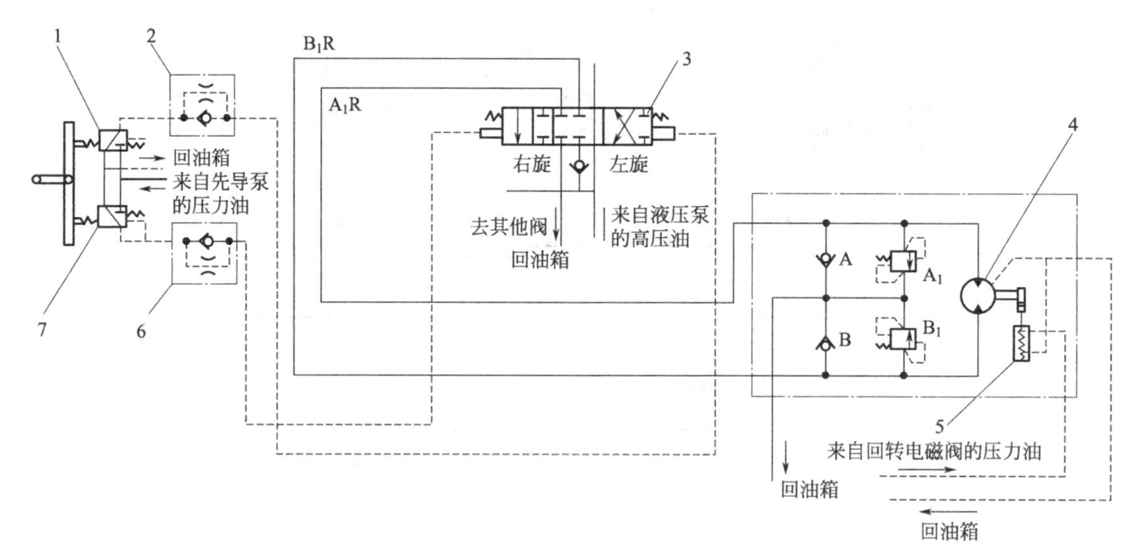

图 6-26　回转系统液压原理

1、7—回转操纵阀；2、6—退回阀；3—回转主控制阀；4—回转马达；5—回转马达制动器；A、B—单向阀；A_1、B_1—安全阀

① 主控制阀。

a. 由于回转主控制阀 3 磨损，一些杂质会挤压在阀芯和阀孔之间，使阀芯出现卡滞现象，因而不能及时回复到中位。

b. 回转主控制阀的左旋一侧的控制弹簧失效，造成阀芯不能及时回复中位（检查时，可左、右边弹簧对调）。

c. 回转主控制阀中控制右旋一侧的先导控制油没能及时、完全地流回油箱，因而形成了液压阻力，导致阀芯不能及时准确地回复中位。对此，可认为是由于回转操纵阀 7 不能准确到位，或退回阀 6 堵塞，因而造成回油不畅（检查时，可将左、右旋向的先导控制油路对调）。

② 回转液压马达。

根据回转系统的液压原理，若回转马达工作正常，右旋时，压力油从 B_1R 油路进入回转马达 4，然后从 A_1R 油路回油箱。右旋结束时，回转主控制阀回到中位，此时 A_1R 油路和 B_1R 油路已封闭，因而形成了液压阻力，故回转马达即停。根据该机的故障现象，说明 A_1R 油路因有泄漏而形成了开路。形成此状态的原因有：安全阀 A_1 的阀芯被卡滞或调定压力太低，当右旋结束时，A_1R 油路的液压油经阀 A_1 卸荷流回油箱（检查时，可与阀 B_1 对调）；回转马达存在内泄（因该机左旋正常，说明该机的马达不存在内泄的情况）。

虽然可对以上各种故障原因一一进行了查找、排除，但故障现象却依然存在，于是可以怀疑是单向阀 A 处于开启状态（正常情况下，阀 A 是不开启的）。将其拆下检查，果然有一些金属小薄片卡在其中，因而形成了开路，清除后故障现象即消失。

实际工作中应注意的两个方面：

a. 遇到上述的故障现象时，在解决故障的同时，还要检查液压油回油过滤器是否存在金属屑或杂物；如有，则要查明其来源。其中有两处须注意，一是液压泵，液压泵的金属屑可以在液压泵下面的磁铁放油塞中找到，如有，则说明泵已磨损，必要时应拆卸修理。二是液压缸筒，缸筒内壁和活塞杆头部常承受突然变化的冲击压力，故易出现问题。此机的故障就是由于铲斗缸筒内壁拉伤后，其上剥落的金属屑卡在阀 A 中造成的。总之，若液压系统出现了金属屑或杂物，须找出根源之所在。

b. 一般情况下，由于回转主控制阀的阀芯与阀孔间的配合极其精密，加上又有油润滑，一般不易产生磨损情况，杂物难卡在其中，因而在未确定故障点前，不要随便拆卸阀芯。因为阀芯与阀孔中存有油膜，阀芯不易拔出，此时往往误认为被杂物卡住了，因而采用了强制的方法，这样容易损伤阀芯表面；再者，由于多数情况是在施工现场修理，重新装配时难以保证阀周围环境的清洁，因而易出现杂物卡在其中的现象。

[故障现象2]

挖掘机在回转作业时，某一侧回转方向上制动失灵。

图 6-27 为回转系统液压原理。由图知，故障的表现特征说明制动器、供油油路工作正常，故障原因只能是单侧回转方向上的溢流阀或换向阀存有故障。但换向阀出现这种故障的可能性较小，原因是，换向阀引起这种故障时一般应为阀芯严重拉伤，导致液压制动时严重泄漏，引起制动失灵。这种故障一般应出现回转工作迟缓、回转无力的症状。实践证明，大多是由于溢流阀阀芯脏、阀芯被卡住或弹簧折断而造成的。

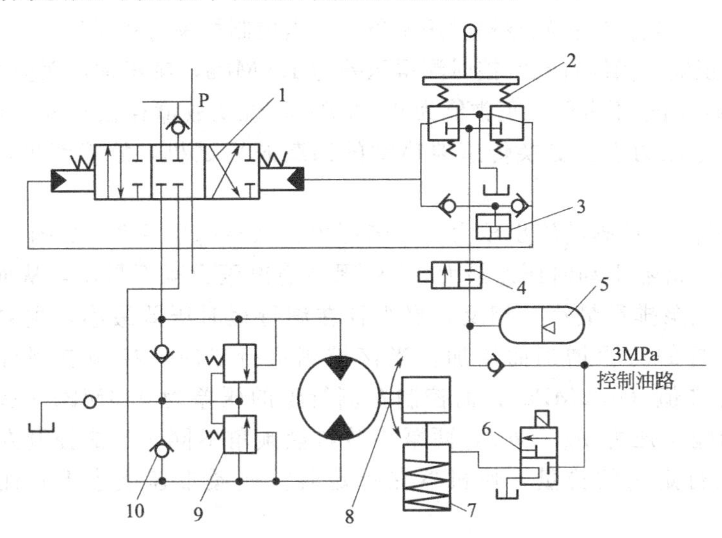

图 6-27 回转系统液压原理

1—回转转向阀；2—先导操纵阀；3—压力开关；4—安全阀；5—蓄能器；6—制动电磁阀；7—制动器；8—回转马达；9—溢流阀；10—单向阀

[故障现象3]

回转速度缓慢、回转马达温度异常。

故障诊断与排除

泵油压力、流量不足；溢流阀设定压力偏低；马达泄漏严重；制动未解除。排查时，应首先试机，观察机器在铲掘状态或行驶状态（即不回转）时是否工作有力，若工作正常，说明泵完好；其次，检查压力开关 3，将其短接，若回转速度正常，则表明是制动未解除，即压力开关有故障，否则是液压马达或溢流阀有故障，而两个溢流阀同时出现故障的可能性要小于马达泄漏的可能性。根据经验，这类故障大多是压力开关触点损坏所致，使制动不能解除，回转在制动状态下进行；即压力开关触点频繁工作，且通过电流大而造成的。

(5) 小松 PC220-5 型挖掘机行走跑偏故障的诊断与维修

[**故障现象**]

一台 PC220-5 挖掘机在前进和后退中向左侧方向跑偏，而右侧行走正常。

故障诊断与排除

可引起上述故障的部位有：泵及其控制系统、先导控制阀、行走控制阀、中心回转接头、行走马达和最终传动系统等几部分。根据现场施工条件，采用“排除法”进行排查。将中心回转接头 4 根出口液压胶管互换，试机时发现跑偏现象从左侧转移到右侧，因此排除了左侧行走马达及最终传动存在问题的可能；将控制阀和中心回转接头之间提供左右行走的 4 根液压管互换试机，发现跑偏方向也随之改变，因此排除了中心回转接头存在问题的可能；检查左侧行走控制阀，发现其阀杆移动平滑，并且测得先导输出压力为 3.4MPa，说明先导压力和控制阀无问题。最后判定，故障存在于泵及其控制系统中。

由于机器右侧行走正常，因此可以断定两泵共用的先导泵和 TVC 阀工作正常。

对 NC 阀的输出压力进行检测。在 NC 阀出口处接一个量程为 6MPa 的压力表。利用挖掘机的工作装置将左侧履带撑起，在履带自由转动条件下测得 NC 阀输出压力为 0.4MPa，操作杆在空挡（履带不转动）时为 0.28MPa，而 NC 阀正常输出压力空挡时最大应为 0.3MPa，履带自由转动时最小应为 1.4MPa。可见，是 NC 阀输出压力不正常。NC 阀由传感器喷嘴压差推动，当控制杆在空挡时压差最大，当控制杆满行程时压差最小，因此首先应检查此压差是否正确。操纵杆在空挡时测得压差为 1.6MPa，属正常，而操纵杆在满行程时压差为 0.62MPa，超过正常值（正常值为 0.2MPa），说明故障存在于传感器喷嘴量孔或传感器卸载阀的限定压力上。更换传感器喷嘴的卸载阀后试机，故障消失，机器工作恢复正常。

故障原因分析：NC 阀的输出压力由喷嘴压力传感器的压差和 NC 阀内弹簧力来控制，当操纵杆在空挡、机器不动时压差最大，NC 阀的输出压力减至最小，从而使主泵的旋转斜盘倾角最小，主泵排量最小；相反，操纵杆在满行程时压差最小，主泵排量最大，即主泵排量随控制杆的行程增加而增加。当该挖掘机行走时，控制右侧行走的压力传感器的压差降至标准值（0.2MPa），而控制左侧行走的压差为 0.6MPa（远大于标准值），因此使 NC 阀的输出压力 $p_{左}<p_{右}$，两泵旋转斜盘倾角不同，造成控制左侧行走泵的排量小于控制右侧行走泵的排量，使机器在行走时左侧履带速度小于右侧，因而机器向左跑偏。

(6) 小松 PC220-5 型挖掘机铲斗缸和左行走马达工作无力故障的诊断与维修

[**故障现象**]

一台 PC220-5 型小松挖掘机，工作 8500h 后出现铲斗缸和左行走马达工作无力的故障，但回转动作和右行走均正常，其余动作略显迟缓。

故障诊断

① 铲斗缸工作无力故障的可能原因：

a. 控制铲斗的先导油路有故障。

b. 控制阀阀芯卡死或严重磨损。

c. 铲斗回路的补油阀卡死。

d. 铲斗缸、活塞或油封严重损坏。

e. 主卸荷阀卡死。

f. 后泵或其控制系统有故障。

② 左行走马达工作无力故障的可能原因：

a. 控制左行走的先导油路有故障。

b. 控制阀阀芯卡死或严重磨损。

c. 行走马达有故障。

d. 中心回转接头窜油严重。

e. 主卸荷阀卡死。

f. 后泵或其控制系统有故障。

由该机的液压系统原理知，铲斗缸和左行走马达都是由后泵单独供油的，因而铲斗缸和左行走马达同时出现工作无力，其原因最有可能出在主卸荷阀或后泵及其控制系统上。于是将前泵、后泵的高压油管相互交换，再试机时发现，铲斗缸和左行走马达已工作正常，相反，回转马达和右行走马达却工作无力了。由此说明铲斗缸和左行走马达及其控制系统均属正常，故障应在为铲斗缸和左行走马达单独供油的后泵或其控制系统上。

③ 检查后泵的控制系统并分析如下。

a. 由于前泵工作正常，证明前泵、后泵公用的控制先导泵和 TVC 阀工作正常。

b. 在 NC 阀出口处装一个量程为 6MPa 的油压表，测得该处油压为 p_1（因 CO 阀出口压力没有测点）；将 CO 阀调节螺栓调紧 2～4 圈时，发现 p_1 值上升，再将调节螺栓调回原位时，p_1 下降到原来的数值。检测结果符合 CO 阀工作特性，说明 CO 阀工作正常。

c. 将 NC 阀调节螺栓调紧 2～4 圈时，发现 p_1 值上升，再将调节螺栓调回原值时，p_1 下降到原来的数值。检测结果符合 NC 阀工作特性，说明 NC 阀工作正常。

d. 拆检伺服机构后得知，回位弹簧无折断且弹性良好，连杆机构没有脱落，阀芯无卡滞和磨损现象，由此说明伺服机构工作正常。

由上述检查结果知，后泵的控制系统工作正常，铲斗和左行走马达工作无力只能是后泵本身有故障引起的。

拆下液压泵总成，经解体检查发现，前泵各液压元件完好无损，后泵损坏较为严重，配流盘封油带处有几条较深的沟槽，柱塞缸端面有轻度拉伤，其余液压元件并无明显的磨损现象。显然，后泵不能正常工作是因为柱塞缸与配流盘的接触面严重磨损，造成液压油严重泄漏，致使油压建立不起来，从而导致铲斗缸和左行走马达工作无力。

故障排除

鉴于柱塞缸端面损伤不大而配流盘损坏严重的情况，可采用修磨柱塞缸和更新配流盘的维修方案。即先用平面磨床精磨柱塞缸的磨损端面，然后用氧化铬进行抛光，最后用手工对研柱塞缸和配流盘，保证其接触面积达 95%以上。

将修复后的柱塞缸和配流盘装好后试机，挖掘机工作恢复正常，至今已使用一年多，未出现任何问题。

6.5.2 国产 W4-60C 型挖掘机故障诊断与维修

(1) 国产 W4-60C 型挖掘机支腿液压锁常见故障的诊断与维修

[故障现象]

W4-60C 挖掘机支腿在使用中经常出现两种故障：一是机器在行驶或停放时支腿自动沉降；二是机器在作业时，支腿缸活塞杆自动缩回，使支腿不起作用。

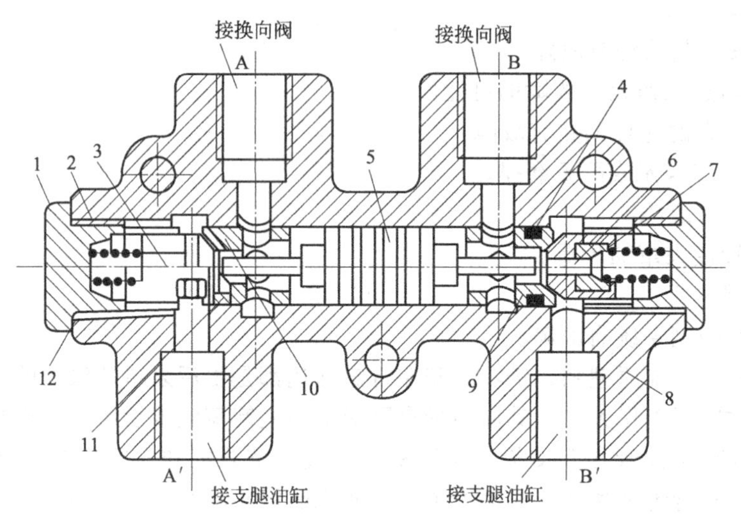

图 6-28 支腿液压锁结构

1—螺塞；2—弹簧；3、6—阀芯；4—密封圈；5—控制活塞；7—销钉；
8—阀体；9、10—阀套；11、12—O 形圈

故障诊断与排除

除支腿缸油封损坏外，最主要的原因是支腿液压锁出现故障。支腿液压锁（见图 6-28）位于支腿缸的进出油口处，当换向阀位于中立位置时，支腿缸内的液压油被封闭，确保了机器作业时支腿支撑牢固；在行驶或停放时可防止支腿由于本身重量和颠簸而自动沉降，从而起到“锁”的作用。支腿液压锁实际上是由两个单向阀并列装在一起构成的，主要由阀体 8、控制活塞 5、阀套 9 和 10、阀芯 3 和 6 及弹簧 2 等组成。出现的主要故障是油液泄漏，从而导致支腿工作不良。支腿液压锁常见故障及排除方法如下。

① 接头或液压锁螺纹滑扣而漏油　液压锁和液压油管靠专用接头连接，由于拆装频繁，易导致接头和液压锁上的螺纹滑扣而漏油。螺纹损坏的另一个原因是，该锁仅仅靠和油管（钢制）连接而悬浮于支腿缸的一侧，并没有专门的固定装置，这样拆装时极易因固定效果差而拧坏油管或螺纹。

排除方法：可更换接头或采用密封带（生料带）缠绕接头以加强密封；如果锁内螺纹损坏，可采取加大螺纹的方法修复（但比较费事），也可采用将接头和锁焊接在一起的方法解决漏油问题。

② 阀芯与阀套接触面磨损造成封闭不严而泄油　使用中铝合金材质的阀芯和钢制的阀套（主要考虑有利于密封）因承受油压的反复作用，往往使较软的阀芯被磨损出现沟槽，导致相接触的密封面不平整而泄油。

排除方法：修磨阀芯与阀套的接触面，以保证其配合面全部密合。

③ 阀芯与阀套接触面被杂质垫起而泄油　若液压油的滤清效果差，较大的杂质颗粒或磨屑进入了阀芯与阀套的密封面，使该处被杂质垫起，导致密封失效而泄油。

排除方法：清洗支腿液压锁并加强油液的滤清工作。

④ 弹簧过软或折断而失灵　由于弹簧过软或折断，使阀芯不能紧密贴合于阀套上，从而导致泄油。

排除方法：更换弹簧。

⑤ O 形密封圈损坏导致漏油　该液压锁内共有 4 个 O 形圈：螺塞处的 O 形圈 12（型号

为 22×2.4、共 2 个）用以防止油液外漏；阀套上的 O 形圈 11（型号为 16×2.4、共 2 个）则用以防止油液在 A 与 A′和 B 与 B′间互相窜通。使用时，O 形圈 11 最易受到损坏而导致泄油，应引起重视。

排除方法：更换所有的 O 形圈。

⑥ 控制活塞杆弯曲变形导致泄油　控制活塞常处于较高压力下作往复移动顶推阀芯，这样有时会使其上两侧较细的杆部出现弯曲变形，致使顶推阀芯的效果变差，发生顶偏现象，还易破坏阀芯与阀套的配合面，使阀芯过早损坏。

排除方法：校正或更换弯曲的控制活塞杆。一般情况下，当活塞外圆对活塞杆轴线的全跳动超过 0.3mm 时就必须校正或更换。

⑦ 控制活塞与阀体配合间隙过大而泄油　由于控制活塞不断地作往复运动，使其与阀体中心孔间的配合间隙增大，最终导致过量泄油。

排除方法：一般情况下应更换总成。此活塞与阀体中心孔配合间隙应为 0.02～0.03mm，当间隙至 0.04mm 时就必须修复或更换。

（2）国产 W4-60C 型挖掘机的手动开关常见故障的诊断与维修

W4-60C 挖掘机在制动气路上并排设置了 3 个手动开关（又称手操纵气阀，见图 6-29），分别用来控制前桥接通、悬挂液压缸闭锁、机械作业时前后轮制动的动能。当挖掘机需要进行上述动作时，应分别向外扳动手柄 1（打开开关），气体即进入各汽缸而起作用；解除时，手柄复位即可。该手动开关左圈下方孔为进气口，右侧孔为出气口，左上方为排气口。

在实际使用中，由于频繁动作该开关易出现以下故障。

[故障现象1]

进气口及出气口立角管接头螺纹滑扣。

故障诊断与排除

安装气管时由于封闭不严导致漏气，是该开关较常见的一种故障。这时，可使用密封带先缠绕接头后再拧紧，也可拆下损坏的接头换新件。

[故障现象2]

进气口处下支架 8、垫圈 5 和弹簧 7 锈蚀，致使运动时发卡。

故障诊断与排除

由于气体中常含有水分及杂质，水分、杂质若黏附于支架、垫圈和弹簧等处，易引起生锈发卡、运动不灵活。这时，做除锈处理即可。

[故障现象3]

密封圈 6 和阀杆 3 之间的间隙增大，导致漏气。

故障诊断与排除

当手动开关处于不工作位置（关闭）时，如气体自进气口向出气口漏气，则为进气口处两个

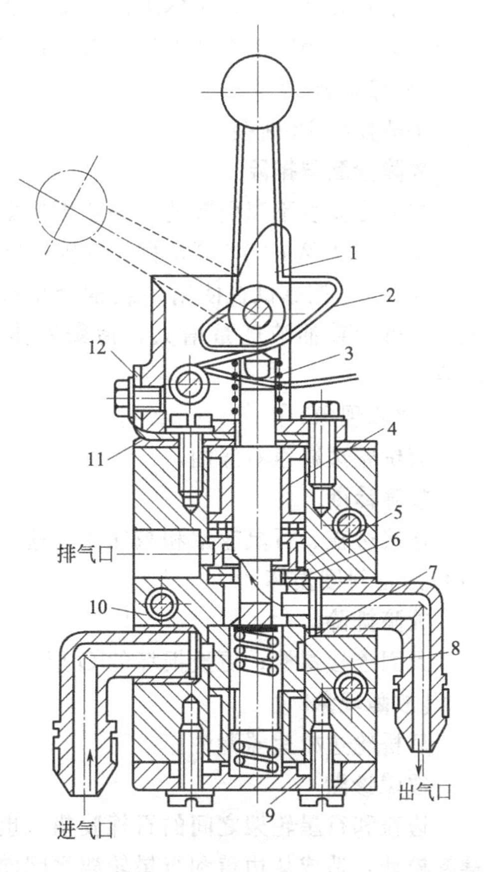

图 6-29　手操纵气阀

1—手柄；2—铰支架；3—阀杆；4—上支架；5—垫圈；6—密封圈；7—弹簧；8—下支架；9—底板；10—阀体；11—盖板；12—托板

密封圈密封不严；如由进气口直接向排气口漏气，则为上、下支架处密封圈均密封不良。如手动开关处于工作位置（打开开关）时漏气，即出气口向排气口漏气，则为排气口（上支架4）的两个垫圈密封不良。此时，只需研磨或更换垫圈即可排除故障。

［**故障现象4**］

阀杆在支架内运动时发卡。

故障诊断与排除

由于阀内脏污、垫圈安装不平和弹簧弹性弱等，使阀杆上下运动不灵活，致使进气及排气迟缓，解除工作状态的动作缓慢甚至不彻底。这时，应清洗阀体、调整或更换弹簧。

［**故障现象5**］

开关手柄折断。

故障诊断与排除

使用时若用力不当，会使手柄1折断。手柄折断后一般须更换，如果没有配件，可用胶粘接，有人曾用“二合一”胶粘接过几个折断的手柄，使用效果很好。

［**故障现象6**］

铰支架磨漏。

故障诊断与排除

由于频繁开、关，手柄下凸起部位和铰支架2相互摩擦，导致铰支架磨漏。铰支架一般无处购买，可用厚度合适的钢皮自制代用，效果不错。

［**故障现象7**］

手柄托板12断裂。

故障诊断与排除

主要是安装不当引起的，一般更换新件。

(3) 国产W4-60C型挖掘机的轮边减速器常见故障的诊断与排除

W4-60C挖掘机在使用中经常会出现前、后桥轮边减速器漏油的情况，此故障看似不大，但可导致油液耗量增大，污染机体，如不及时修理和添加油液，易使机件出现缺油事故。

［**故障现象1**］

前桥轮边减速器漏油。

故障诊断

连接边盖、行星轮架和减速器壳这三者的6只螺栓松动或者折断；边盖和行星轮架之间的O形密封圈损坏。

故障排除

紧固连接螺栓；更换损坏的O形密封圈。

［**故障现象2**］

后桥轮边减速器漏油。

故障诊断

边盖和行星轮架之间的石棉胶垫（也有用白纸或青稞纸制作的）损坏或6只内六角连接螺栓松动，造成从边盖和行星轮架之间向外漏油；连接行星轮架和轮边减速器壳体的6只连接螺栓松动或折断，因这6只螺栓承受较大转矩，一旦其上锁片未锁紧，就会导致在行星轮架及壳体之间的密封处向外漏油，若螺栓松动后未及时紧固，极易造成这6只螺栓在传递力的过程中被剪断，最终导致整个行星轮架（包括太阳轮、行星轮、半轴和边盖）与轮壳分离、掉下，从而使半轴及齿轮损坏。

故障排除

更换边盖和行星轮架之间的受损垫片，检查、紧固其上的 6 只内六角螺栓；行星轮边减速器壳体间的连接螺栓松动的主要原因是锁片损坏，因此锁片损坏后要及时修复或更换，或者在螺钉头上钻一小孔，而后用铁丝将相邻两只螺钉穿起来拧紧。如果个别螺钉折断，必须用凿子将其剔出或者用手电钻钻出，并换新件，防止因缺少螺钉而受力不均，造成其余螺钉折断。另外，必须选用有足够强度的锁紧螺钉，以免被拧断或损坏。

(4) 国产 W4-60C 型挖掘机转台异响故障的诊断与排除

[故障现象]

一台 W4-60C 型挖掘机施工作业中，回转平台向右回转后，停止转动时，出现回转平台自动滑行，不能定位，并伴随着“咔吱、咔吱”的异常响声。如果在有坡度的工地上作业时，故障现象更为明显，除此之外，挖掘机的其他工作状况正常。

故障诊断

从故障现象及发现响声的部位可判断引发该故障的原因有两个，一是回转机构有故障，二是液压回路的故障。回转机构包括回转减速器和回转支承两部分。仅从发生的“咔吱、咔吱”的异常响声分析，首先想到的是机械部分发出，似乎是机件损坏造成了该响声，像是回转支承中轴承的钢球破碎或回转减速器中的齿轮破损，在其转动中发出的异常声音。但实际上异常响声仅在回转平台向右回转后，在停止转动时出现，所以可断定“咔吱”、“咔吱”的异常响声不是回转机构某一部件损坏引起的，即回转机构各部件没有损坏。

控制液压马达的液压回路如图 6-30 所示，该回路是 W4-60C 挖掘机工作装置液压系统的一部分。控制液压马达的液压回路主要由回转液压马达、缓冲限压阀、马达操纵阀组成。回转液压马达采用斜盘轴向柱塞式结构，当回转液压马达的某个运动零件损坏时，有时也会发出“咔吱”、“咔吱”的响声。假若液压马达损坏，其异常响声在回转平台左、右转动及停止时都应出现，因此该故障也不是液压马达引发的。W4-60C 挖掘机工作装置液压系统采用的是多路换向阀，该阀组共有 9 片，马达操纵阀是其中的一片阀，用来控制液压马达转向。如果液压马达操纵阀磨损严重或换向不到位，会造成挖掘机回转平台转动时启动无力，制动时又停不住的现象，但停转时不会出现“咔吱”、“咔吱”的异常响声，所以可断定该故障不

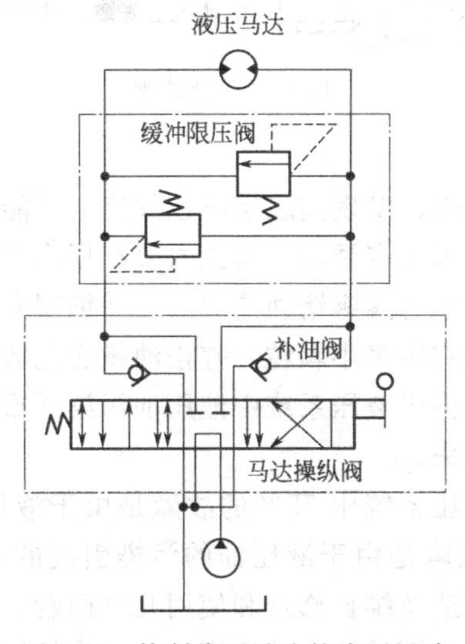

图 6-30　控制液压马达的液压回路

是液压马达操纵阀引发的。缓冲限压阀有两个装在一个阀体内，其结构采用差压直动型的溢流阀，主要功能是启动液压马达时，保证液压马达启动转矩，其调整压力是 9.8MPa；当制动液压马达时，另一缓冲限压阀保证其制动转矩，迫使液压马达迅速停止转动，其调整压力也是 9.8MPa，同时与液压马达进口相通的补油阀为其补油。假若缓冲限压阀出现漏油、失压的故障，会使挖掘机回转平台转动时出现启动无力、制动无力的现象，但不会出现“咔吱”、“咔吱”明显的响声，因此可以断定缓冲限压阀没有损坏。实际检测缓冲限压阀的压力值为 9.82MPa，证实缓冲限压阀工作正常。

补油阀如图 6-31 所示，其结构实际上是单向阀，由阀体与阀芯（钢球）组成，共有两个，分别装在马达操纵阀体的两端。其作用是防止液压马达腔出现真空，即当液压马达腔出现真空时，通过该阀将油箱的油引入到液压马达的真空腔。具体工作过程是在停止回转平台回转时，需将马达操纵阀置于中立位置，此时由于回转平台的惯性作用，带动减速机构推动液压马达继续转过一定的角度，液压马达变成了泵的功能，液压马达出油腔的油须打开缓冲限压阀进入液压马达的进油腔，但由于液压马达、马达操纵阀等有泄漏，液压马达出油腔的油不可能全部进入液压马达进油腔，造成液压马达进油不足，使液压马达进油腔出现了真空，此时补油阀可为液压马达进油腔补充液压油，从而防止该腔出现真空。如果补油阀出现内漏的故障，挖掘机回转平台转动中会出现运动缓慢或无法转动的现象。如果补油阀出现阻塞或打不开的现象，会使减速器中的齿轮出现“咔吱”、“咔吱”的打齿异常声音，因为补油阀阻塞后，在停止液压马达转动时，不能为液压马达补油，液压马达进油腔出现真空，使液压马达制动过程中减速不均匀，从而使减速器中的齿轮出现“咔吱”、“咔吱”的打齿异常声响。齿轮的异常声响又干扰了操作手，造成操作手有一种制动不住、制动不到位的错位感觉，所以最终认为该挖掘机回转平台异常响声的故障是因补油阀阻塞造成的。

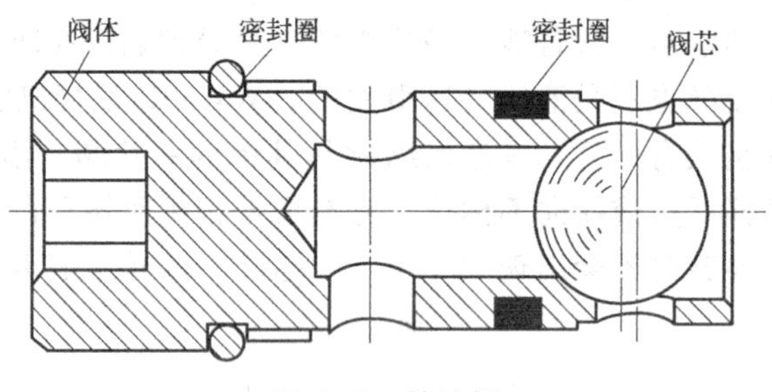

图 6-31　补油阀

故障排除

从马达操纵阀上拧下补油阀，发现阀芯挤压在阀座上不能活动，用力磕了几下才将阀芯磕出。检查补油阀发现阀座及阀芯有锈蚀，阀孔内壁有划伤痕迹，显然阀芯不能活动的原因是阀芯被杂质卡在阀孔中及阀芯与阀座锈蚀造成的，仔细观察主要是被杂物卡住。观察从该补油阀处流出的液压油，发现有许多小颗粒，拧松油箱底壳放油螺塞流出的油中明显含有水泡，所以该故障的最终原因是由于液压系统中液压油污染严重造成的。更换液压油和补油阀后机械工作正常、故障现象消失。

据国外有关资料介绍，液压系统中 75%的故障是由于液压油的污染造成的。凭实际经验至少 85%以上的液压系统故障是由于液压油的污染引起的，污染造成的损失是正常损失的几倍甚至更多。从设计、制造及维护修理和使用几方面看，污染源主要来源于维护修理和使用不当，因此加强液压系统使用维护中的液压油的污染控制很有必要。

6.6 压路机故障诊断与维修

6.6.1 YZC10型振动压路机液压系统故障的诊断与维修

YZC10 型振动压路机的液压系统分为四个部分，即液压驱动系统、液压振动系统、液压转向系统和液压制动系统。它们之间既各自独立，又互有联系。

(1) 液压驱动系统

图 6-32 为其液压原理。

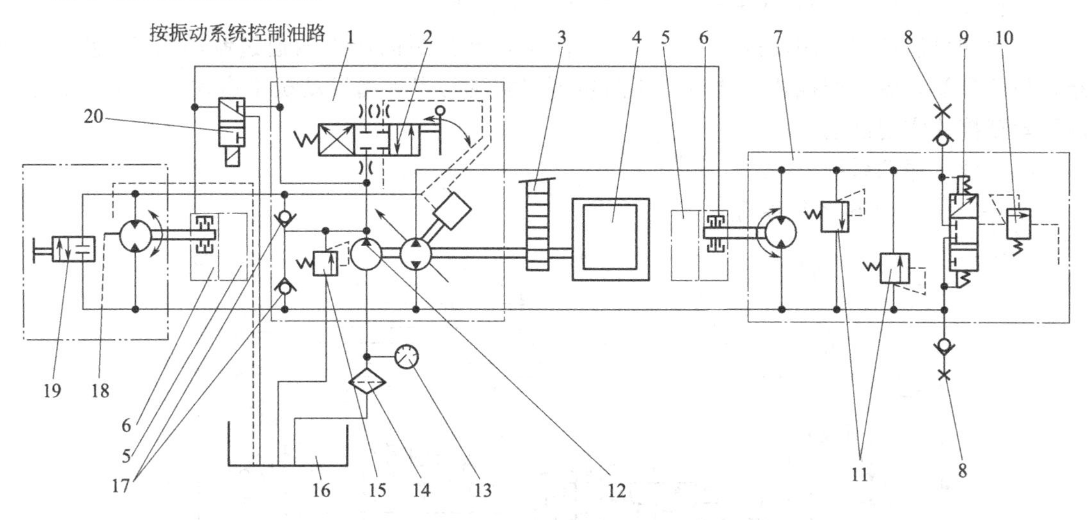

图 6-32 液压驱动和液压制动系统

1—驱动泵总成；2—换向伺服阀；3—分动箱；4—发动机；5—轮边减速器；6—液压盘式制动器；7—前驱动马达总成；8—驱动压力测压接头；9—梭形阀；10—泄油阀；11—溢流阀；12—补油泵；13—吸油真空表；14—吸油滤清器；15—限压阀；16—油箱；17—补油单向阀；18—后驱动马达总成；19—驱动系统旁通阀；20—制动阀

驱动系统是由 DEUTZ F6L912 风冷柴油机通过分动箱的传动，带动驱动泵及其补油泵来实现的。

驱动泵总成 1 有一套伺服系统来进行倒顺换向控制。通过换向杆的控制，补油泵 12 通过伺服阀 2 给伺服系统供油。

补油泵 12 也通过两个补油单向阀 17 给主回路补油，补油压力为 1.8MPa，由补油限压阀 15 控制。

补油泵的第三个作用，是通过制动阀 20 来脱开装在轮边减速器 5 即驱动马达 7 和 18 上的制动器 6 的摩擦片。

补油泵的第四个作用，是给图 6-33 上的振动阀 29 的电磁阀 28 供油，来控制振动阀 29 的动作。驱动系统的压力由安装在前驱动马达 7 上的两个溢流阀 11 控制，最大压力为 35MPa，该压力也控制了驱动马达的最大输出转矩。

前驱动马达总成 7 上还有一个自动调节的梭形阀 9，使低压回路中多余的油通过泄油阀 10 流回油箱进行冷却。该阀开启压力为 1.6MPa，比补油泵 12 的补油压力低 0.2MPa。后驱动马达总成 18 上有一个旁通阀 19，使机器被拖行时将马达的高压腔与低压腔接通，以保护系统。

在补油泵 12 的进油路上安装有一个精度为 10μm 的吸油滤清器 14，过滤器上还装有真空表 13，可以随时知道吸油真空度。当表针进入红色区域或超过－0.03MPa 时，表明过滤器已堵塞，须及时更换新的过滤器。

前驱动马达总成 7 上有两个测压接头 8，用于测量驱动系统压力。

（2）液压制动系统

如图 6-32 所示，一般情况下，压路机用换向杆制动，即静液制动，也就是工作制动。这时制动器不工作，始终是脱开的，由于换向杆处于中位时，驱动系统变量柱塞泵斜盘角度为 0，没有油进入主回路，压路机在惯性作用下停车。当进行停车制动和紧急制动时，利用制动按钮切断制动阀 20 的电路，这时补油泵 12 的压力油不能进入制动器 6，制动器 6 的管路与油箱 16 相通，靠弹簧压紧摩擦片，从而实现制动。

在发动机启动并且制动按钮不作用的情况下，补油泵的压力油通过制动阀 20 进入制动器，顶开弹簧，脱开摩擦片。此时，压路机可以实现行走。当发动机不启动时，制动器靠弹簧压紧摩擦片实现制动。

（3）液压振动系统

图 6-33 为其液压系统原理。

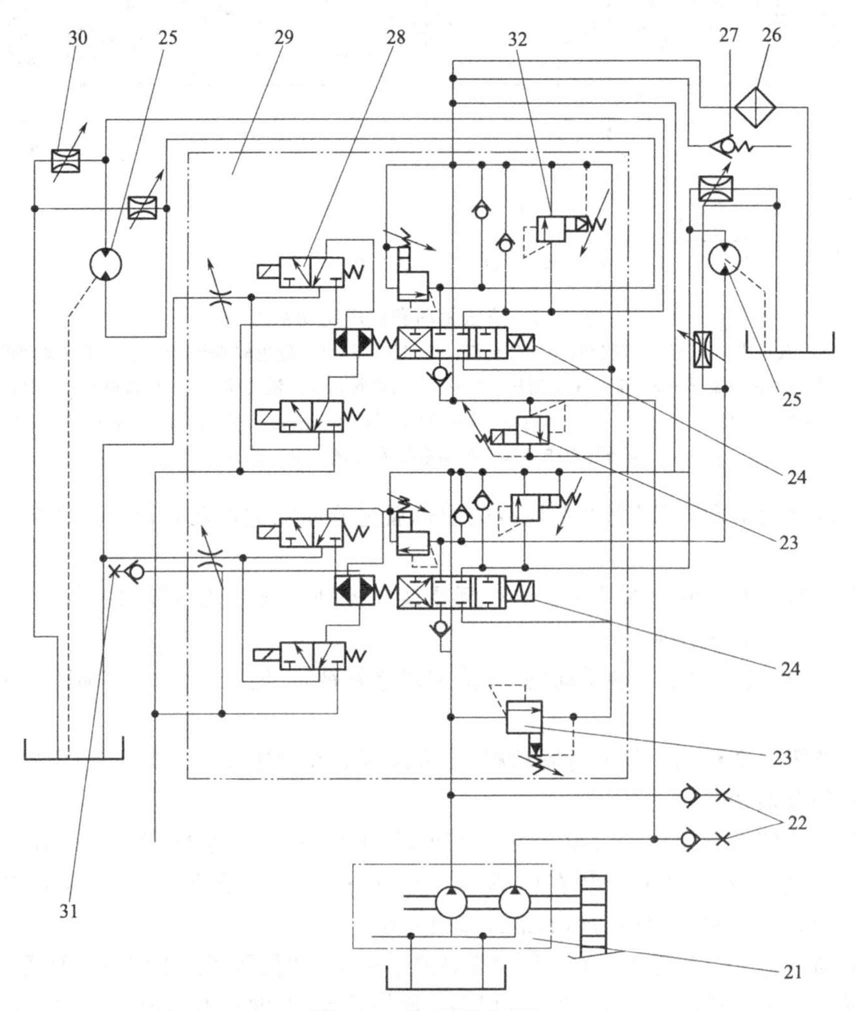

图 6-33　液压振动系统

21—振动转向泵；22—振动压力测压接头；23、32—溢流阀；24—换向阀；25—振动马达；26—液压油冷却器；27—回油单向阀；28—电磁阀；29—振动阀；30—调频节流阀；31—补油泵补油压力测压接头

振动系统也是通过分动箱 3 的传动实现的。三联齿轮泵中的两联（另一联用于转向），分别给前后两个独立的振动系统提供压力油，前后两个振动系统只有回油用同一回路，这样可以选择单轮振动或双轮振动，以及高振幅或低振幅。

从振动阀到油箱的回油路中，设有冷却器 26 以及单向阀 27，使回油路保持 0.4MPa 的背压。当刚刚启动时，液压油温度低、黏度高、阻力大或冷却器堵塞时，单向阀打开，使回油畅通。当然此时系统会过热，应及时停车检修。

振动系统压力为 17.5MPa，由溢流阀 23 控制，通过振动阀 29 的换向，可以实现高低振幅。

振动阀 29 上有测压接头 22，用于测量振动系统的压力，还有一个测压接头 31，用于测量驱动泵补油泵的补油压力。

在振动马达的油路上设有节流阀 30，通过调节它，可以使振动频率在 40～48Hz 范围内任意调整。

此外，振动马达回路上还有溢流阀 32，开启压力为 18.5MPa。当振动关掉时，由于偏心轴的惯性继续转动，这时马达变成了泵，往回泵油，而振动阀已截止，因而油路中压力剧增，此时，溢流阀 32 打开，将油放回油箱，以保护系统。转换振幅时，溢流阀 32 也起同样作用。

（4）液压转向系统

图 6-34 为其原理。

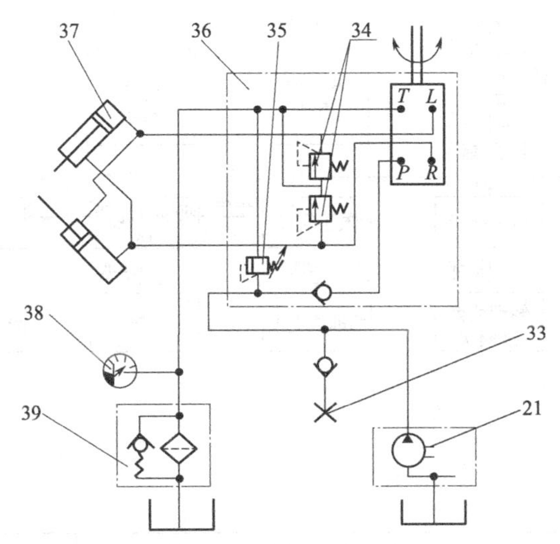

图 6-34　液压转向系统

33—转向压力测压接头；34—限压阀；35—溢流阀；36—液压转向器总成；
37—转向液压缸；38—回油压力表；39—回油过滤器

转向系统工作压力为 14MPa，由转向器 36 上的溢流阀 35 控制。当压路机轮子遭受大的冲击时，反作用于转向系统，为避免转向液压缸 37 及油管内压力剧增，特设有限压阀 34，将压力限定在 20MPa 以内。

在回路上，还安装有一个带旁通阀的精度为 10μm 的回油过滤器 39，旁通阀开启压力为 0.13MPa，使转向回油保持一定的背压，增加转向手感。同时，过滤器上还装有压力表 38，当指针超过 0.13MPa 时表明过滤器堵塞，应及时更换。

另外，转向系统还有一个测压接头 33，用于测量转向系统的压力。

[故障现象]

液压系统的故障一般表现为过滤器堵塞、阀芯卡死、元件过度磨损等，使系统工作速度减慢，力度减小直到不能工作，而且随着工作时间的延长，故障率和严重程度会逐步增大。这些故障，对于振动压路机而言，则主要表现为驱动系统行走无力或者根本就不能行走，振动系统振动频率低或不振动，以及系统过热等现象，直接影响压路机的正常工作。因此，一旦发现液压系统有故障，不论大小，都应立即停止工作，查找原因，并加以排除。如果带“病”作业，往往是非常容易排除的故障，很快发展成大的难以排除的故障，最终导致整个液压系统不能正常工作，甚至报废，造成无法弥补的巨大损失。

故障诊断与排除

① 换向杆中位难找或找不到

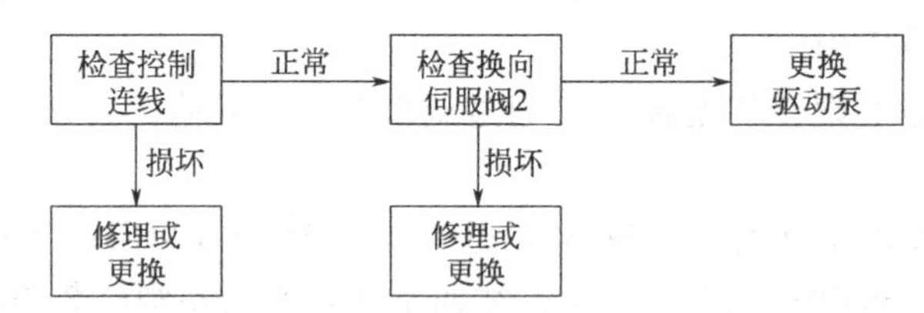

② 驱动系统响应迟缓

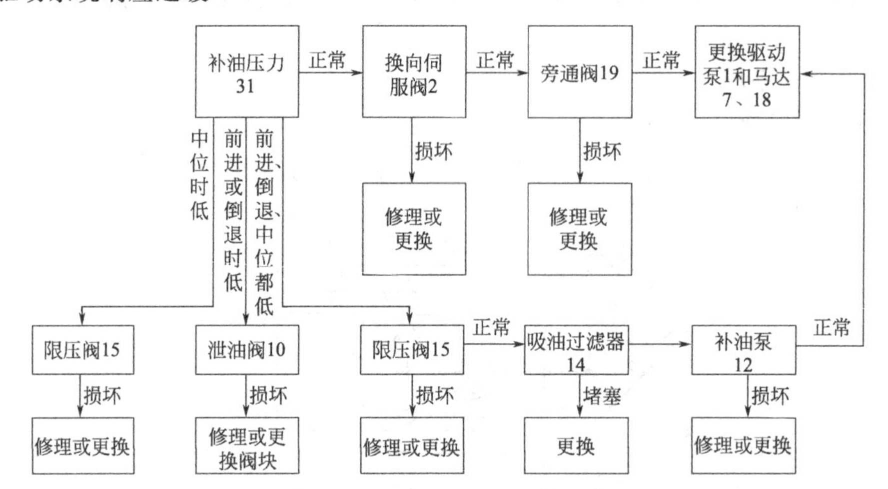

③ 行走无力

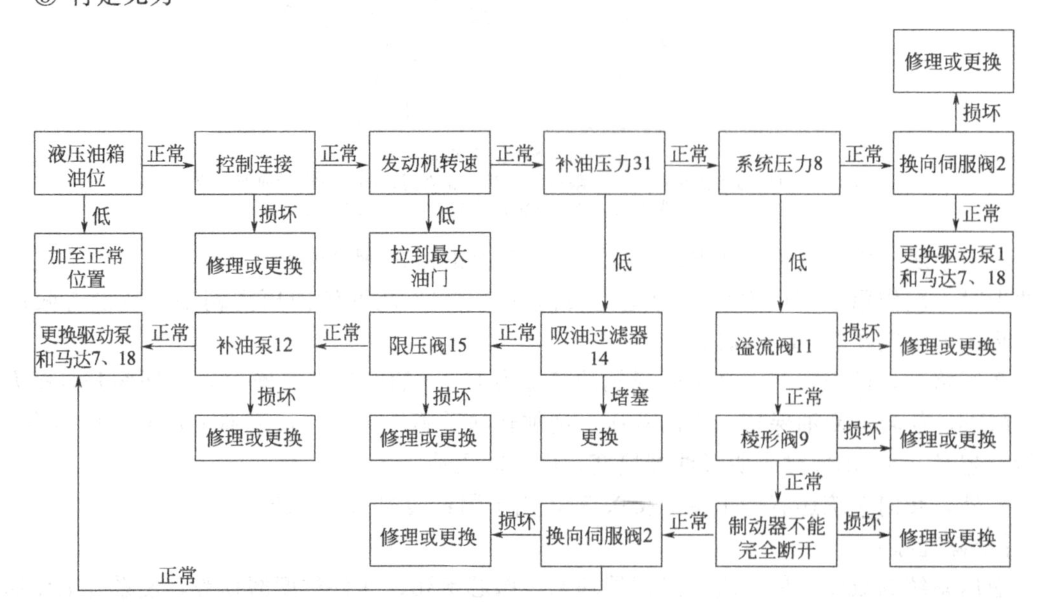

④ 前进、后退都不能行走

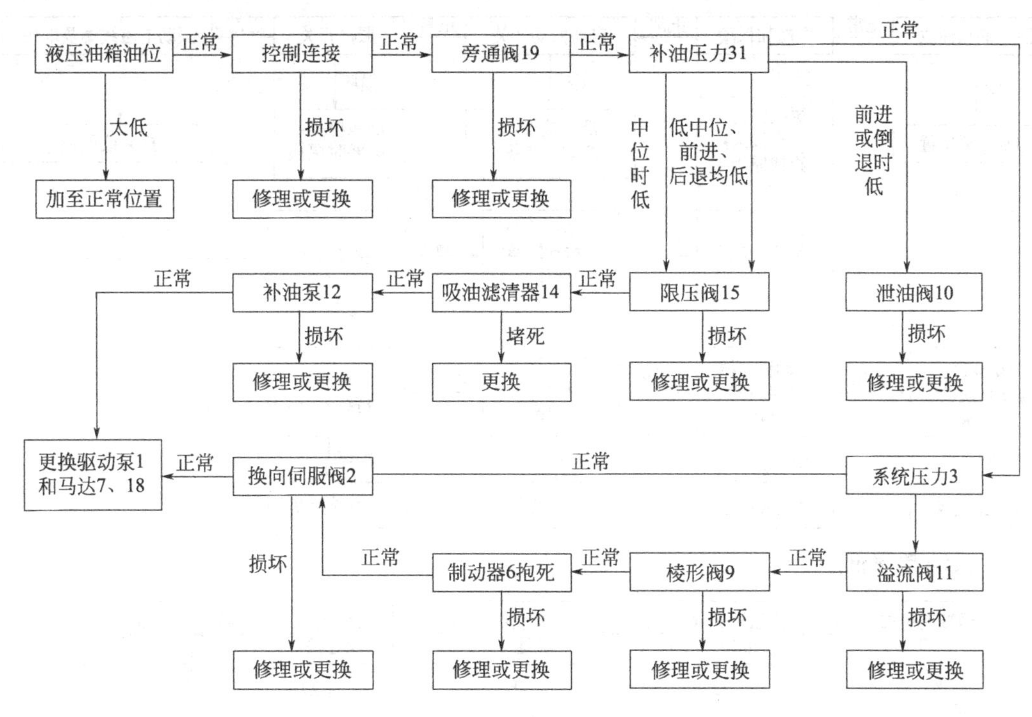

⑤ 左右没有转向

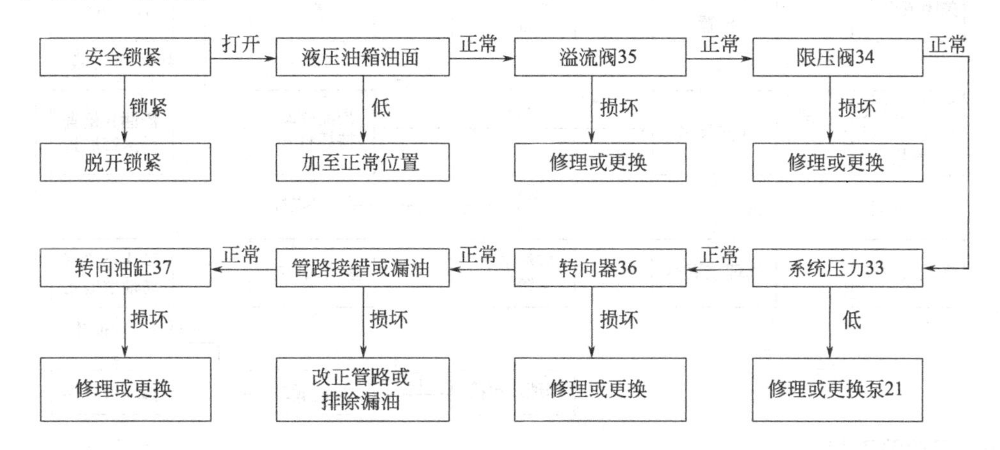

⑥ 系统过热

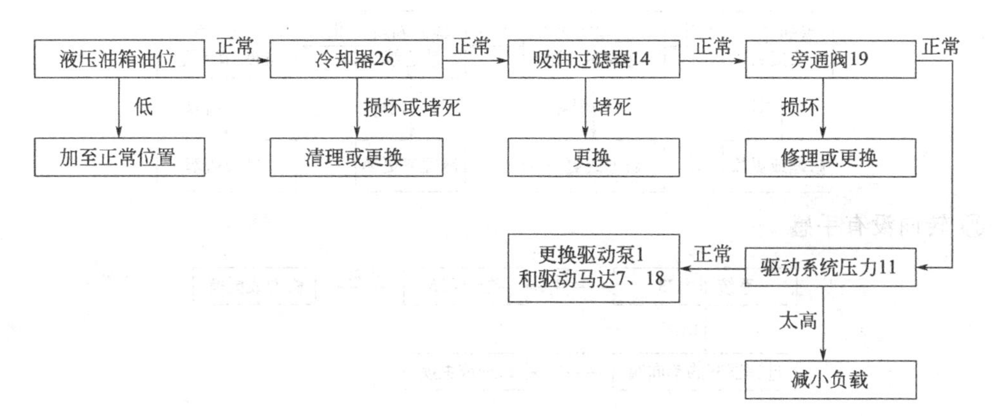

⑦ 无振动

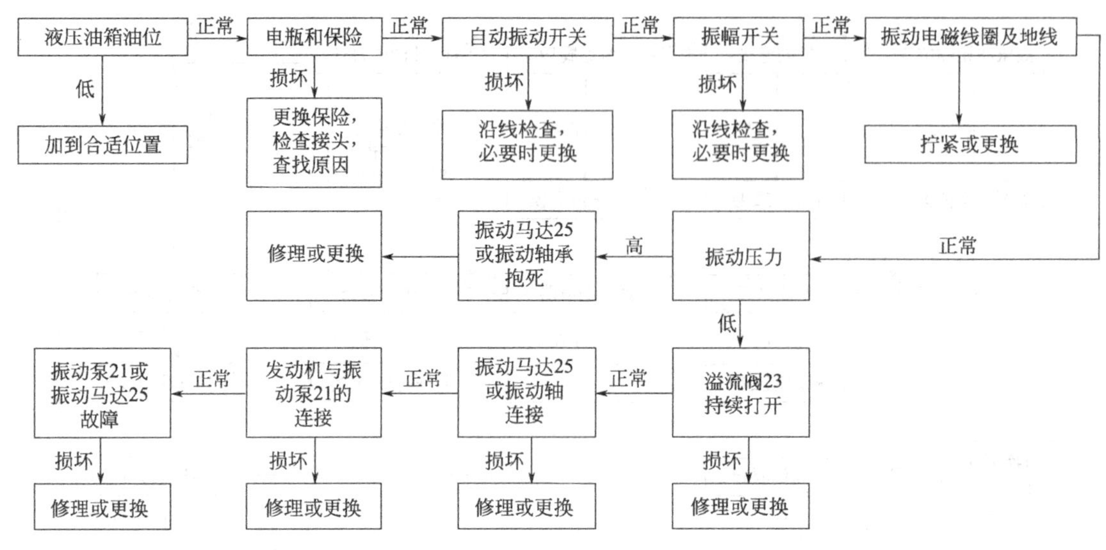

⑧ 振动频率低

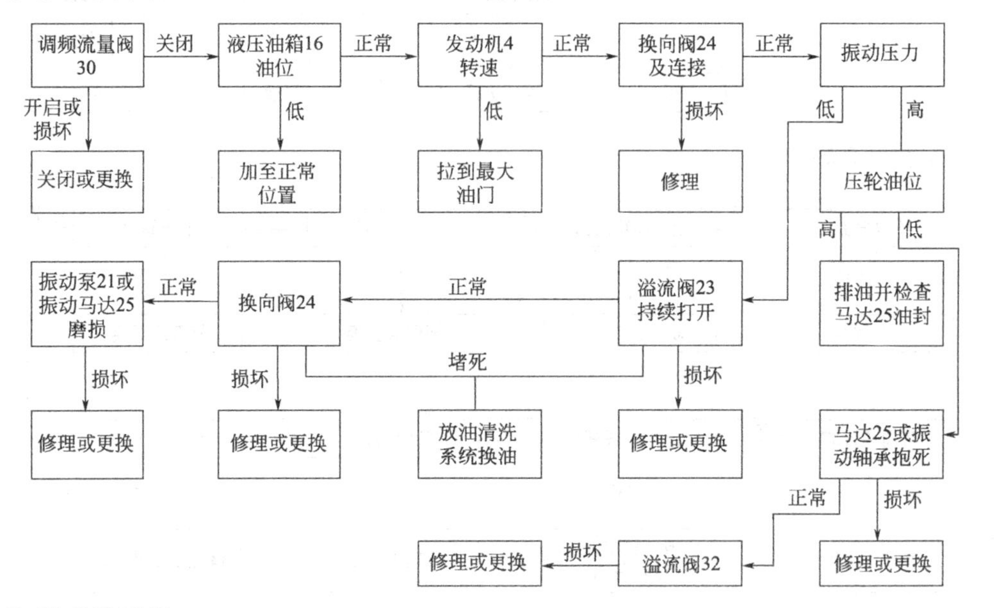

⑨ 振动关不掉

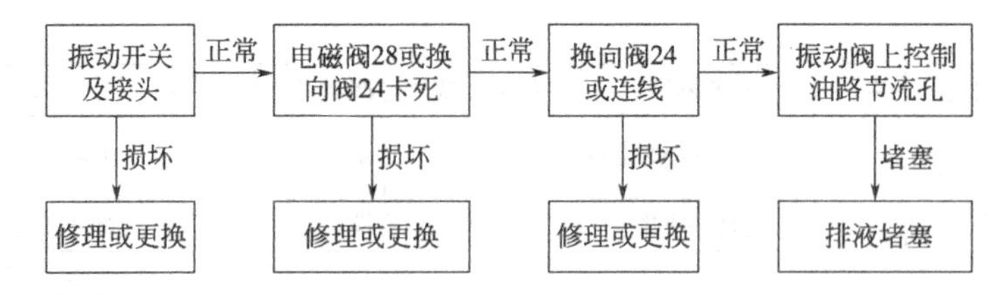

⑩ 转向没有手感

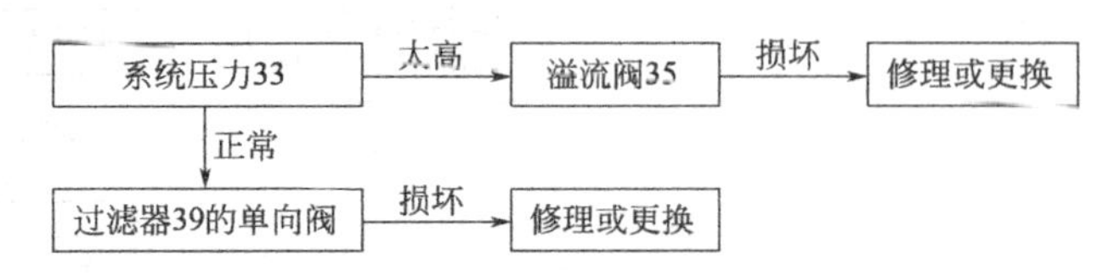

⑪ 只能单向行走

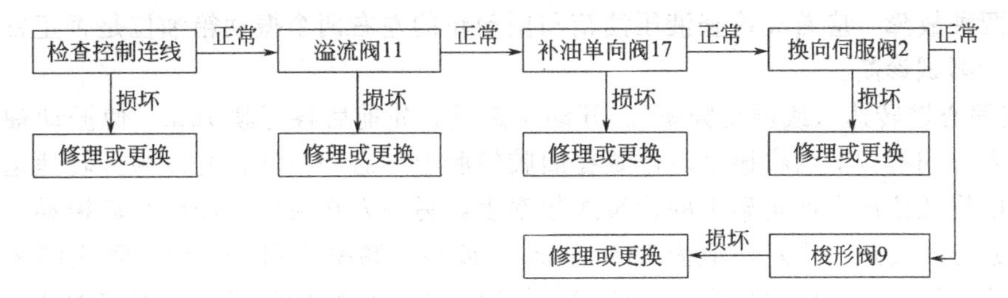

⑫ 单方向有转向

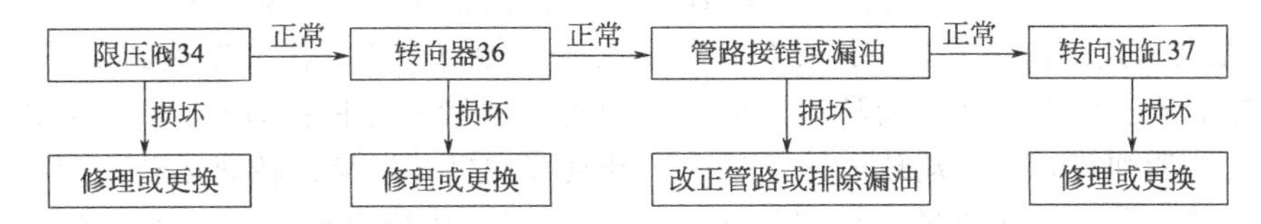

⑬ 换向沉重

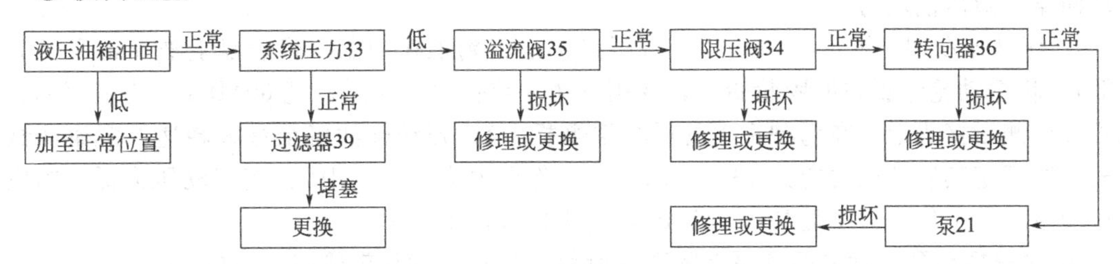

6.6.2　YZ14GD型振动压路机振动系统故障的诊断与维修

振动压路机以其有效的压实性能，在生产中得到了广泛的应用。但随之出现的振动系统故障也给机器的诊断与维修增添了麻烦，下面介绍一下 YZ14GD 型振动压路机振动系统故障的诊断方法。

YZ14GD 型振动压路机示意图见图 6-35。

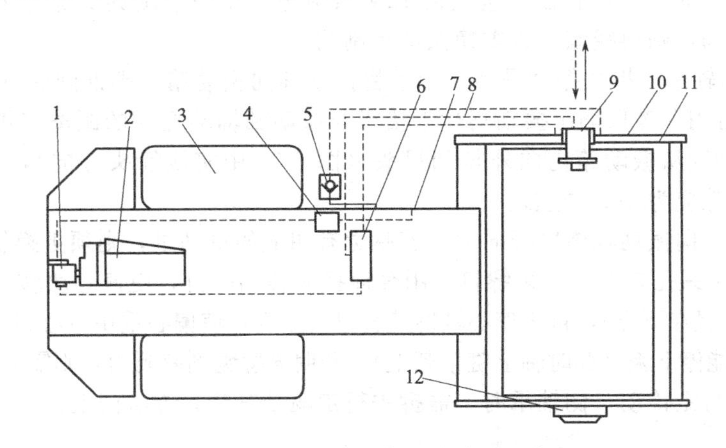

图 6-35　YZ14GD 型振动压路机示意图

1—振动泵；2—柴油机；3—轮胎；4—振动控制阀；5—单向阀；6—油箱；7—振动测压口；8—马达泄油管；9—振动马达；10—前车架；11—振动轮；12—行走驱动马达

[故障现象]

接通开关后振动系统不产生振动或振动轴转速过低（或扳动乏力）。

故障诊断与排除

对此两种故障，应首先检查液压油箱和振动轮的左右两个振动箱油位是否正常，再按下面步骤进行测试诊断。

① 查偏心轴转速（或振动频率）。开动压路机，先前后各行驶10m，使振动轴承箱内的油封得到充分润滑，然后将振动轮停置在旧胶轮胎上，启动柴油机并以最大转速运转。由一人用手掌始终托住放在前机架上的舌簧式频率表，另一人在极短时间内开启振动。根据频率表可测得偏心轴转速（规定值应为1860r/min，或振动频率达到31Hz）。若表的读数低于此规定值，此时可利用驾驶室操纵台上的柴油机速率表，即将柴油机转速调整到2500r/min的额定转速，若柴油机转速已能达到额定转速，则应去查振动马达的漏油率。

② 查振动马达的漏油率。将压路机运转到工作油温（即液压油温度达到50℃），再将振动轮停置在旧胶轮胎上，从振动马达上拆下泄油管（用堵头封住接口）。取一测量用的软管接到振动马达泄油口，另一端放入计量桶内。开动柴油机并以最大转速运转，同时开启振动系统观察，其每分钟的漏油量不得超过2.5L。若超过，则应拆修马达；若未超过，则应测振动回路的液压油压力。

③ 测试振动回路液压油的压力。将压路机运转到工作油温（仪表盘上液压油温度升至50℃），将振动轮停置在旧胶轮胎上，并用三角块垫住驱动轮胎。把60MPa压力表用的测试软管接到测压接头上（在驾驶室下的后车架侧板上），开动柴油机至最大转速，观察测试压力表，按规定其启动压力应为19～21MPa，工作压力为8～11MPa。若启动压力低，则应检查振动泵。若工作压力明显高于11MPa，则应检查振动轴承。

④ 检查振动泵。拆去振动泵上的高压软管（用堵头封住软管口），将测试接头和60MPa压力表连接到振动泵高压口上，再把柴油机油门拉杆置于“停熄”位置，用启动马达带动柴油机曲轴运转（切不可启动柴油机，否则会损坏振动泵）。若压力小于规定值10MPa，则应更换振动泵，若压力已达到规定值，则应检查振动控制阀。

⑤ 检查振动控制阀。松开电线接头螺钉，接通振动开关，插座上触点应该有电。若无电，应查找电路系统故障，然后查电磁线圈。取出座套，松开电磁线圈上的螺母，将线圈连同电线和插座一并取下，然后在插座上接12V直流电，用一字旋具试探一下磁场是否已建立起来，若无磁场，则换线圈，否则换振动控制阀。

⑥ 检查振动轴承。拆去振动马达，用手将振动轴向振动箱一端推到底（如图6-35中虚线箭头方向），再用深度尺测出振动马达承接板与振动轴轴端之间的距离（即振动轴承的轴向间隙）。将振动轴从振动箱内向外拉到尽头（图6-35中实线箭头方向），同样测其距离，正常时此轴向间隙应为1mm左右。

用一根撬棒，向振动轴施以径向力，若感觉有明显的窜动量，则须更换轴承。

给振动轴轴端螺孔装上一六角螺钉，用套筒扳手转动螺钉，使偏心块转到轴的上方位置（此时轴上键槽位置在下方），再将偏心轴继续转过一角度，使偏心重块重心自由落下。偏心轴在摆动数次后应能停下来（此时轴上键槽朝上）。若明显感觉到有阻力，则需要换振动轴承。

检查振动轮行走传动一侧轴承时，需拆去行走驱动马达，方法同上。

6.7 摊铺机故障诊断与维修

6.7.1 Super1800型摊铺机自动调平系统故障的诊断与维修

福格勒Super1800是具有电液自动调平系统的大型履带式摊铺机，摊铺宽度3～8.5m

（液压油缸伸缩式熨平板），最大摊铺厚度 30cm，适用于高等级公路碎石基层、沥青混凝土路面的摊铺。

自动调平系统是现代摊铺机的重要标志之一，对摊铺机的性能及摊铺的路面质量起着至关重要的作用。福格勒 Super1800 摊铺机的自动调平系统（图 6-36）主要由纵坡传感器、横坡传感器和横坡设定控制器、总控制器，以及左右两侧的电磁阀及调平液压缸组成。

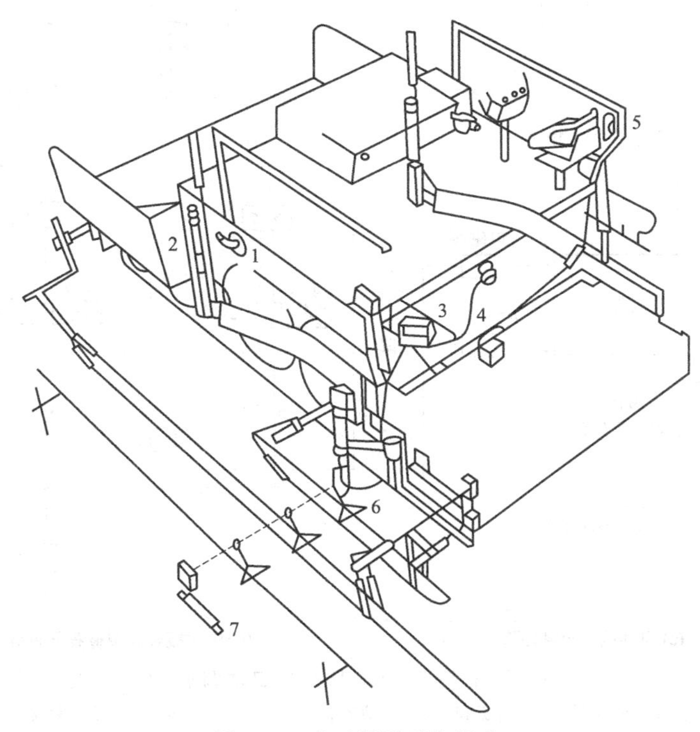

图 6-36　自动调平系统组成

1—电磁阀；2—调平液压缸；3—总控制器；4—横坡传感器；5—横坡设定控制器；
6—带 T 形跟踪臂的纵坡传感器；7—带滑靴的纵坡传感器

（1）工作原理

① 纵向坡度控制　摊铺机在进行纵向坡度控制时，由纵坡传感器跟踪摇臂在外部基准线上滑动，采集实际地面与理想基准面的偏差，并将其变为电信号送至总控制器，经过总控制器放大处理后，输出校正电信号至同侧电磁阀，控制调平液压油缸的升降运动，带动牵引臂拉点上下运动，改变熨平板的摊铺仰角，控制摊铺层厚度，从而使摊铺面的高程符合设计要求，实现纵坡的自动调平。

② 横向坡度控制　横坡的自动调平由安装在横跨摊铺机左、右牵引臂的横梁上的重力导向式传感器（即横坡传感器）根据其重块相对于铅垂线的偏摆量来测知横坡的偏离情况。横坡传感器将采集到的摊铺面的实际横坡转变成电信号送至总控制器，经总控制器与横坡的设定值比较，放大、处理后，将校正电信号发送至与相对于纵坡传感器一侧的电磁阀，控制该侧调平液压缸的升降，从而控制此侧的摊铺厚度，使摊铺面的横坡保持在设定值。

在实际使用中，当摊铺宽度较大（>6m）时，横坡控制存在着较大的误差，这时可用另一纵坡传感器取代横坡传感器及横坡设定控制器，即摊铺机两侧都通过纵坡传感器控制，此时必须设置两条纵向基准线。

③ 自动调平控制环路　福格勒 Super1800 的自动调平系统控制环路见图 6-37(a)。摊铺机有两个独立的控制环路，分别控制左右两边的熨平板，工作时总控制器不停地将即时的实际值与设定值作比较，如果两者之间存在偏差，总控制器将由一系列独立的脉冲电信号组成的校正信号发送至电磁阀，通过电磁阀一小步一小步地控制调平液压缸的升降，引导熨平板回到设定位置。

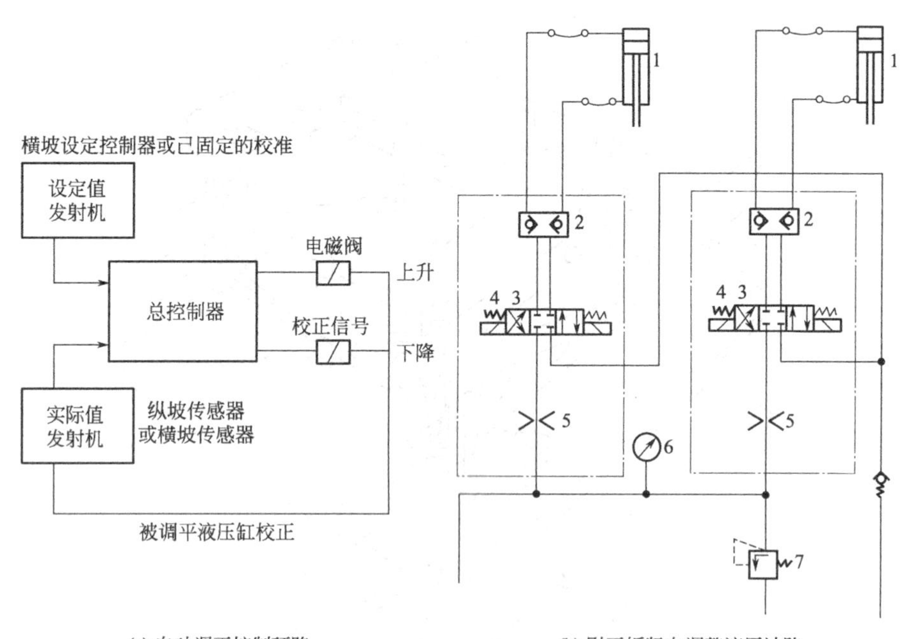

(a) 自动调平控制环路　　(b) 熨平板竖向调整液压油路

图 6-37　福格勒 Super1800 的自动调平系统

1—调平液压缸；2—液压锁；3—电磁阀；4—手动紧急制动；5—节流阀；6—压力表接头；7—溢流阀

脉冲电信号的接通时间与实际值和设定值之间的偏差大小成比例，差值大时，接通时间变长，调平液压缸的校正速度将加快，反之，则接通时间变短，调平液压缸的校正速度减慢。当实际值与设定值的偏差值增大至一定程度时，校正脉冲电信号将变成连续接通的电信号，调平液压缸的校正速度也就达到快速连续地上升或下降。

④ 自动调平液压控制系统　福格勒 Super1800 摊铺机的自动调平液压控制系统［图 6-37(b)］的进油路上设置有节流孔与定压溢流阀，这种定压式主油路节流阀调速回路可保证调平液压缸的动作速度在同样的校正信号控制下保持稳定。液压锁的设置，可使调平液压缸在任何位置上能稳定定位，防止因泄漏引起窜动。

(2) 故障实例与分析

当自动调平系统出现故障时，根据故障发生在一侧还是同时在两侧，可大致判明故障点的部位。只是一侧发生故障时，可排除两侧的公共部分故障的可能性，然后再根据情况应用对换法帮助判明具体的故障部位。

[故障现象1]

在摊铺沥青混凝土时，机器在开始作业后的 100m 左右工作正常，之后在总控制器的红色发光二极管亮时，调平液压缸偶尔不动作，左右两侧并不一定同时出现这种现象，之后上述现象越来越频繁，直到两边自动调平液压缸完全不能动作，自动调平系统完全失效，手动调平也不起作用。

故障诊断与排除

检查自动调平系统与手动调平系统的公共部分，测量自动调平系统压力3MPa，正常，排除液压系统压力不够的可能。观察控制调平液压缸的电磁阀，在总控制器发光二极管显示有校正电信号发出或手动发出控制调平液压缸的电信号时，电磁阀相应方向的发光二极管发光，说明校正电信号已被送至电磁阀，但用手摸电磁阀感觉不到阀芯的动作。测试调平液压缸内的压力，结果显示在电磁阀应该向调平液压缸提供压力油时，并无压力油进入调平液压缸。检查电磁阀的输入电压，正常，测量电磁阀的线圈电阻，正常，因此判断故障原因为电磁阀阀芯卡死。将两边的电磁阀拆出，将阀体、阀芯稍加磨光，清洗后装回，重新工作，故障消失。

故障原因分析

由于该机器较长时间没有工作，而且液压油清洁度不够，致使电磁阀阀芯卡死。此外，机器在工作一段时间后整机温度升高，电磁阀由于受热膨胀，也会使阀芯的滑动越来越困难，直至完全卡死。

[**故障现象2**]

在调节自动调平系统时（两侧均使用纵坡传感器），无论怎样调整纵坡传感器的高低，总控制器上的发光二极管总显示为黄色而不转为绿色，这表明传感器设定值与实际值存在偏差。将总控制器上自动调平系统开关置于I位（开位），调平液压缸不动作，而且左右两侧同时出现该故障。

故障诊断与排除

当总控制器的发光二极管显示黄色，自动调平系统开关置于I位时，相应的电磁阀上的发光二极管不发光，表明由总控制器发出的校正电信号并没有到达电磁阀。由于左、右两侧同时出现上述故障，可排除连接电缆的故障可能。使用手动调平系统控制调平液压缸，情况正常。由于手动调平系统与自动调平系统在位于机器右侧的总接线盒内合并，然后经同一线路对电磁阀和调平液压缸进行控制，因此故障应处于总控制器至总接线盒之间，包括总控制器。

检查连接总控制器与机器右侧总接线盒之间的线路，正常，表明故障点为总控制器。将总控制器单独接入摊铺机电路，接通电源，检测总控制器上的纵坡传感器接入插座的各点电压，证实确为总控制器故障，安装新的总控制器后故障消失。

[**故障现象3**]

在摊铺碎石基层时发现，当牵引臂左侧拉点应上升时，有时并无上升动作，但应下降时正常。改用手动控制，故障依旧，牵引臂右侧动作一切正常。

故障诊断与排除

由于右侧正常，排除了公共部分故障的可能，故障点可能存在的部位为左侧纵坡传感器→总控制器左侧部分→左侧电磁阀→左调平液压缸及左侧其他有关部分。

根据自动调平系统出现故障时，改用手动故障不能消失这一现象推断，故障点应位于自动调平系统与手动调平系统的公共部分。自动调平系统与手动调平系统控制调平液压缸活塞杆上升时，分别检查电磁阀的输入电压，均属正常，排除了总接线盒至左电磁阀线路故障的可能。

将左侧电磁阀与右侧电磁阀对换，故障现象仍存在；将左右电磁阀复原，再将左右调平液压缸对换，故障现象仍存在，因此排除了左边电磁阀及左侧调平液压缸故障的可能。至此，液压、电气系统的故障可能被排除。

再进行摊铺试验时发现，当熨平板前的摊铺料很少时，左调平液压缸活塞杆不能上升的故障消失。因此推测左侧调平液压缸活塞杆在带动左牵引臂拉点上升时遇到了比右边更大的阻力。调平液压缸活塞杆通过牵引臂拉点改变熨平板仰角的机构简图如图6-38所示。

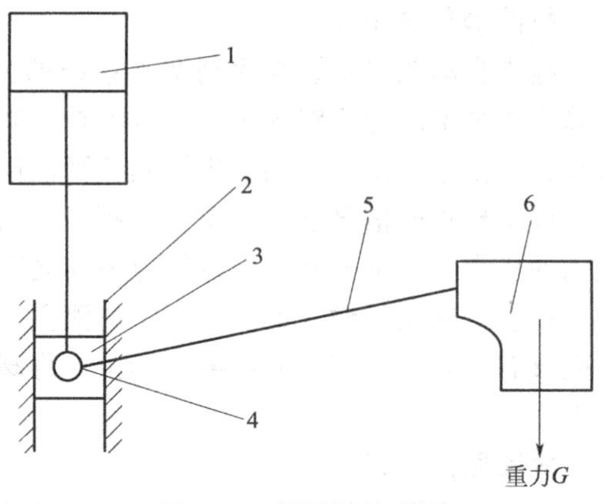

图6-38　调平机构简图
1—调平液压缸；2—滑轨；3—滑块；4—拉点；5—牵引臂；6—熨平板

将左侧调平液压缸活塞杆头部滑块以及供滑块上下运动的滑轨拆开清洗后发现，恰好在摊铺碎石基层时牵引臂拉点所在的区域内，滑轨与滑块接触面有明显的摩擦负伤的痕迹，正面与侧面均有。后经检查发现滑块与滑轨之间间隙偏小，加之润滑保养不及时，引起滑轨与滑块接触面拉伤，导致滑块（拉点）在滑轨内的运动阻力增大，从而出现左边调平液压缸活塞杆不能正常带动牵引臂拉点上升的故障。

将滑块的宽、厚两个尺寸均削小0.5mm后磨光，同时将滑轨的被拉伤面磨光，组装后试机，故障消失。

6.7.2　LT700型沥青混凝土摊铺机常见故障的诊断与维修

有一台西安筑路机械有限公司生产的LT700沥青摊铺机，在使用过程中其液压系统曾出现过以下4例故障。

[故障现象1]

熨平板起升液压缸动作失控。

故障诊断与排除

当控制开关处在浮动位置时，液压缸仍一直在下降，最终将整机后部顶起。该故障是由于控制该液压缸的电磁阀在继续向液压缸供油所致。当解体、清洗电磁阀时，发现内部有两个O形圈损坏，损坏的O形圈垫住了电磁阀的分配阀阀杆，致使其一直处于供油位置，经清洗、更换密封圈后，故障被排除。

[故障现象2]

左侧找平液压缸不动作。

故障诊断与排除

该故障是由于左侧液压缸不进油所致。经分析，故障可能是电磁阀、优先阀或液压缸进油管路堵塞所致。为此，清洗左侧电磁阀，没有发现问题；检查进油管路（优先阀至电磁阀处），结果管路畅通；检查优先阀，发现优先阀阀孔被一橡胶块堵塞了。清洗、装配后，故障被排除。

[故障现象3]

熨平板提升、料斗合拢失常，双联泵运转有杂音。

故障诊断与排除

这两个动作是由双联泵中的同一个泵供油的，该双联泵有杂音（齿轮啮合声），说明该泵吸空。于是，将该泵出油口处打开，启动机器，却发现无油液流出，由此认为是进油滤清器或管路被堵塞了；检修进油滤清器时发现，油滤清器堵塞严重。更换滤芯后故障即被排除。

［故障现象4］

摊铺机跑偏。

故障诊断与排除

该故障是由于控制工作泵的电磁阀的线路松动而造成的，即一侧工作泵因无电信号输入而不能正常工作，造成该侧行走马达因无油液输入而不能旋转，从而造成机器跑偏。

6.8 混凝土机械故障诊断与维修

6.8.1 混凝土搅拌机故障诊断与维修

（1）混凝土搅拌机液压系统的维护及常见故障的诊断与修理

随着我国液压技术的发展和液压元件质量和性能的提高，液压系统已在混凝土搅拌机上出现，在实际工作中，由于液压系统发生故障，致使机械不能正常工作的情况甚多，而有些操作工和修理人员对液压系统的构造、工作原理掌握不够，不能准确迅速地查出原因并及时排除，严重影响了液压系统在混凝土搅拌机上的应用和推广。

实践证明，液压系统的故障大多发生在执行元件、控制元件及液压油的质量方面。液压传动是以液压油为介质，当密封圈老化变形、油路接头松弛，会造成泄漏；液压油杂质多、液压系统进空气，会产生噪声或压力不足；液压油黏度不当、单向阀失调等均能引起故障。目前在混凝土搅拌机上应用的液压系统（图6-39～图6-41）都比较简单，系统工作压力一般在8～12MPa，如果使用维护得好，故障是比较少的。现将使用和维护中应注意的问题分述如下。

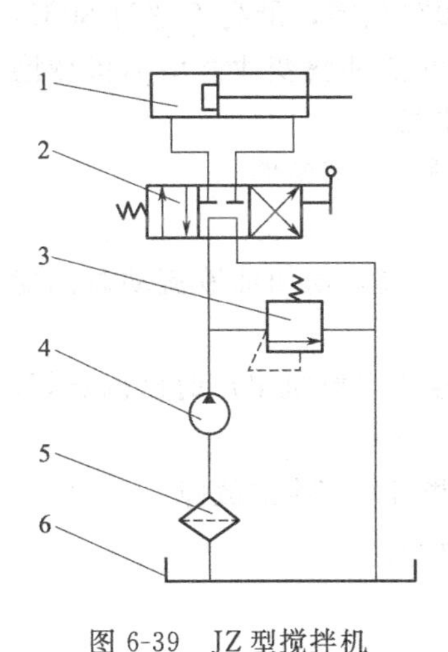

图6-39 JZ型搅拌机液压系统

1—料斗举升液压缸；2—换向阀；3—溢流阀；4—液压泵；5—过滤器；6—油箱

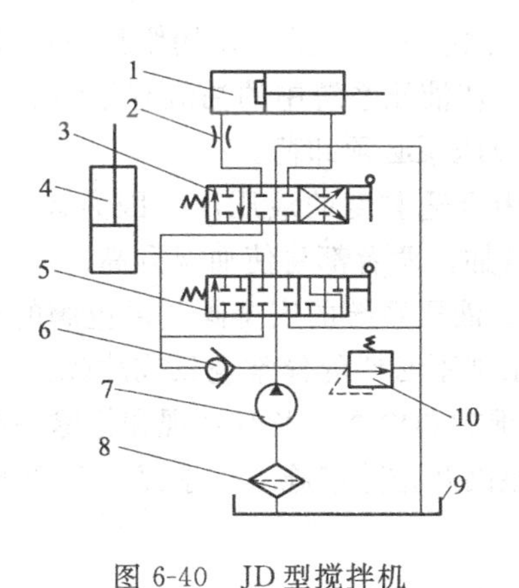

图6-40 JD型搅拌机液压系统（一）

1—卸料液压缸；2—节流阀；3、5—换向阀；4—料斗钢丝绳牵引液压缸；6—单向阀；7—液压泵；8—油滤清器；9—油箱；10—溢流阀

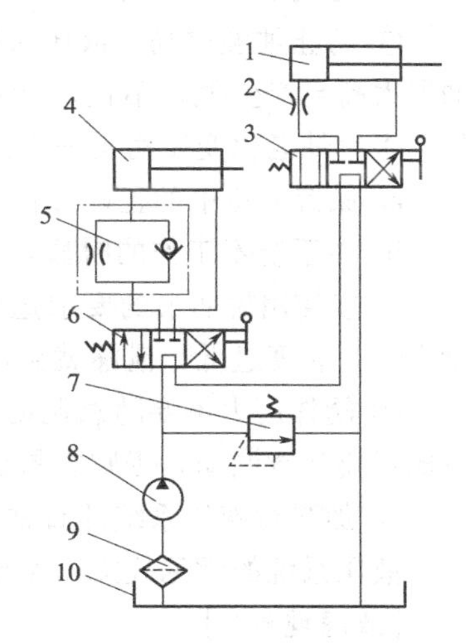

图6-41 JD型搅拌机液压系统（二）

1—卸料液压缸；2—节流阀；3、6—换向阀；4—料斗钢丝绳牵引液压缸；5—单向节流阀；7—溢流阀；8—液压泵；9—油滤清器；10—油箱

① 液压油的使用和维护。在液压泵、阀类元件中，相对运动件间都有精密的间隙很小的配合表面，有的液压元件还有不少阻尼孔和缝隙式控制阀口等，如果液压油中混入污物杂

质，就会堵塞这些小孔和缝隙，使元件不能正常工作。如果污物进入阀芯与阀体等配合间隙，就会划伤配合表面，使泄漏增加，有时甚至卡住阀芯，造成元件动作失灵。油液中污物过多，会堵塞液压泵吸油口处的过滤网，造成吸油阻力过大，使液压泵不能正常工作，产生振动和噪声。因此应注意：

a. 液压用油必须经过严格的过滤。过滤器应当经常检查清洗，发现损坏应及时更换。向油箱中注油时，应通过 120 目以上的过滤器过滤。

b. 系统中的液压油应经常检查、定期更换。油液使用时间过长，将失去润滑性能，并可能具有酸性。一般要求在累计工作 1000h 后应当换油。

c. 液压元件不要轻易拆卸。如必须拆卸时，应将零件清洗干净，重新装配时要防止金属屑、棉纱等杂质落入元件中。

目前发现有的单位嫌加油过滤麻烦、速度慢，不经过过滤器加油；更有甚者，有的单位直接从液压油箱中取油润滑机器其他部位，这极易污染油液，是绝对不允许的。

② 防止空气进入液压系统。液压油压缩性很小，而空气压缩性很大，约为油的一万倍。当液压油中混有空气，这些空气在压力低时就会从油中逸出，产生气泡，形成空穴现象；到了高压区，在压力油的冲击下，这些空气气泡很快又被击碎，急剧受压缩，使液压系统产生噪声；同时，气体突然受到压缩时会放出大量热量，引起局部过热，使液压元件和液压油受到损坏。空气的可压缩性大，将使工作器件产生爬行，破坏工作的平稳性，有时甚至引起振动。因此：

a. 应使油箱中的液压油保持正常油面，使吸油滤清器和回油管没入液压油，防止液压泵吸入空气和回油时带入空气。

b. 定期检查吸油滤清器，防止油滤清器堵塞，避免产生空蚀现象。

③ 防止油温过高。液压系统油液的工作温度一般在 30～60℃范围，最高不超过 80℃，油温太高会产生很多不良影响：如黏度下降、容积效率降低、润滑油膜变薄而增加机械磨损、密封件老化变质而丧失密封性能等。因此，使用维护时应注意：

a. 保持油箱中的正确油位，使液压系统中的油液有足够的循环冷却条件。

b. 在系统不工作的时候，液压泵必须卸荷。

c. 按使用说明书的要求选用合适黏度的液压油。因为黏度过高，增加油液流动时的能量损耗，黏度过低，泄漏就会增加，两者都将使油温升高。

④ 阀体压力不要随意调动。液压系统的安全阀、溢流阀的压力，整机出厂时已调定好，一般不要随意调动，否则容易出现不必要的异常现象或故障。

⑤ 加强对液压系统的日常维护和检查，及时发现和排除一些可能产生的故障。

液压系统的常见故障产生原因及排除措施不外乎以下几个方面。

［**故障现象1**］

系统中压力不足或完全无压力。

故障诊断与排除

① 液压泵打不出压力油或打出的油液压力不足，可能是泵的转向不对或转速过低，要改正泵的转向或检查液压泵的动力系统。

② 液压油黏度过低，使系统容积效率降低，故压力上不去，要更换适当黏度的液压油。

③ 溢流阀工作压力调得太低，要按规定重新调定。或者是溢流阀工作不正常，例如阀内存在脏东西，阀不关闭；先导阀阀座脱落或弹簧折断而失去作用，要对阀进行清洗、更换或修理。

[故障现象2]

流量太小或完全不出油。

故障诊断与排除

① 泵运转，但无油液输出，可能是油箱油面太低；吸油箱或吸油过滤器堵塞；吸油管路密封不好，吸入空气；油的黏度太高，阻力过大，应加油或清洗吸入管路及过滤器。换密封或更换低黏度液压油。值得一提的是，发现液压泵运转但无液压油输出，应立即停止液压泵运转，否则泵的内部可能会因缺乏润滑而烧坏。

② 泵有油输出，但流量不足。可能是泵内部机构磨损，形成内泄，需要更换或修理内部零件。也可能是油的黏度过低，以致液压泵的容积效率太低，需要更换适当黏度的液压油。也可能液压泵转向不对或转速低，要改正泵的转向或检查液压泵的动力系统。

[故障现象3]

压力波动或流量脉动。

故障诊断与排除

① 可能是液压油中混入大量空气。检查油箱，如有泡沫或气泡，则要更换新油；消除吸油管路中的漏气现象。

② 溢流阀工作不稳定产生跳动而引起压力波动或流量脉动。可能是阀内脏物堵塞、阀座磨损或调压弹簧损坏等，应清洗阀件、更换零件或换新阀。

[故障现象4]

严重噪声。

故障诊断与排除

① 吸油管路中混入空气。可能是油箱油面过低，应加油至规定刻度；也可能是液压泵轴的密封漏气或吸油管路接头漏气，应更换密封或修理、更换接头。

② 液压泵吸空。可能是吸油滤清器堵塞或吸油管路堵塞，应清洗油滤清器或吸油管路；也可能液压泵转速过高，应检查液压泵动力系统；或者是油的黏度太高或油温太低，则要更换油液或加热油液。

[故障现象5]

操纵阀工作时跳动。

故障诊断与排除

① 可能是油液太脏，滑阀的配合部位有污物杂质，要拆下清洗阀件。

② 可能是滑阀或滑座表面有伤痕，需要更换或修理。

③ 可能是滑阀回位弹簧变形或损坏，需要更换。

[故障现象6]

液压缸不动作或动作不平稳。

故障诊断与排除

① 可能是液压缸中密封磨损严重，使压力腔和回油腔之间泄漏增加所致，应更换密封。

② 也有可能是前面所述：系统中压力不足或完全无压力、流量太小或完全不出油以及压力波动或流量脉动等原因所致，故障排除参照前述。

(2) 混凝土搅拌机电路故障的诊断与修理

在某些建筑工地上，由于操作者违反操作规程，或未定期对搅拌机进行维护保养，使搅拌机多尘、潮湿，装在机旁的电气设备和电缆常常发生继电器接触不良、绝缘损坏、漏电接地等故障。落在电气设备上的水泥溅上水而凝固，引起电气设备动作失灵，甚至使电动机卡住。因此，平时应经常对搅拌机加强检查维修，定期清除尘土，消除隐患。

电路发生故障后，首先应根据电路的工作原理判断故障的性质和位置，检查各指示灯、接触器、电动机等的工作有什么异常现象，然后进一步用试电笔、万用电表等工具找到故障点，予以修复。搅拌机的电气原理如图 6-42～图 6-44 所示。

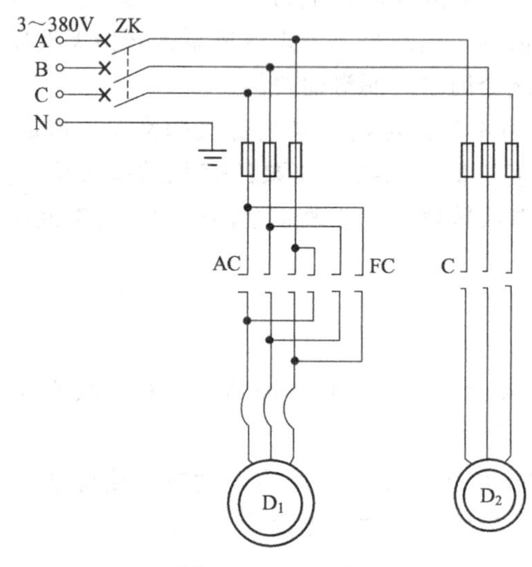

图 6-42　主回路

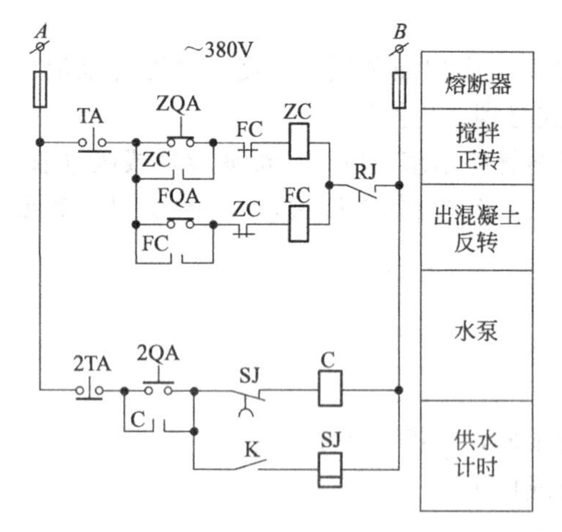

图 6-43　控制回路

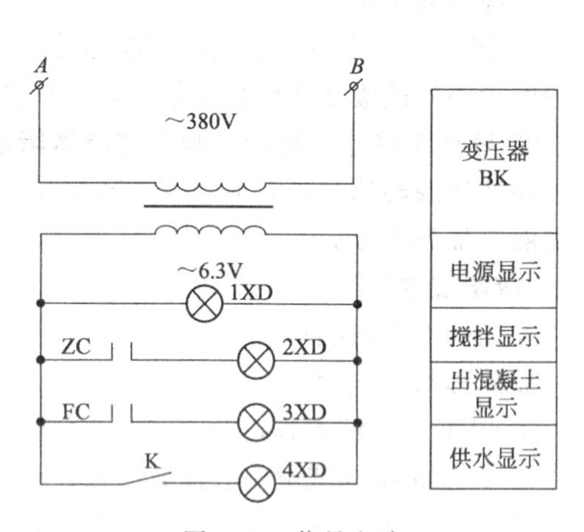

图 6-44　信号电路

[故障现象1]

全机无电。

故障诊断

① 电源停电。

② 主回路熔断器上的熔体熔断。

③ 自动空气开关 ZK 跳闸。

④ 电缆芯断。

故障排除

① 首先判断出熔断器是由于线路短路还是由于严重过载所引起的，应急时排除故障点，

更换熔体。

② 查找电缆断线处，重新把它接通。再用绝缘胶布包扎好。

[**故障现象2**]

搅拌正转不能启动。

故障诊断

① 若 ZC（搅拌正转接触器）不动作，则故障在控制回路中。常见故障有：启动按钮 ZQA 的常开触头接触不良；FC 触点粘住；ZC 的自保触头接触不良；ZC 线圈或电路连接线路断了。

② 若 ZC 动作，则故障在主回路中。

③ 电动机 D_1 故障。

故障排除

① 若 ZQA 常开触头接触不良，可能是弹簧压力不够或弹簧断了所致，需要更换压力大些的弹簧。

② 若 ZC 的线圈烧毁，应更换线圈或重新绕制。

③ 由于接触器 ZC 频繁动作，触头互相接触不良，容易把触头烧坏。因此，首先应用酒精（汽油也可）把触头上的灰尘洗净，然后用细砂纸砂去触头表面的烧黑部分，再装上重新使用。

④ 接触器 ZC 触头被粘住，一般是触头的弹簧压力过大所致，需要将弹簧稍微拉松即可。

[**故障现象3**]

出料反转不能启动。

故障诊断

① 若 PC（反转接触器）不动作，则故障在控制回路中。常见故障有：启动按钮 FQA 的常开触头接触不良；ZC 触头粘住，PC 的自保触头接触不良；PC 线圈或电路连接线路断了。

② 若 PC 动作，则故障在主回路中。

③ 电动机 D_1 故障。

故障排除

① 若 FQA 常开触头接触不良，修复方法同上。

② 若 FC 的线圈烧毁，应更换线圈或重新绕制。

③ 接触器 FC 的修复方法同上所述。

[**故障现象4**]

供水计时继电器 SJ 指针不动。

故障诊断

① 若 C（控制水泵的接触器）不动作，则故障在控制回路中。常见故障有：启动按钮 2QA 的常开触头接触不良；C 的自保触头接触不良。

② 电动式时间继电器 SJ 本身故障。常见故障有：同步伺服电机烧毁，电磁线圈被烧坏或机械故障。

③ 开关 K 没合上。

故障排除

① 启动按钮 2QA 修复与 ZQA、FQA 的修复方法相同。

② 若 SJ 本身故障，要判断出同步伺服电机与电磁线圈被烧毁的原因，是由于绝缘损坏造成的匝间短路，还是齿轮卡死所引起，应及时更换时间继电器 SJ。

[**故障现象5**]

工作时接触器 ZC、FC 或 C 经常自行释放。

故障诊断

① 接触器线圈电路中的触头接触不良。

② 触头的弹簧压力不足。

故障排除

接触器的修复方法同上所述。

[**故障现象6**]

水泵不工作。

故障诊断

① 若 C 动作，则故障在主回路中。

② 若 C 不动作，则故障在控制回路中。常见故障有：C 的自保触头接触不良；启动按钮 2QA 接触不良。

③ 水泵电机 D_2 故障。

故障排除

启动按钮 2QA 修理同上所述，接触器 C 的修理与接触器 ZC 的修理方法相同。

[**故障现象7**]

电动机 D_1 经常无故停车。

故障诊断

① 接触器 ZC 和 FC 线圈回路中的触头接触不良，或触头弹簧过松。

② 热继电器 RJ 的动作电流整定值过小。

故障排除

① 接触器 ZC 和 FC 的触头接触不良或触头弹簧过松的修复同上所述。

② 调节热继电器 RJ 的旋钮，使之动作电流调整到比电动机的额定电流稍大一些即可。

[**故障现象8**]

信号灯不亮。

故障诊断

① 变压器 BK 故障。

② 指示灯 XD 灯泡烧坏或接触不良。

③ 开关 K 和接触器的常开辅助触头接触不良。

故障排除

① 若 BK 烧毁，应更换或重新绕制。

② 若 XD 灯泡烧坏应及时更换；若接触不良应把灯座下的簧片稍微拔起，或放几个小垫片后再装灯泡。

以上判断电路故障及维修主要适用于 JZ200 型、JZ350 型、JZY3350 型搅拌机，且要求操作者平时应注意观察、倾听和检查搅拌机的电气设备和机械设备的运行情况。如响声、温升、振动、冒火、电流、电压等是否正常，必须按期对搅拌机进行维修保养。只有这样，才能延长搅拌机的使用寿命，保证工程施工的顺利进行。

(3) 混凝土搅拌机故障分析与可靠性设计

混凝土搅拌机是建筑施工中不可缺少的建筑机械设备之一，量大面广，特别是在施工旺季，一旦出现故障就会对施工带来很大的影响，因此用户对搅拌机的可靠性提出特别的要求，本节从制造和使用两个方面进行故障分析，从而对搅拌机的可靠性设计提出一些初步的看法。

故障的发生都是事出有因的。即使是突发性故障，也有其产生和发生发展的过程，只不过这个发生的周期短一点而已。从这个意义上出发，故障可分为三种类型，即：早期故障、偶发性故障及时间性故障。

早期故障往往是一部分零件没有达到规定的设计强度要求所造成的，其安全系数相对较低，如在加工中的一些锻造裂纹，一些铸件的内在裂纹在重载运行初期表现了出来，产生了早期故障；某些零件热处理要求不当，在处理过程中产生的淬火裂纹也可能产生早期故障，某些动配合件如果间隙过小而润滑又不良，过量的早期磨损也可能带来早期故障。不断研究设计合理性，加强制造过程特别是装配过程的质量监督，用户在开机前认真熟悉整机性能及按说明书要求操作是避免早期故障的部分措施。

经过一段早期运转后，搅拌机进入了正常运转时期，在这段时间内易发生偶发性故障。我们知道任何零部件的强度都有一定的范围，其载荷也不会是均衡的，一些质量较差的零件有时也能超载，又可能出现故障。从用户的角度看，有时严重超载出了偶发性故障；有的用户在带轮损坏后没有购置配件而任意代用，造成拌筒转速过快，不能正常搅拌，这也是一种偶发性故障。

经过一段较长时间的运行，搅拌机的某些部分会产生一些不同程度的磨损，这时故障出现的频率会明显增高。如果把故障发生的过程用一个图来表示，这就是我们通常说的“浴盆曲线”，见图 6-45。我们在认识到故障发生的这一规律后应该在实践中总结经验，注意找出磨损报警线的那一个控制点，根据不同零件所允许磨损的最大值确定搅拌机的维护保养工作的程序。根据有人对三年来搅拌机所发生故障的统计，其中电动机故障占 11.29%，低压电器造成的故障占 21.77%，与设计有关的故障占 0.07%，与制造有关的故障占 24.19%，与库存保管使用不当造成的故障占 23.38%，与其他外协外购件有关的故障占 19.3%。

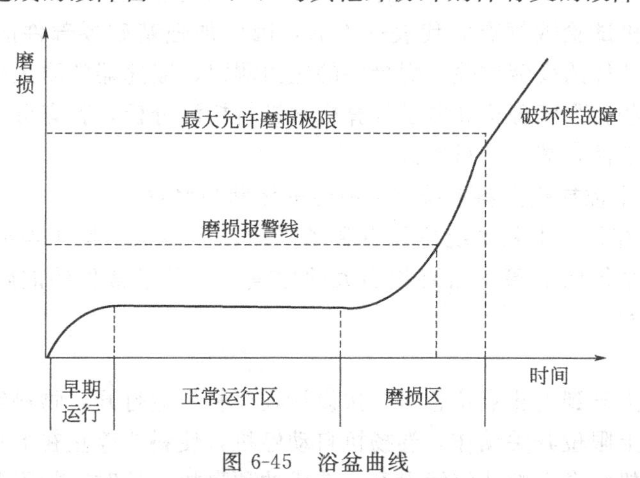

图 6-45 浴盆曲线

目前建筑机械在加强故障监测方面已经做了大量工作，但是对搅拌机的故障监测工作还差得比较远，主要还是依靠听声音、摸振动、凭经验来估计。在加强监测工作上要注意摸索以下一些问题。

① 加强运行过程中瞬时不稳定现象的观察，研究确定监测控制的项目。

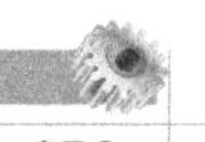

② 对在运行过程中是否设安全装置、用于控制哪些因素进行研究。

③ 考虑可能的控制信号发出的问题。

④ 考虑互锁装置的应用。

⑤ 选择合适的控制方式，进而发展到保护系统的设置。

混凝土搅拌机的可靠性设计：

① 必须尽快制定设计规范，制定完善的可靠性目标体系。现行的《混凝土搅拌机可靠性试验方法》已经对搅拌机的可靠性试验提出了一个目标体系，但是不论是在理论上或实践上都还存在一些尚未解决的问题，比如关键部件的应力分析、关键设计参数的工艺考核评定、可靠性预测和可靠性目标等。

衡量产品的可靠性可以有很多指标，也可以用其中的部分指标，例如故障率、平均故障时间、平均故障间隔时间、平均首次故障时间、平均维修间隔时间、有效性等。混凝土搅拌机可以用以下一些指标作为衡量可靠性的目标：首次故障时间、平均维修间隔时间、作业率。

② 完善设计评审制度。现行的设计审查制度基本上是以设计人员为中心的自我评审制度，往往难以对设计进行真正有效的可靠性审查。为了完善设计评审，应当由用户和不直接参与设计开发的同行业专家组成小组来进行，上级主管部门要给予足够的时间和各方面的支持，评审工作将包括可靠性、可维修性、可生产性、安全性等因素。设计评审的最终目的是把来自专家、工艺人员和用户对设计的意见提交给设计人员考虑，它并不代替设计人员对结构完整性的最后决定权。

③ 重视那些实际的配合公差问题。在搅拌机的设计中有不少配合尺寸的公差问题，不但涉及制造和质量成本，也涉及产品的适用性和可靠性。在大多数生产企业中实际上存在着一种“不严格执行不切实际的公差”的情况。即使在工业比较发达的日本也有对设计人员进行有关制定切合实际的公差知识的培训。因此要给设计人员提供这方面所需要的资料，包括工序能力数据和实现各种公差的成本的数据，以及各种不同产品特性的严重性分级的资料。

④ 加强基础试验研究的力量，完善检测手段。混凝土搅拌机在工地的试验要消耗大量建筑材料，而且单机试验数据有时代表性不够，因此加强基础零部件的试验研究是很必要的。轴与机架类零部件的疲劳试验、焊接件的应力测定、减速器的耐久试验等如能用断裂力学、有限元法等一些新强度理论和电子计算机来进行检测分析，就有可能对可靠性设计提供一些数据，增加科学性，减少盲目性。

(4) JS 型混凝土搅拌机上料系统常见故障的诊断与修理

JS 型混凝土搅拌机的上料系统主要由卷扬机构、上料架、料斗等部分组成。从有关统计资料可知，上料系统的故障率占有相当大的比重，一般最常见的故障有冲顶、坠底、颤抖、打滑、锁闭几种。

[故障现象1]

冲顶：当料斗上升到上止点位置时，按设计程序料门应打开，物料经中间进料斗投入搅拌筒。与此同时，上限位开关动作，卷扬机自动停机，使料斗停止在上止点位置。如果上限位开关失灵，卷扬机将牵引料斗继续上升，造成冲顶事故。这时，如不及时停机，将会发生更为严重的事故，轻者使料斗和上料架损坏，重则造成整机报废，甚至人员伤亡。

故障诊断与排除

① 开关损坏。上限位开关有低位和高位两个开关。在正常情况下，低位开关起作用，只有低位开关损坏后，高位开关才起作用。一经发现低位开关损坏，需及时更换。在一般情

况下，不允许依靠高位开关起限位作用，否则，高位开关一旦损坏，冲顶事故将不可避免。

② 受潮。限位开关如受水浸、雨淋而受潮，动作将会失控，引起冲顶事故。为了避免受潮，限位开关应加设防护罩。工作时搅拌机应安置于有工棚的场所。

［故障现象2］

坠底：当料斗下降至地坑底部时，在牵引钢丝绳稍松的瞬间，弹簧杠杆机构使下限位开关动作，卷扬机自动停车，制动器随即动作，使卷筒上的钢丝绳不致松乱，否则将会发生坠底故障，使牵引钢丝绳松乱，甚至缠绕其他机件。在料斗再次上升之前，必须重新按序排列钢丝绳，以防钢丝绳折弯、缩短使用寿命和损坏其他机件。

故障诊断与排除

① 限位开关损坏，不动作。需及时更换新的开关。

② 限位开关因受潮，动作失控。需采取增设罩壳等防潮措施。

③ 调整螺钉1（见图6-46）调节位置不当或弹簧7断裂，使杠杆5无法弹起，因而下限位开关4动作，卷扬机没有停车，形成坠底事故。这时，需检修好弹簧杠杆机构后方可重新开机。

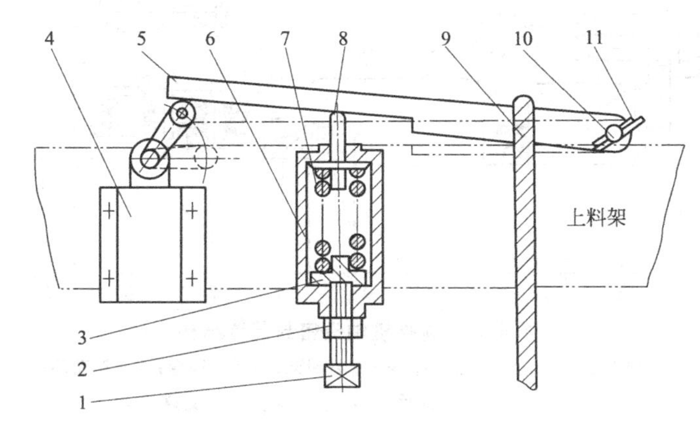

图6-46 弹簧杠杆机构示意图

1—调整螺钉；2—止退螺母；3—弹簧座；4—下限位开关；5—杠杆；6—壳体；
7—弹簧；8—顶杆；9—钢丝绳；10—销轴；11—开口销

［故障现象3］

颤抖：料斗在升降时动作不平稳，呈颤抖状态。

故障诊断与排除

① 调整螺钉1的位置调整不当，使弹簧7的压力过大，杠杆5呈时起时伏的状态，引起下限位开关4时断时续，这种状况，在料斗空载下行时表现最为明显。遇到此类情况，只需将调整螺钉1调至适当位置即可。

② 料斗滚轮因轴承损坏转动不灵，引起料斗抖动，需及时更换轴承。

③ 轨道不平直、间距不一，或轨道上有焊渣等异物，需修整轨道，清除异物。

［故障现象4］

打滑：按GB 9142—1988的要求，搅拌机的上料机构应安全可靠；料斗在重载上升情况下，能在任意位置安全制动；制动后料斗下滑速度不能超过10mm/s，超过时即为打滑。

故障诊断与排除

打滑的主要原因是卷扬电动机的制动器分离间隙过大，制动不力所致。可调整卷扬电动机后座的大螺母，使分离间隙适当缩小，但分离间隙不能过小，否则电动机将过热。

[故障现象5]

锁闭：料斗在轨道中被卡死，既不能上升，又不能下降，呈锁闭状态。

故障诊断与排除

① 料斗变形，大小滚轮两条轴线不平行，大小滚轮在运行中因跑斜则被卡死，这时需修复料斗。

② 轨道变形：在运输途中或使用中，轨道受到外力冲撞；上、中、下导轨间的连接螺栓松动；轨道在地坑内的安装基础不稳，受载后，因基础下沉而使轨道位移变形。需要针对具体情况修复轨道。

(5) 混凝土搅拌机轴端密封失效故障的诊断与修理

某公司的奥高质 4/120-CB 3000 型混凝土搅拌站上的搅拌机为双卧轴式，搅拌机轴端密封采用的是组合密封形式（见图 6-47)，由四道密封组成。

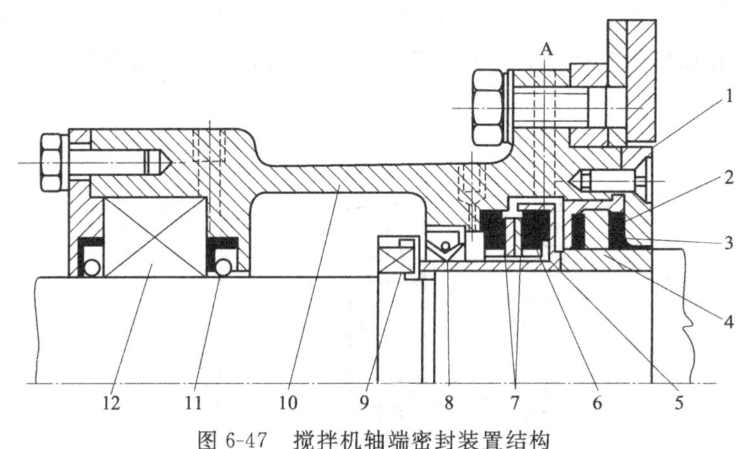

图 6-47　搅拌机轴端密封装置结构

1—轴端法兰；2、6—密封圈；3—密封圈架；4、5—轴套；7—浮动环；
8、11—油封；9—轴承；10—支撑架；12—支撑轴承

第一道密封由耐磨轴端法兰 1 和密封圈 2 组成，通过注油口 A 注入的润滑油脂加上第一道密封，可防止大部分混凝土浆进入到轴端位置。第二道是由一对浮动环 7 和与之相配的密封圈 6 组成，装配时密封圈因轴向被压缩产生变形，因而在两浮动环之间产生一定的压力，使两环端面紧密贴合形成密封。第三道由油封 8 组成，其主要作用是防止浮动环密封内腔的润滑油脂向外泄漏。第四道是由油封 11 组成，其作用是防止支撑轴承 12 处的润滑油脂向外泄漏。另外，由于整个密封装置的支撑架 10 采用的是中空结构，因此当前三道密封失效时，渗漏的混凝土浆可通过中空结构部位排到支撑架壳体外，在第四道密封的保护下，支撑轴承可以避免受到混凝土浆的破坏。

轴端密封的润滑采用手动和自动两种方式（见图 6-48)。手动润滑方式由手动泵泵入润滑油，通过三通接头注入润滑油分配阀，再由分配阀分配到各轴端密封处；自动润滑方式由自动泵泵入润滑油，自动泵的工作由可编程 PLC 控制，其控制线路如图 6-49 所示。

自动泵的工作过程为：当工作开关打开后，H60 指示灯亮，PLC 接收到信号，KA29 闭合，自动泵开始工作，注入的润滑油进入润滑油分配阀，润滑油分配阀的阀芯产生伸缩运动，当通过磁力接近开关时，在 99 与 100 线之间产生一脉冲信号，此脉冲信号又通过 KA30 的通断传递到 PLC，PLC 按预先设定的值与通断次数作比较，符合条件后再由 PLC 发出指令断开 KA29，自动泵即停止工作。当自动泵的停止工作时间达到 PLC 的预设值（间隔时间）时，PLC 发出指令闭合 KA29，自动泵又开始工作，再重复上述工作过程。润

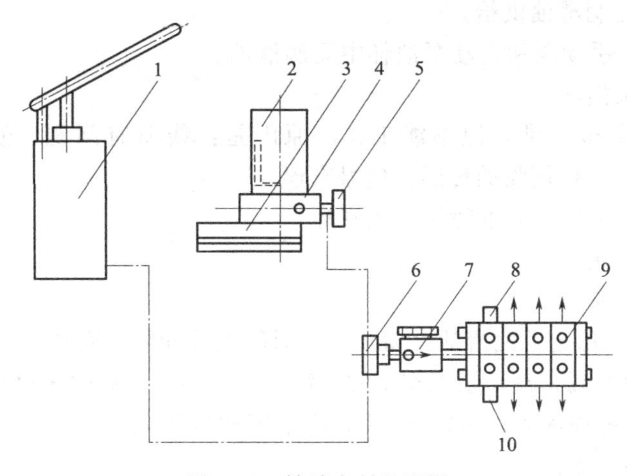

图 6-48　轴端密封的润滑

1—手动泵；2—自动泵油杯；3—自动泵；4—滤芯；5—安全阀；6—三道接头；7—滤芯；8、10—磁力接近开关；9—润滑油分配阀

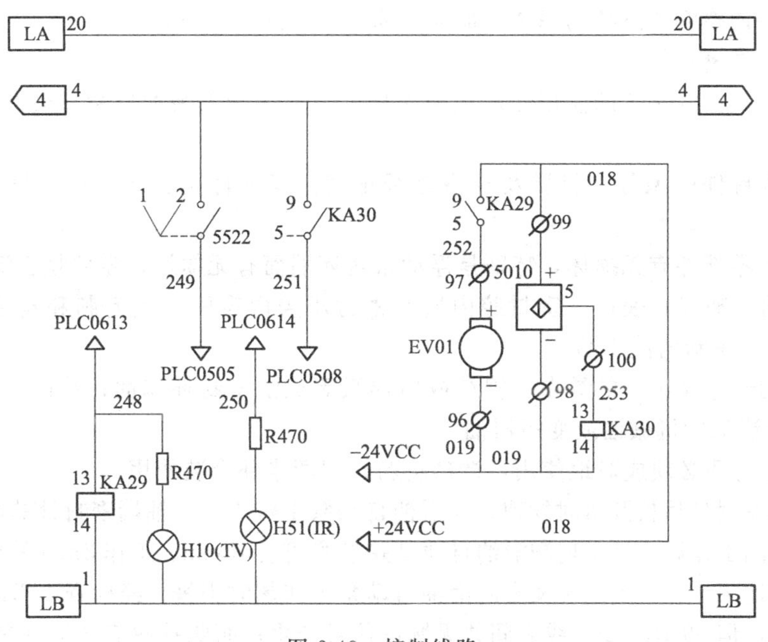

图 6-49　控制线路

滑系统若出现无润滑油或润滑油自动泵工作超时等情况时，系统报警，H51 指示灯亮，自动泵停止工作，待消除警报、排除故障后，自动泵又恢复工作。

[故障现象]

该搅拌站经过一年多时间的使用后，有一台搅拌机在减速机一侧的轴端出现了漏浆现象。拆开该轴端密封时发现（见图 6-47）：密封圈 2、6 已损坏；浮动环 7 处已被混凝土浆堵死；轴套 4、5 也已严重磨损，该处注油的黄油嘴也被混凝土浆堵死了。经分析，此现象是由于轴端无润滑油或润滑油油量不足，导致混凝土浆渗入而堵塞了润滑油道和油嘴，从而出现轴端漏浆。

故障诊断

产生轴端密封失效的原因有：

① 轴端密封处无润滑油供给。

a. 润滑系统中，手动泵和自动泵油杯中无润滑油。

b. 润滑油自动泵损坏。

c. 润滑油自动泵虽正常，但不能工作。原因是：线路有问题，使润滑泵处无电源；PLC 程序设置有误；PLC 接收的传感器信号有误。

d. 润滑油路和轴端密封处油嘴堵塞或损坏。

② 润滑油供给不足。

a. 润滑油路不畅通。

b. 可编程 PLC 所给定的润滑油自动泵工作时间短或间隔时间过长。

检查润滑系统后发现：自动泵工作正常；润滑油充足，油路也未堵塞；润滑系统线路连接正常。初步判定故障原因为，可编程 PLC 所给定的自动泵的工作时间太短、间隔时间又长，造成润滑油供给不足。

故障排除

① 通过向生产厂家咨询，并征得生产厂家同意，将可编程 PLC 中自动泵的工作时间调整为每间隔 15min 自动泵工作 3min。

② 清洗并调整润滑系统的滤芯，加大供油量，使油路畅通。

③ 更换轴端密封件。

④ 由于轴端密封装置的使用性能在很大程度上取决于其装配质量，因此在装配时应注意以下几点。

a. 检查密封件的型号、材质及规格是否正确；零部件是否齐全；质量是否符合技术标准。

b. 检查各零部件有无损坏，特别是浮动密封环端面有无损坏，零件是否清洗干净。

c. 检查轴（轴套）表面、密封腔内壁及密封压盖内表面有无毛刺和沟痕等，如果有，应修平、打光并重新清洗干净。

d. 应使用干净又柔软的纱布、棉纱或白棉纸等擦洗密封环端面；装配时，摩擦接触面上应涂上一层清洁的机械油或变矩器油。

e. 浮动密封环必须成对地使用，严禁将新、旧两半环合装使用。

更换轴端密封件后再开机时发现，润滑油自动泵工作正常，轴端密封处的润滑油量充足。但经过一段时间工作后，又出现润滑油自动泵并未按间隔 15min、工作 3min 的要求进行工作，而是一直不停地工作，直至系统发出润滑油自动泵工作超时报警。经检查，PLC 设置无异常、线路连接正常，但 99 线与 100 线之间并无脉冲信号产生；而此脉冲信号是由润滑油分配阀阀芯的伸缩通过磁力接近开关时产生的，据观察，阀芯伸缩正常，故初步判定是磁力接近开关有问题。拆下该开关，用十字旋具模拟阀芯伸缩情况探试 10 余次后（3min），润滑油自动泵工作停止。经仔细观察发现，原来在清洗阀芯和畅通油路后重新安装时，润滑油分配阀的阀芯与磁力接近开关的探头早已接触，因而造成阀芯虽动作但无脉冲信号产生的情况。在调整阀芯与磁力接近开关探头的位置后，润滑油自动泵工作即恢复正常。

6.8.2 混凝土泵车故障诊断与维修

(1) 施维英 KVM34X-2023 型混凝土泵车泵送无力故障的诊断与维修

[故障现象]

有一台施维英 KVM34X-2023 型混凝土泵车出现泵送无力、液压油温升过快及排量调节旋钮不起作用的故障现象。

故障诊断与排除

该车泵送系统的液压系统原理如图 6-50 所示。

液压系统中的组合阀组Ⅰ是为了减小泵送换向过程中产生的液压冲击而设置的。经分析认为，上述故障现象的原因是出在液压系统上，且主液压系统工作不正常的可能性最大。于是，维修人员先在空载状态下进行了试车检查，结果一切正常，故障现象无一显现。然后，在负载状态下进行了试车，此时出现了如下现象：仅仅泵送了 12m³ 混凝土，液压油的油温即升高至 80℃（冷却系统工作正常）；排量调节旋钮不起作用；此时无论是改变混凝土标号还是改变泵送工况，其主油路上的压力值始终为 8MPa；当采用听、摸和看的方法对主液压系统中的油管进行检查时，均有较强的油流感。据此状况判定故障应出在组合阀组Ⅰ上。由液压系统原理图知，可能有两种故障原因：①安全阀 1 关闭不严，造成液压油直接回油箱。②由换向阀 2、4 和溢流阀 3 组成的卸荷缓冲回路处于常通。

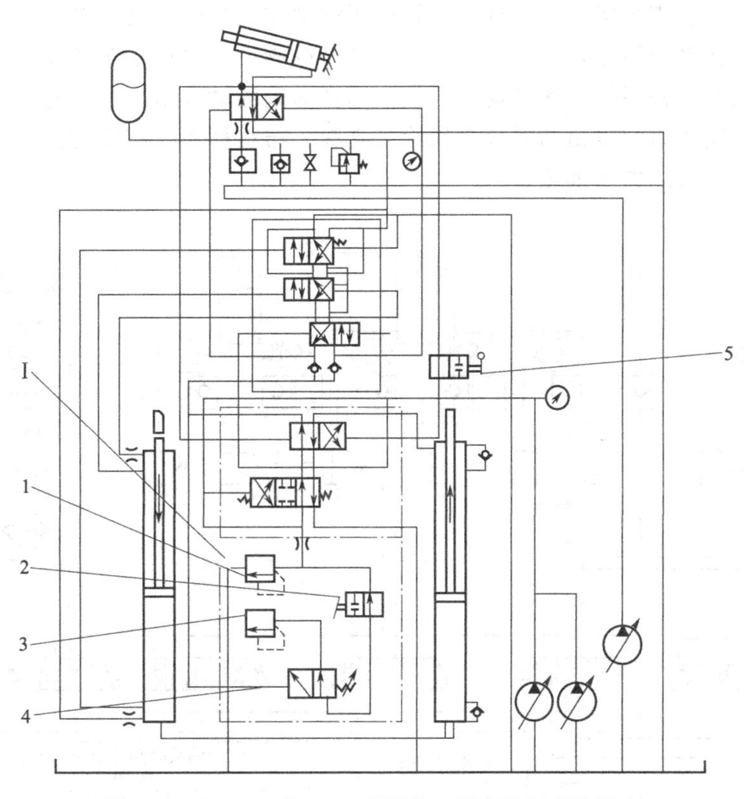

图 6-50　KVM34X-2023 型混凝土泵车液压系统原理

1—安全阀；2、4、5—换向阀；3—溢流阀；Ⅰ—组合阀组

鉴于以上分析，维修人员进行了两种相应的测试检查：一是在换向阀 2 和 5 同时处于断开位置时检测安全阀的溢流压力，结果测得此压力值为 55MPa，这表明安全阀工作正常，即故障原因①被否决。二是在换向阀 2 处于断开位置时进行试车；结果此时排量调节旋钮的功能已恢复正常，且泵送有力，液压油的油温也逐渐下降，但泵送时特别是换向时出现的液压冲击和振动仍很大。由此判定，故障是因换向阀 4 失效使卸荷缓冲回路处于常通状态造成的。因组合阀组Ⅰ中的换向阀 4 平时处于右边位置，只有在泵送换向的瞬间才处于左边位置以接通卸荷缓冲回路，此阀若被卡死在左边位置，空载试车时因无负载，设定压力为 8MPa

的溢流阀 3 未出现溢流，故而一切正常。而当有负载时，此阀则被打开（一般工况下主油压在 10MPa 以上），使此卸荷缓冲回路处于常通状态，这样主油路的压力油就直接流回油箱，从而造成泵送无力、液压油温升过快的故障，此时虽可调整排量调节旋钮以增大主液压泵的排量，但因参与工作的压力油大部分已流回油箱而未能增加，因此排量调节旋钮就不起作用了。

拆检后发现，换向阀 4 的阀芯因磨损已被卡住。更换新件后故障现象即消失。

(2) 石川岛 IPF100B-8E27 型混凝土泵车布料杆不动作故障的诊断与修理

[故障现象]

某单位一台石川岛 IPF100B-8E27 型混凝土泵车已使用 10 年有余，工作状态一直比较正常，最近却出现了布料杆突然不动作的故障现象。但当发动机熄火后再重新启动时，布料杆却又能正常动作，其他如泵送、搅拌系统均工作正常。

该泵车布料杆的动作是靠布料杆泵（见图 6-51）提供的液压动力油实现的。来自泵的油液分两路，一路经支腿操纵阀组推动支腿液压缸动作。另一路流向二位三通换向阀后再分两路，一路通泵送系统油路；另一路流向布料杆操纵阀组，再推动布料杆的大臂、中臂和小臂液压缸动作及布料杆回转马达转动。二位三通换向阀的动作由二位四通换向阀控制，二位四通换向阀的控制压力油也由布料杆泵供给。支腿、布料杆操纵阀组的回油与二位四通换向阀的回油合并后经过滤器回油箱。

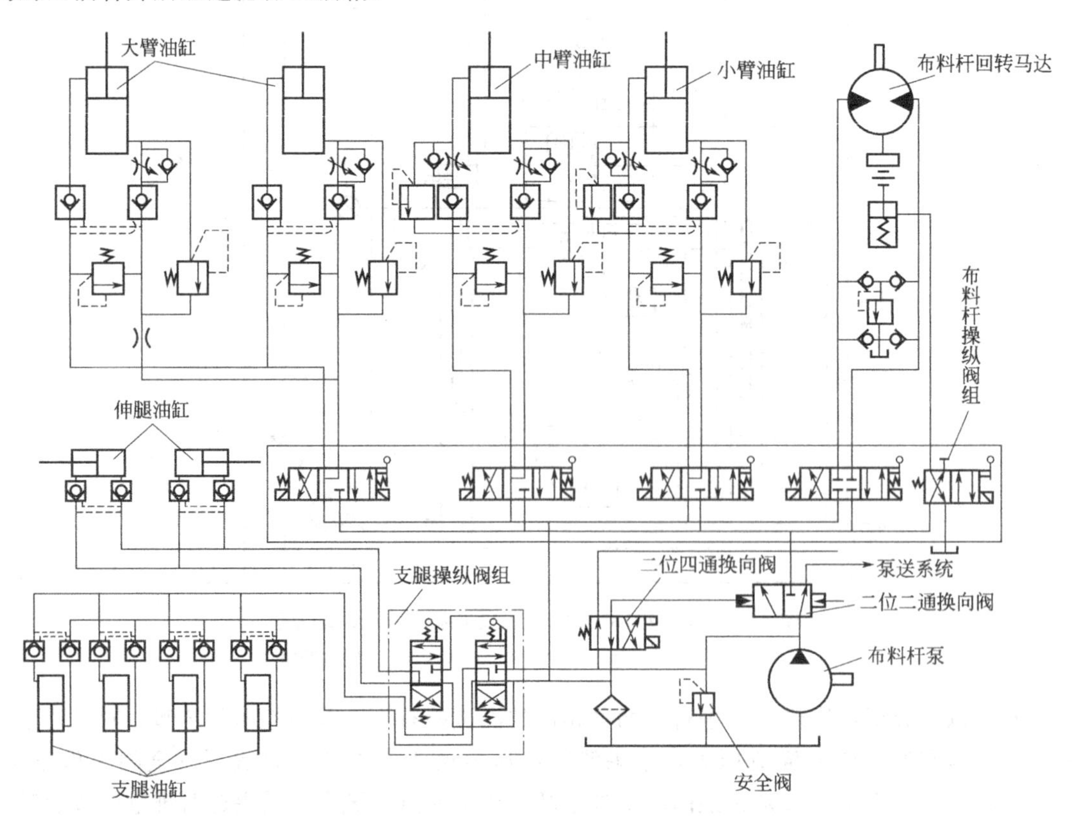

图 6-51　石川岛 IPF100B-8E27 型混凝土泵车布料杆液压系统原理

当支腿和布料杆不工作，二位三通换向阀在图 6-51 所示位置时，布料杆泵的压力油经二位三通换向阀供给泵送系统，以提高泵送混凝土的速度。如果需操作支腿作水平伸缩或垂直收放动作，就必须操纵二位四通换向阀，让二位三通换向阀换向，关闭至泵送系统的油路，才能使支腿动作；否则，该系统油路与泵送系统相通，压力无法建立起来。同样，要使布料杆动作，也必须操纵二位四通换向阀使二位三通换向阀换向，关闭至泵送系统的油路，并打开至布料杆操纵阀组的油路，布料杆才能动作。

布料杆的动作是由泵车的遥控器控制的。遥控器上有 4 个开关分别控制布料杆的左右回转，以及大臂、中臂和小臂的升降动作。这 4 个开关中的任何一个开关动作，均可使二位四通换向阀上的电磁阀动作。

故障分析和检查

根据故障现象，可判断属于机械方面故障的可能性较小，唯一有可能的是布料杆泵的花键轴被损坏。经检查，泵轴并无松旷和异响，因而此故障原因可排除。那么，故障原因应在电气或液压系统方面。

电气方面可能发生的故障有：电磁阀工作不良、线路接触不良或松动、遥控开关接触不良和继电器动作不良或触点烧坏等。检查时，在布料杆发生不动作故障的状态下，断开或接通二位四通换向阀上电磁阀的电线接头，发现有火花，电磁阀也有动作的声音，但故障现象并未改变，说明电气方面并无故障，因此可判定故障是在液压系统上。

经分析，布料杆操纵阀组和各液压缸、液压马达一般不可能同时出现故障，而且在布料杆有故障时操纵支腿也不能动作，由此判定故障应在布料杆泵到二位三通换向阀这一段油路中。

此段液压油路可能发生的故障有：①布料杆泵有故障。②安全阀工作不良，有卡住现象。③二位三通换向阀阀芯动作不到位，有卡住现象。④二位四通换向阀的控制油路不能建立起油压或回油油路被堵塞，致使二位三通换向阀阀芯两端的压差为零，阀芯不能动作。针对这些可能出现的故障，通过听、看、摸等方法，对这段油路进行了检查，发现出故障时，布料杆泵出油管至二位三通换向阀及至泵送系统的油管均有油流感，但与正常工作状态时比较，明显感到压力较低。拆检二位三通换向阀和安全阀后得知，二位三通换向阀阀芯移动灵活，只是安全阀阀芯磨损较严重，但在更换安全阀后试车时，故障症状依旧。于是又在二位三通换向阀的阀芯一侧垫上平垫片，并关闭了去泵送系统的油路。试车时，当发动机转速低于 2000r/min 时，支腿、布料杆的动作均正常；当发动机转速超过 2000r/min 时，布料杆不能动作，此时安全阀也不卸荷。据此判定，安全阀、二位三通换向阀以及换向阀的控制油路均完好，故障应在布料杆泵上。

拆检布料杆泵，发现配流盘与泵体接触面磨损较严重。因而当液压泵在接近额定转速和额定压力状态下工作时，配流盘与缸体间产生间隙，动力油被大量泄漏，虽能保持一定的压力，但泵的排量却为零，所以布料杆不能动作。当该泵停止运转后，泵体在回程弹簧的作用下又与配流盘接触，并保持密封状态，发动机再启动时，该泵又能供给一定压力的动力油了，因而布料杆就能动了。

更换该布料杆泵后，各种工况下布料杆的动作均恢复正常。

(3) 石川岛 IPF110 型混凝土泵车水洗系统故障的诊断与修理

混凝土泵车在泵送作业结束后，或因某种原因使作业停顿，混凝土如在输送管路内停留时间过长，将出现凝结现象，通常采用水压清洗方法将输送管路排空、清洗。

以日本 IPF110 型混凝土泵车为例，其水洗系统如图 6-52 所示。液压缸的往复运动驱动水缸 2 的活塞运动，由吸水管吸入的水经吸吐阀 8 进入水缸，排出的水经吸吐阀的排水管排出。吸吐阀是由两个平板式单向阀组成的阀组，流量大、密封性好。由机架构成的箱形空腔作为水箱 5，容量 495L，清洗水不足部分可通过三通阀 4 由外部水源供给。由部分机架构成的箱形空腔作为副水箱 7，容量 84L，由于部分液压管路从副水箱中穿过，可对液压油进行冷却。节流阀 9 是在管接头上加工了一个节流小孔，起到水洗系统过载保护的作用。过滤器 3 为网式，避免水箱中杂质进入水洗系统，保证水缸及阀件工作可靠。设置截止阀 1 是为了冬季作业后，可放尽水缸中残留存水，避免冻坏水缸。

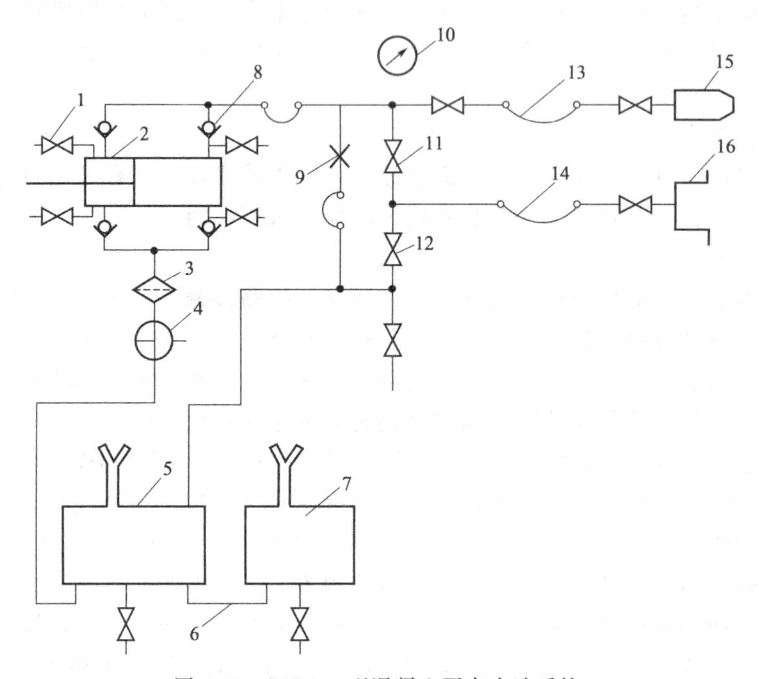

图 6-52　IPF110 型混凝土泵车水洗系统

1—截止阀；2—水缸；3—过滤器；4—三通阀；5—水箱；6—塑料管；7—副水箱；8—吸吐阀；9—节流阀；10—水压表；11—主流阀；12—分流阀；13—胶管；14—水洗软管；15—洗车喷嘴；16—水流管

故障诊断

① 水洗完成后，按使用说明书所述，如图 6-52 所示，打开分流阀 12，使臂架处于垂直状态，臂架上混凝土输送管路中的污水将被倒回水箱，以便再用。冲洗后的污水中含有少量水泥、细砂等杂质，混浊度值高达 $(435\sim550)\times10^{-6}$，它们在水箱中不断沉淀，会影响水箱的有效容量，其沉淀物也无法清除。日本的一台 IPF100 型混凝土泵车由于水箱及副水箱已丧失储水功能，另设了一个储水箱，原副水箱对液压油进行冷却的功能也随之丧失。大连某用户从日本进口的几台二手石川岛混凝土泵车也存在同类问题。在日本有一台 IPF100 型混凝土泵车上的塑料管 6 因沉积水泥及细砂等杂质，起不到连通管的作用，使水箱与副水箱中的水不能相通。水缸上 4 个放水用的截止阀 1，也因阀孔内含有水泥沉积物，影响了放水功能，同时还加剧了网式过滤器的过滤负担。

② 国内某用户在使用 IPF85B 型混凝土泵车完成泵送作业后清洗输送管路时，为了节省海绵球，用低标号砂浆把管内的混凝土顶出来，并拆去前端软管，装上和臂架同径的钢管，采用外接水泵供水清洗，使该混凝土泵车自带水洗系统丧失了应有的功能。

③ 水压表失灵现象比较普遍。

④ 水缸不排水、水压偏低。

⑤ 水流不连续。

故障排除

① 输送管路清洗后，按使用说明书所述，应升高臂架使混凝土输送管路内的污水流回

水箱，以便再用。此种做法既没有必要，还会给混凝土泵车水洗系统带来诸多危害。因此，在设计与生产混凝土泵车时，建议将其水洗系统进行改进；即使升高臂架也不能让混凝土输送管内的污水流回机体水箱。用户在水洗完成之后，应将臂架上输送管路中的污水尽可能排出机器之外。清洗用水应使用自来水或清洁水。用外部水源时要通过三通阀供给，在完成清洗之后，应及时清洗过滤器。

② 混凝土泵车上自带输送管路的水洗系统及水洗液压系统造价近万元，如仅仅为了节省海绵球而另外设置水泵清洗系统，既增加了设备费用，还不能保证水洗正常压力的要求，并且给操作带来诸多不便。水洗系统、水洗液压系统及副水箱对液压油的冷却功能也随之丧失，故此法不宜提倡。

③ 通过水洗压力表及时观测水洗系统工作情况，如失灵应及时更换。水洗正常压力为：水缸活塞排水腔为 5MPa，吸水腔为 4MPa。

④ 如水缸不排水，水洗压力低，应先检查水洗系统过滤器是否阻塞；水洗液压系统的调定压力是否偏低；水缸活塞磨损情况；吸吐阀是否有泄漏和水洗阀阀杆是否到位等。

⑤ 当水流不连续、水缸只有一侧排水腔在工作时，应首先检查电磁阀另一侧是否到位（或通过手动换向检查），并检查吸吐阀是否泄漏、吸吐阀位置是否装反等。

(4) IPF85B-2 型混凝土泵车滑阀动作失灵故障的诊断与修理

混凝土泵车滑阀是混凝土泵车的一个主要组成部分和工作部件。由于滑阀直接输送混凝土，并承受闸阀换向时的冲击载荷，故该系统负荷大、磨损严重，运行一段时间后容易发生故障。滑阀动作失灵（主要指不动作）的原因分为两部分：一部分是由于机械本身出现故障，另一部分是由于液压系统出现故障。滑阀液压系统如图 6-53 所示。

故障诊断与排除

a. 当所有开关都转至滑阀工作状态时，能听到液压系统“当当”声而滑阀不动作。

b. 当用手摸滑阀液压缸的进回油管时，能感觉到随着进回油的变换进油管发胀（油压较高）而滑阀不动作，此时一般判断是机械本身故障。

如果故障出在机械本身，一般可从以下几个方面检查其产生故障的直接原因。

① 易损件，诸如滑杆和阀板磨损达到极限。

② 滑杆密封件损坏和磨损。

③ 滑动部分的间隙中，存在有大块凝团泥浆。

滑阀动作失灵，如果问题由液压系统引起，要逐项检查如下项目。

① 检查顺序阀的调整压力。

② 检查蓄能器气压是否过低；如果有必要，应用蓄能器气体充气设备正确测量气压。对 IPF85B-2 型混凝土泵车，在 50℃时的工作压力小于或等于 5400Pa 时，必须充气。

③ 当顺序阀的压力和蓄能器气压是正常的，故障仍查不出，此时应按如下顺序检查：首先清理滑阀，并充分涂以润滑油，进行无负荷操纵，并把 CP 操纵开关调至 off 位置。使升压阀换向，计算滑阀直到不滑动时升压阀的换向次数。主液压泵的转速在 1000～2000r/min 时，不管排出量手柄所指示的刻度在 15 以上的任何点停止，由升压阀作用的滑阀工作循环次数在两次以上，都是正常的。

④ 检查减压阀的压力，并检查操作系统。

⑤ 如果滑阀工作循环次数少于两次，则必须考虑滑阀的阻力是否过大或液压系统有问题。在这种情况下，要与维修服务工厂联系。

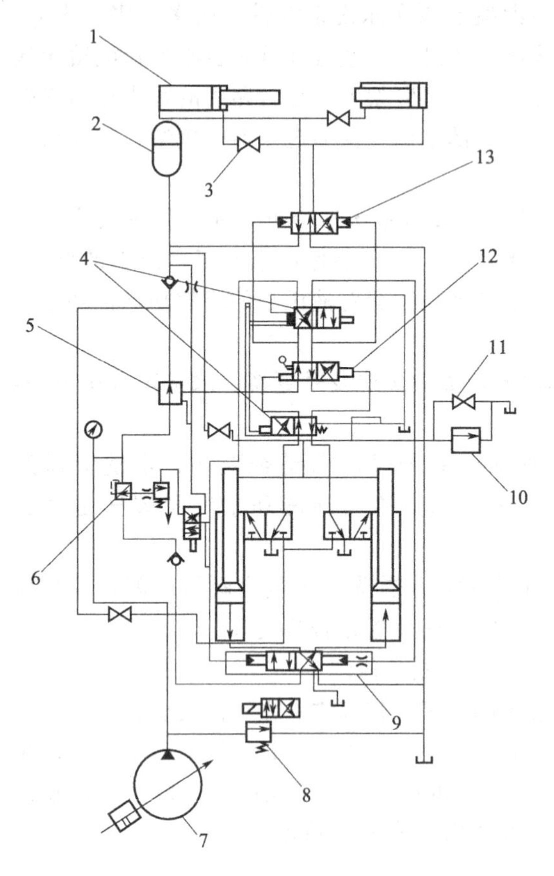

图 6-53　液压系统

1—闸阀液压缸；2—蓄能器；3—球阀；4、13—换向阀；5—减压器；6—顺序阀；7—主油泵；8、10—溢流阀；9—主换向阀；11—行程控制阀；12—升压阀

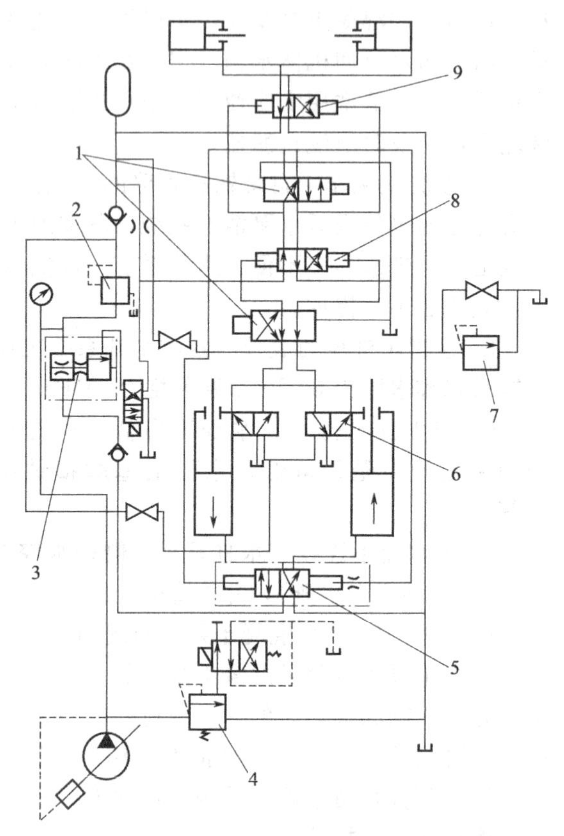

图 6-54　85B 泵车液压系统

1—换向阀；2—减压阀；3—顺序阀；4—主溢流阀；5—主换向阀；6—先导阀；7—溢流阀；8—升压阀；9—滑阀换向阀

(5) 85B 型混凝土泵车液压系统油温过高故障的诊断与修理

[故障现象]

混凝土泵车最常见的故障之一是混凝土压送过程中的液压油温过高，使泵送作业不能连续进行。本节以 85B 型混凝土泵车为例给予分析。

故障诊断

85B 型混凝土泵车（液压系统见图 6-54）规定液压油温正常使用范围为 30～60℃。超过 60℃，就视为油温过高。原因是：

① 压力调整不当。液压系统中，需要经常检查和调整的液压阀就有 10 多个。如果这些液压阀中，有一个压力调整不当，就会使液压系统工作不协调，造成瞬时和经常性的油温偏高。溢流阀卸荷压力为 28MPa，如果压力调得高于此值，泵送过程遇到较大载荷时，压力过高，就会使油温升高过快。顺序阀的调定压力值为 10.5MPa，压力调得过高，将使泵送混凝土系统各液压阀换向时的压力偏高，特别在炎热的夏季，温度升高十分明显。回油系统溢流阀压力为 0.15MPa。如果压力调得过高，将产生热量。

② 冷却系统压力调整得低，使冷却器马达的转速偏低，会影响冷却效果，使液压油冷却器堵塞。

③ 液压油黏度过大，在流动过程中的阻力大，压力损失也大，产生的热量使温度升高，

黏度小则黏温特性不好。组合阀块的润滑靠液压油润滑，由于黏度下降后油膜难以形成，润滑特性下降使阀体运动时的阻力加大。

④ 液压系统的内泄也会引起温度升高。液压系统在工作时，如果某一部位产生内泄，则将产生节流作用，使压力损失增大，温度升高，这种现象可能出现在主液压缸或滑阀液压缸。主要特征是，油温上升快，关闭手动运转阀时油压上升慢，液压油出现乳化现象，并伴有少量气泡。这种现象在施工现场经常发生。

故障排除

① 为了保证泵送时的良好工况，必须及时检查调整使用说明书中规定的压力。有一台85B型泵车，在工地施工中油温升高特别快，无法正常工作。对系统压力进行检查时发现，主溢流阀卸荷压力为23MPa，系统压力调节不上去。低于规定的28MPa，对主溢流阀和主液压泵测试均正常。泵车大修时发现左侧主液压缸活塞严重损坏，主液压缸被拉伤，更换主液压泵此现象消失。

② 系统工作时，个别元件在不工作的情况下没有卸压。85B型泵车装有4个液压泵(主液压泵、臂架液压泵、搅拌液压泵和水泵)。正常泵送混凝土时，臂架和水泵处于卸荷状态。作业时，臂架液压泵和水泵有一个不卸荷，系统温度就会上升。85B型泵车容易出现的故障是臂架液压泵不卸荷，主要原因是臂架溢流阀主阀芯中心带有螺纹的油堵脱落，使臂架液压泵不能卸荷，液压系统始终在高压下工作，使油温迅速升高。

③ 及时清理过滤器，必要时更换滤芯。

④ 加强对液压油的管理。

a. 选用黏度指数大于95的液压油。

b. 加强对油品的入库和出库管理。液压油入库保存前要化验，确定其理化指标与品牌是否相符。针对不同季节，确定液压油的黏度。对于入库的液压油要分类置放，严禁不同牌号的油品混放。

(6) 日本IPF85B-2型混凝土泵车臂架系统故障的诊断与修理

某公司从日本引进IPF85B-2型混凝土输送泵车。该车采用两个往复运动的液压活塞传递动力，将混凝土挤压到施工地点。车的臂架机构相当于一套布料器，使混凝土在施工浇注中方便迅速。它的工作水平长度17.4m，垂直长度20.7m，可作全回转及各种角度施工。该臂架由液压缸和液压马达驱动。液压缸及液压马达的液压油由一台定量柱塞泵提供。液压泵与液压缸、液压马达及相应的液压元件、电气元件构成一整套电液闭合回路的控制系统。由于臂架的控制工作系统比较复杂，在使用中发生的故障较多，现将该系统的液压回路及故障的分析处理介绍如下。

由图6-55可见，此系统由四部分组成。

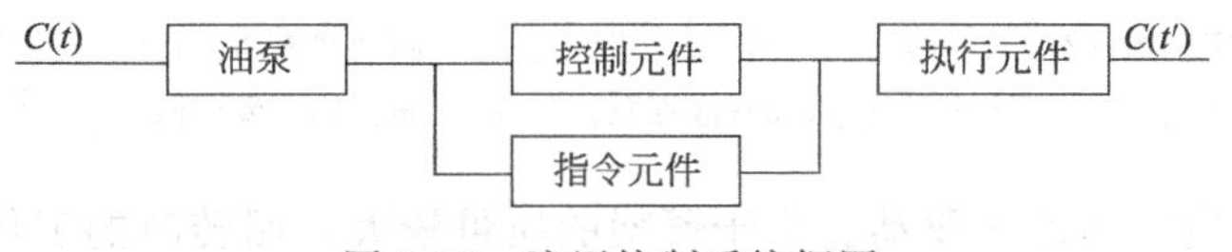

图6-55 液压控制系统框图

液压泵：额定压力为28MPa的斜盘轴向柱塞泵向液压回路提供压力油，液压泵与油过滤装置组成供油系统。

控制元件：包括溢流阀、换向阀、节流阀及平衡保护阀等。把来自液压泵的压力油分配到相应的工作元件，使系统可靠地按程序工作。

指令元件：由电磁阀、控制开关等组成，用电信号指令换向阀动作。

执行元件：包括液压缸、液压马达。其作用是使臂架完成伸、缩或回转的工作指令。

在液压系统中，当液压油的压力达到额定值 28MPa 时，图 6-56 中的阀 1 处于开启状态，保证系统在额定压力下工作。阀 2 相当于一个卸荷阀，在非工作状态时处于平行位，使来自液压泵的液压油卸流回油箱，当处于交叉相位时，液压系统处于工作状态。

现以下段液压缸油路为例说明其工作原理。

在图 6-56 中，通过手动或电磁阀动作使阀 5 换向来完成液压缸的伸缩动作。节流阀 3 与一个二位四通换向阀 2 组成流量控制阀组，控制臂架伸缩回转的速度在一定范围内，保证臂架工作过程的安全。因液压传动中的速度与流量有关，故调整阀 3 节流孔的大小，直接影响进入液压缸的油流量。图 6-56 中用双点画线框起来的部分为管架系统的平衡阀组，它由液控单向阀 11、减压阀 9、溢流阀 10 等组成。该阀组的作用是保证液压缸工作状态的安全平稳。当阀 5 处于交叉相位，液压油通过单向阀进入液压缸有杆腔，而无杆腔的油通过节流阀——阀 11、阀 5 回油箱。当下段液压缸的液压油回流时，平衡阀组内的阀 9 使回路中产生 5MPa 的背压，用以保证液压缸回落的平稳可靠。当液压缸回落或受到较大冲击振动时，为使液压缸内的瞬间高压油不至于击穿油塞，阀组内设置阀 10 溢流以保证液压缸工作的安全。

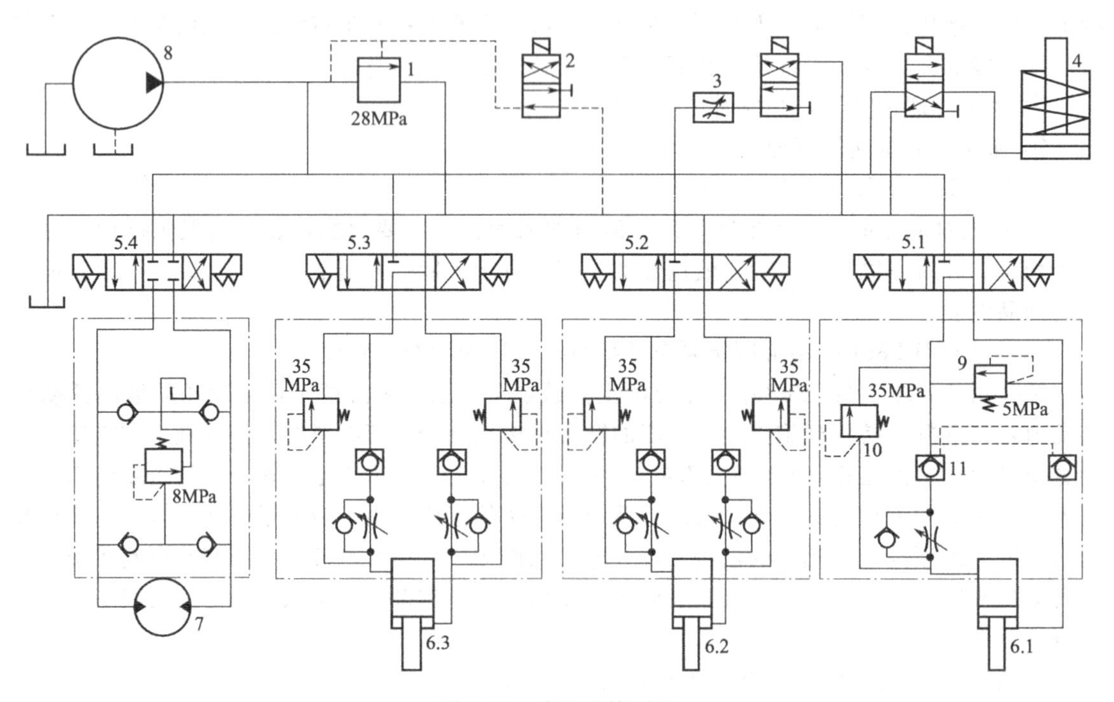

图 6-56　液压系统原理

1—导调式安全阀；2—二位四通换向阀；3—节流阀；4—制动器液压缸；5—三位四通换向阀；6—臂架系统；7—回转液压马达；8—液压泵；9—减压阀；10—溢流阀；11—液控单向阀

管架的回转由液压马达 7 驱动。由于臂架的质量较大，回转时的工作惯性也较大，为避免臂架回转动作终了，液压马达内产生较大的不平衡力并使管架可靠制动，阀内设置一个减压阀，使低压油路产生 3MPa 的背压来保证管架回转时的工作平稳。

故障诊断与排除

准备两块量程 35MPa 的压力表及相应的油管及接头。

① 臂架起升时费力缓慢。

将压力表安装在液压系统中（该系统在支腿操作阀组上有一压力测试接头），测定系统压力不小于28MPa后，要考虑如下几方面的因素。

a. 液压缸的活塞密封圈损坏，使低压油腔与高压油腔串通而造成高压油腔的流量及压力不足，此故障要更换密封圈，同时检查缸壁是否有拉痕。

b. 节流阀3的流量值太大。由于电气部分可能短路或开关不回位，使阀3始终处于分流状态。可切断该阀电磁阀电源，并调整该阀的流量。若依旧未排除故障，可断定非此阀原因。

c. 臂架升落的连接铰接处因润滑不到而锈蚀，造成起落臂架阻力过大。

② 臂架伸缩回转不动作或动作不停。要从如下几方面考虑。

a. 电路系统中检查熔断器是否断了，电路是否短路或电磁阀是否烧损。

b. 若只是回转不动作，要检查回转液压马达是否有问题或回转减速箱的传动轴是否“滚键”。

③ 臂架回转停止后自然滑移。

制动器摩擦片表面有污油或磨损超过规定值，锁不住臂架回转台的制动盘而造成臂架因重力原因的自然滑移。应更换摩擦片。

④ 臂架液压缸逐渐收缩。

a. 首先应考虑的是液压缸内的活塞密封圈有无损坏，处理如前所述。

b. 若液压缸内无问题，就应考虑到是臂架液压缸的平衡阀组的问题，主要是平衡阀组的封闭不严造成封闭腔的液压油回流泄压。拆下平衡阀组，检查阀体底座有无裂痕；阀内的液控单向阀是否被异物卡住或阀芯与阀座的配合面接触不良，而造成液压油通过单向阀回流泄压。若是阀体座有裂痕则应更换阀组。若是单向阀故障，则可根据实际情况修复或更换。修复后的平衡阀组必须经试验台测试后方可使用，否则可能会造成臂架缸的工作不可靠。

⑤ 臂架的一方不动作。

此故障一般多在液压缸上升伸出时发生，原因较多。

a. 首先测定系统压力是否可达28MPa的额定值，若达到了额定压力值，要检查液压缸的换向阀5。在排除电气故障的可能性之后，可用手动推该阀的换向阀杆，若推不动可判定阀杆被异物卡住，拆下换向阀，排出异物，同时检查阀杆及沉积槽、密封圈有无磨损，确认无误后再安装。

b. 检查液压缸的密封圈有无损坏，处理如前所述。

c. 在测定系统压力低于28MPa的额定压力值时，分析原因一般有三种。

• 安全阀的开启压力低于规定值。调整安全阀，观察压力是否上升，若无作用，将该阀拆下，检查阀座有无裂痕，阀座的裂痕会造成油泄漏，油路分流压力降低。因该系统所用的是对安全阀，所以要同时检查先导调压锥阀和阀座的配合面接触情况，若该配合面封闭不良，压力油就会在额定压力下顶开阀内的主阀芯而泄压回油。上述两种情况都应更换安全阀。

• 节流阀的流量太大。此故障的处理可直接在油路中进行。调整阀流量，若压力无变化，可断定非此阀原因。

• 柱塞液压泵的内泄大于规定值，使泵不能向回路中提供足够的压力油。在检查上述情况无误后，可断定是柱塞泵的供油（出口）压力不足所致，阀板与柱塞缸之间的磨损使弹簧推力减弱、板阀间的配合不良、高低压油在液压泵内部泄漏，这些均可导致泵的出口油压力不足。

拆开液压泵同时注意各个液压缸与柱塞偶件不要弄混，最好在液压缸和柱塞上做上记号。在弹簧的受力方向加调整垫，增强弹簧的张紧力，使泵体内的液压缸与阀板、阀板与阀体得到足够推力的可靠配合。若阀板表面与阀体表面有轻微划痕或翘曲，可通过手工研磨修复。液压泵装配后可在试验台上测试。若不具备试验台，可采取一种简易可行的测试方法：将泵卡在台钳上，用手将泵的出油孔堵死，用油桶往进油孔注入液压油，然后沿泵的旋转方向转动花键轴，不停地转动、不停地注油，观察回油孔是否回油，若不再回油，表明该泵基本达到了工作要求。否则可根据情况进一步研磨阀板，修复或更换液压泵。

臂架液压系统的压力不足还可采用仪表隔断法来分析判断。

在该系统设定的压力测试处安装压力表，然后将系统通向臂架液压缸的阀与油路隔断，操作阀 2，观察压力有无变化，若压力即刻达到规定值，可断定是阀 5 的内部综合泄漏所致，此情况不多见。若压力依旧不变化，即可断定是安全阀或液压泵的故障。若无试验机台，可将安全阀油路隔断，短时间操作阀 2，看压力能否达到规定值，若能达到，则可断定是安全阀故障，否则是液压泵故障所致，安全阀的故障一般要更换安全阀。

(7) 混凝土泵车主缸速度慢故障的诊断与修理

某公司设计制造一种新型混凝土泵车，该混凝土泵车局部液压系统如图 6-57 所示。主泵 1 为力士乐 A4VG125HD 型双向伺服变量泵。该主泵内含控制泵 7，控制泵输出流量分为 3 路，一路向主系统补油，实现油路系统的热交换；第二路通向变量泵的伺服缸 8，推动斜盘运动；第三路通往减压阀 5、电磁换向阀 4 来控制伺服阀，从而控制伺服缸 8 的运动，最

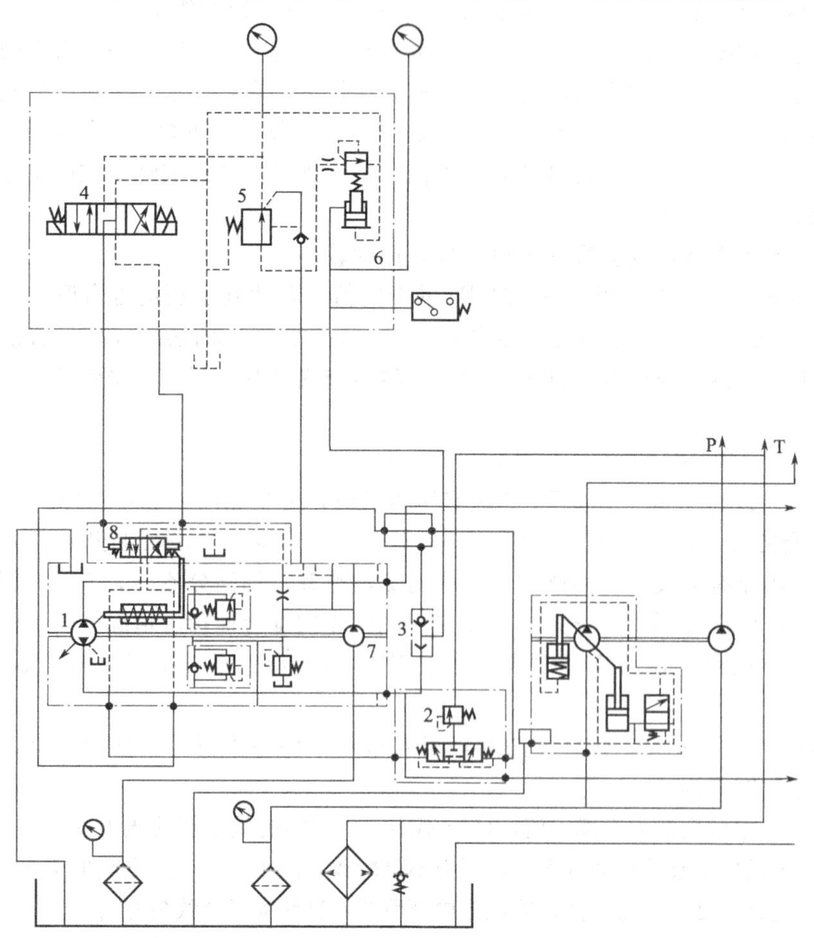

图 6-57　混凝土泵车局部液压系统

1—主泵；2、5—减压阀；3—单向阀；4—电磁换向阀；6—可调减压阀；7—控制泵；8—伺服缸

终通过变量泵输出流量来调节主工作缸的速度。

在该系统调试过程中发现，主缸工作时达不到最高速度。通过排除法最终确定问题在于减压阀5出现故障，经检查，减压阀5为国内某液压件厂生产的力士乐系列ZDR6DA2-30/25Y型减压阀，在开始调节手柄时其二次压力能达到1.6MPa，但把手柄进一步往里拧时，二次压力反而降下来，最高只能调到1.4MPa，查力士乐A4VG125HD变量泵的样本，该泵的控制压力达到1.8MPa时，才能达到最大排量125mL/min。因此，混凝土泵车厂认为主缸运动速度不够，是由于减压阀5二次压力达不到设定值造成的。

将此阀在该液压件厂的出厂试验台上试验，结果没有任何问题，因此该液压件厂认为他们的阀没有问题，为此混凝土泵车厂专程购买了北京液压件厂同型号的减压阀进行试验对比，经过参与现场试验，换上北京液压件厂生产的减压阀后，该混凝土泵车工作正常。这说明某液压件厂生产的减压阀确实有问题，可是在该厂的试验台上试验为什么没有问题呢？

力士乐系列ZDR6DA2-30/25Y型减压阀属于叠加式三通型减压阀，其工作原理如图6-58所示，在初始位置时，阀打开，压力油可从A腔自由流向A_1腔，同时A_1腔压力通过通道5作用在阀芯2的端面上。如果A_1腔压力超过弹簧3的设定值，阀芯向右移动，使A_1腔压力保持不变。如A_1腔压力继续升高，阀芯2继续向右移动，当压力超过一定设定范围时，A_1腔压力油经阀芯2的中孔与弹簧腔及T腔相通，直到压力停止增长为止。即此间当压力超过调定值时，由A_1腔向T腔溢流。

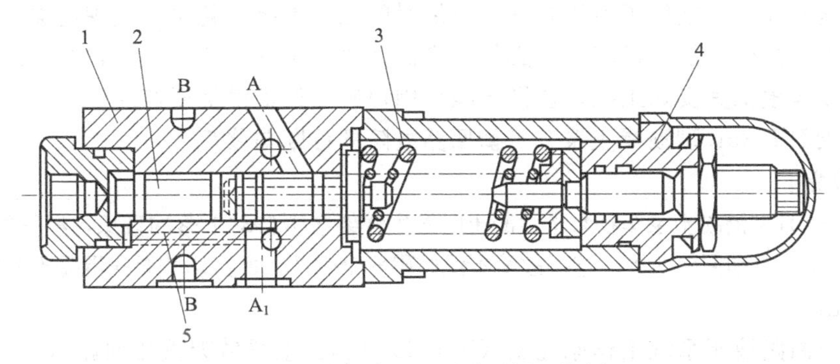

图6-58 叠加式三通型减压阀工作原理

1—阀体；2—阀芯；3—弹簧；4—端盖；5—通道

维修人员对某液压件厂生产的减压阀零件进行测量，发现该阀芯及调压弹簧均符合图样要求，问题出在阀体上，由于结构限制，阀体上的工作口A设计成直径为6mm、与水平方向成30°的斜孔，由于该斜孔轴向尺寸不好测量，因此检查员对此孔的轴向距离不作检查，仅靠工装来保证，正是由于工装磨损，造成该阀体A孔截距与图样不符，其最右端向右错动了2mm（如图6-58所示），而理论上阀芯处于初始位置时在此处的封油长度为1.5mm，因此阀芯在初始位置实际上已经有0.5mm的开口量。显然，只有进入A腔的油流量足够大，二次压力才能建立起来，否则液压油将直接通过此泄漏口流回油箱。二次压力的高低取决于油液流过此泄漏口的压力损失。图6-57所示液压回路其控制泵输入到减压阀的实际流量较小，只有2L/min左右，因此，由于减压阀存在着一个0.5mm的泄漏口，在小流量下其压力无法达到设定要求，最终使变量泵没有达到最大排量，导致主缸达不到最高速度。

可是为什么此阀在该厂的出厂试验台上试验时没有发现任何问题呢？该厂ZDR6DA2-30/25Y型减压阀出厂试验台原理如图6-59所示。

其出厂试验项目如下。

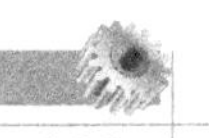

① 调压范围。

② 压力振摆及压力偏移试验。

③ 内泄漏量试验。

④ 流量变化对二次压力的影响。

⑤ 一次压力变化对二次压力的影响。

该出厂试验台在进行流量变化对二次压力的影响试验时，其流量的变化是靠节流阀来调节通过减压阀的流量的，同时又用该节流阀来加载。

通过上面分析，液压油进入减压阀后实际上已分成了两路，一路通过阀芯控制口进入 A_1 腔，一路则通过 0.5mm 的泄漏口流到 T 腔（图中未标），因此节流阀只是控制了通道 A_1 的流量，并没有控制通过泄漏口的泄漏，而由于该试验回路的试验流量为 30L/min，足以使二次压力建立起来，因此该试验回路无法试验出减压阀的这种特殊的质量问题。

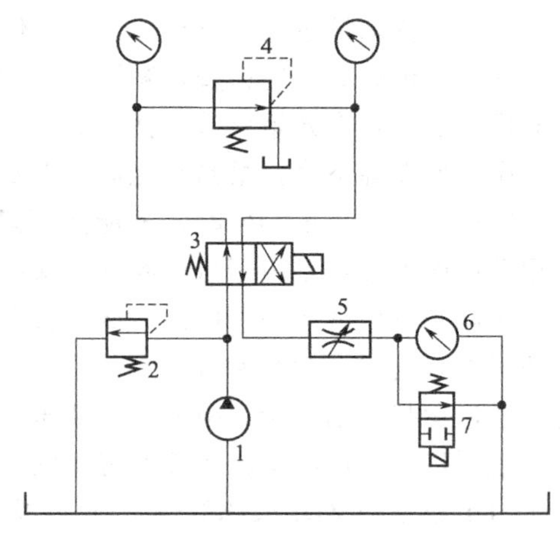

图 6-59　减压阀出厂试验台原理

1—液压油泵；2—溢流阀；3、7—换向阀；4—减压阀；5—调速阀；6—压力表

正确的出厂试验台原理图应该是在减压阀的进口加一个节流阀来调节流量或者用变量泵调节流量，这样才真正模拟了减压阀的小流量时的工作情况，就可以发现此类问题。

由此可见产品生产加工过程中，必须严格保证关键零件的关键尺寸，产品出厂的试验也必须最大限度地模拟其实际工况，这样才能为用户确实地提供优质产品。

（8）楚天 IPF-85B 型混凝土泵车平衡回路故障的诊断与修理

[故障现象]

楚天 IPF-85B 型混凝土泵车在泵送混凝土时发生臂架缓缓自动下落的现象，经仔细检查和分析是上段臂架液压缸自动回缩所致。这一故障不但妨碍安全生产，而且影响泵送混凝土的准确性。

故障诊断

根据臂架回路液压系统工作原理图（图 6-60 只画出上段臂架液压回路），认为引起上段臂架液压缸自动回缩的原因是：

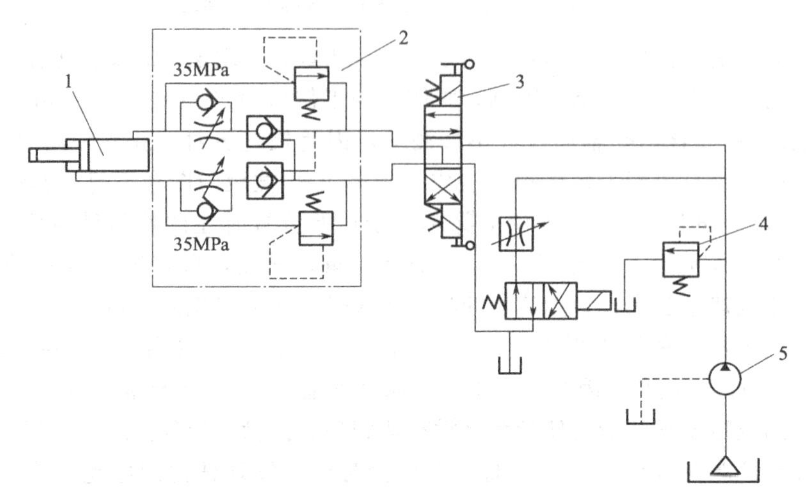

图 6-60　上段臂架液压平衡回路工作原理

1—上段臂架液压缸；2—平衡阀；3—臂架控制阀；4—溢流阀；5—臂架液压泵

① 上段臂架液压缸内的活塞密封件损坏，从而形成高压腔和低压腔相窜通，导致液压缸自动回缩。

② 上段臂架液压缸的平衡阀内部零件损坏，造成高压油泄漏，从而使液压缸自动回缩。

③ 液压油的污染物滞留于平衡阀内，造成主阀芯关闭不严而泄漏高压油，引起液压缸自动回缩。

故障诊断

由上述三方面的原因分析，应先检查上段臂架的平衡回路。平衡阀是平衡回路的主要元件，它安装在液压缸大腔的底端，其作用是控制臂架下降的速度和防止油管突然爆裂。油管爆裂时，臂架处于工作状态，液压缸突然回缩，会使臂架骤然下落造成机械事故。由于平衡阀控制大腔高压油的作用，即使将回油管接头卸下，也不会有油液溢出，液压缸当然不会有自动回缩的现象。

根据平衡回路的工作原理，进行下面两项检查。首先，检查上段臂架的平衡阀，让臂架伸出处于工作状态，臂架控制阀位于中位，再放出液压油箱内的压缩气体，这时拆卸平衡阀的回油管接头，发现有液压油泄漏；其次，将中段臂架液压缸和上段臂架液压缸的平衡阀互相换位，因为中、上段臂架液压缸的平衡阀是同型号。经换位后，中段臂架液压缸发生自动回缩的现象。经上述两项检查说明是平衡阀有故障。排除了第一种原因。

解体平衡阀，平衡阀内部的零件没有损坏，磨损正常。但平衡阀内有许多类似淤泥的黏状物，这些黏状物是液压油的污染物，由于这些污染物滞留在平衡阀主阀芯的接合面上，使阀芯关闭不严而泄漏液压油，造成液压缸自动回缩。用煤油将平衡阀内所有零件清洗干净，疏通各油道；再用干净的压缩空气将零件表面和油道内部残留油液吹干，最后组装平衡阀，用压力测试仪调整平衡阀的压力，应为35MPa。安装好平衡阀后，重新操作使臂架处于工作状态，反复操作数次，最后使上段臂架前端距地面1.5m左右，再在前端用一根钢丝绳吊重约0.5t的重物，然后起升臂架并调整使重物恰好离地面15cm，让臂架停留40min，上段臂架液压缸无自动回缩的现象，经8h泵送混凝土，臂架工作正常。但是，平衡阀出现故障的原因，维修人员认为是不合理的修理方法造成的液压油污染。施工现场的混凝土泵车，一般是在砂土坑道或坑道旁边泵送混凝土，空气中的尘埃含量较高，常在现场更换液压油管或加注液压油，油管接头用棉纱或破布堵塞，加注液压油没有经过过滤，从而使空气中的尘埃、破布（棉纱）等脏物随油液进入液压系统，造成液压油污染，这些污染物随油液进入平衡阀内而发生上段臂架液压缸自动回缩的现象。

故障预防措施

根据上述平衡回路的故障分析结果，可以认为，造成上段臂架液压缸自动回缩是由液压油污染所致。因此必须控制液压油污染的主要途径，防止平衡回路频繁地发生故障，应做到以下几点。

① 应定期检查液压油，观看液压油的颜色和黏度。如液压油变色（不透明）或变稀，都应及时更换。检查的周期应为泵送20000m^{3}混凝土或每年一次。

② 应每年更换一次液压油，在选用液压油时，一定要选择与说明书中规定的同牌号的液压油，否则会在液压系统内发生化学反应而产生污染（沉淀）物。换油时，一定要清洗液压系统，加注的液压油必须经过过滤。

③ 使用时要严格控制液压油的温度，防止油液氧化变质。特别应注意液压油冷却器的散热片之间的污垢或混凝土的黏结物，应及时清除干净，经常使冷却器的散热片之间通风良好，保证油温在50～80℃的范围内。如果油温超过80℃，则液压油易氧化变质，从而导致

酸值增大，对密封件造成危害，引起油液泄漏。

④ 检修液压系统时，严禁用棉纱或破布堵塞油管接头、擦洗液压元件，最好用绸布擦洗液压元件或堵塞油管接头。修理过程中，一定要注意手和工具保持清洁。

⑤ 更换液压元件时，应在干净的工作场地进行。对所清洗的液压元件，用干燥的压缩空气吹去残留在零件表面的油液，最后进行装配工序。

⑥ 加强液压油的管理工作。此项工作尤为重要，供应部门必须对所购液压油进行检验，合格的液压油经过滤后方可入库。液压油的主要性能指标（黏度、闪点、凝点、水分含量、酸值）应贴于油桶或油罐上面。保管期间应定期取样抽检，防止氧化变质。

⑦ 教育操作人员严格遵守泵车的操作规程，尽量避免在施工现场加注液压油和更换液压元件。

上述 7 项措施，可以控制臂架平衡回路因液压油污染而发生的故障，提高了臂架泵送混凝土的准确性。

(9) 楚天 IPF-85B 混凝土泵车主液压系统故障的诊断与修理

[故障现象]

某公司一台楚天 IPF-85B 混凝土泵车在施工过程中突然出现下述故障：泵车在无负荷泵送时发动机转速自 1800r/min 降至 1500r/min，在主液压缸换向时发动机转速又降至 1100r/min，此时臂架管即使在水平状态混凝土也泵送不出。经过道路试验和主液压系统强制升压试验，排除了发动机动力不足和主泵内泄的可能，从而确认故障出现在主液压系统油路上。

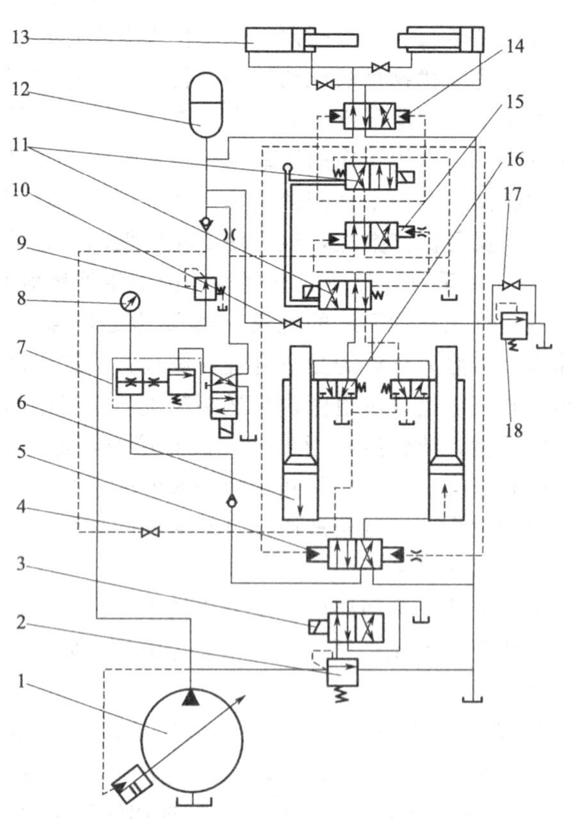

图 6-61 主液压系统原理

1—主泵；2—溢流阀；3—卸荷电磁阀；4—手动逆转阀；5—主换向阀；6—主液压缸；7—顺序阀；8—主压力计；9—减压阀；10—活塞引拔阀；11—手动换向阀；12— 蓄能器；13—闸阀油缸；14—闸阀换向阀；15—升压阀；16—先导换向阀；17—行程调整阀；18—安全阀

主液压系统工作原理

该机的主液压系统原理如图 6-61 所示，泵送工作时，打开泵送开关，此时卸荷电磁阀得电动作，系统建压，压力油自主泵首先经减压阀，一路经手动逆转阀 4、先导换向阀 16，控制升压阀换向，另一路向蓄能器充压，控制闸板阀动作以及主液压缸动作和换向阀动作，先导换向阀是控制整个系统连续不停动作的关键阀。

故障诊断

① 减压阀输出压力太低。

减压阀 9 的标准输出压力为 21MPa，主泵压力油经减压阀后通过先导换向阀 16 控制升压阀 15 换向，从而使闸阀换向阀 14 和主换向阀 5 换向。当减压阀输出压力降低后，不但影响液压系统对蓄能器 12 的充压能力和速度，而且使升压阀换向迟缓，导致主液压缸的活塞到位后换向不及时，进而增加主泵的负荷，表现为换向时发动机转速下降，油压上升。

② 蓄能器氮气压力不足。

蓄能器标准气压为7MPa，其主要作用是建立一个预压，以保证闸阀油缸13先于主液压缸动作，并保证闸阀换向阀和主换向阀迅速换向，氮气压力降低后（一般低于5MPa），液压系统预压力降低，因而在每次升压阀换向后，来自主泵的压力油必须首先对蓄能器充压以弥补压力损失，在给油路充压过程中，由于闸阀换向阀和主换向阀不能及时动作，导致主液压缸和闸阀液压缸不能及时换向，致使主泵负荷增加，因而出现了换向时发动机转速下降的现象。

③ 活塞引拔阀内泄。

活塞引拔阀10的作用是拉出混凝土缸活塞杆，当其出现轻度内泄后，主液压缸无杆腔和有杆腔的压差下降，使主液压缸动作过程中阻力增加，使主泵负荷加大，导致泵送时出现发动机转速下降的现象。

④ 主换向阀节流孔不畅通。

节流孔的作用是平衡主换向阀5两边的压差，以缓冲主换向阀换向时的冲击力，节流孔不通畅可使两边的压差变得很小，从而使主换向阀换向迟缓，引起主泵负荷增大，造成主液压缸换向时发动机转速下降。

⑤ 升压阀阀芯、闸阀换向阀阀芯或主换向阀阀芯被卡。

由主泵来的压力油经减压阀后一路使升压阀动作，另一路给蓄能器充压，并在升压阀动作后促使闸阀换向阀和主换向阀动作，一旦阀芯被卡，就会造成换向迟缓，引起发动机转速下降。

根据上述原因进行一一排查，最终发现故障是主换向阀阀芯被卡滞造成的。该阀芯是由一大阀芯及一镶嵌的小阀芯组成，其结构如图6-62所示。

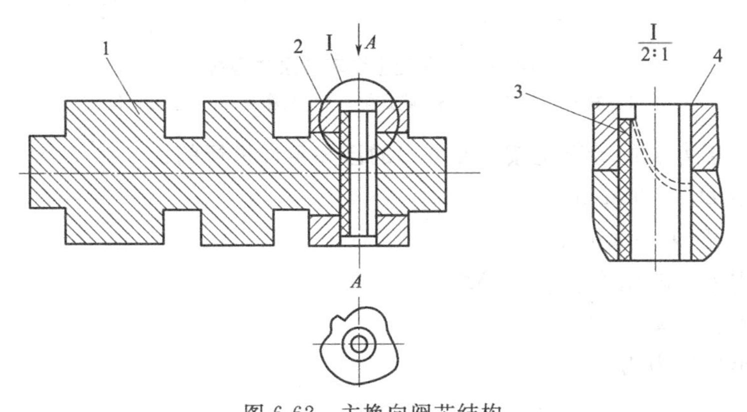

图6-62 主换向阀芯结构

1—大阀芯；2—小阀芯；3—弹性柱销；4—弹性柱销断片

故障排除

在拆检过程中，维修人员首先发现阀芯左右推动不灵活，由铜棒轻轻震出后，发现阀芯表面均磨损正常，但弹性柱销3一端有半片高于另外半片且阀芯表面齐平，有明显摩擦的亮迹，而柱销另一端是陷在阀芯里。在阀体内表面与柱销对应区域也有一道明显的光亮的滑动轨迹，轻轻震动阀芯后弹性柱销掉出半段断片（如图6-62中4所示）。由此断定是柱销的断片引起的故障。因为柱销断片在阀芯左右移动中始终存有脱落的趋势，因而引起与内壁摩擦，造成两种后果：阀芯换向时发卡，导致换向迟缓，引起发动机转速下降；阀芯换向后由于断片卡滞而移动不到位，造成主油道供油不畅，油压非正常地升高，也就是主液压缸换向过程中发动机转速下降。这两种后果与故障症状相符。在清除半段断片后还对阀芯及内壁进行修磨，使阀芯装上后用手推动时感觉比较轻松。装配完后进行了试机，无负荷泵送时上述故障现象消失，发动机转速始终在±50r/min之间变化，主液压缸工作频率也恢复正常。进行混凝土泵送试验时，泵送了500m³ 混凝土后，液压油温度上升到50℃的情况下，各系统的工作仍正常。这些都说明，此次故障的根源是弹性柱销的断落。

混凝土泵送设备在工程施工中使用越来越广泛，数量越来越多，一般来讲，由于主机和主泵引起的故障比较少见，因此必须经过充分的论证、试验才能判断主机和主泵的故障，而常见问题大都在液压系统油路中，在液压设备修理过程中，不能盲目认定为主机和主泵的故障，目前使用的许多以柴油机为原动力的拖式泵或其他型号泵车的液压系统工作原理也大致相同，在修理过程中可以借鉴。

(10) 楚天 IPF-85B 混凝土泵车泵送系统常见故障的诊断与修理

混凝土泵车的泵送系统见图 6-63。经过初步搅拌的混凝土进入料斗后、在料斗内进行二次搅拌，同时搅拌叶片将混凝土向阀室内喂料，进入阀室的混凝土经过滑阀的分配，在输送缸活塞的吸入作用下进入输送缸，同时另一输送缸的混凝土在主液压缸液压的作用下将混凝土推出，经过滑阀进入 Y 型管，沿管路输送出去。

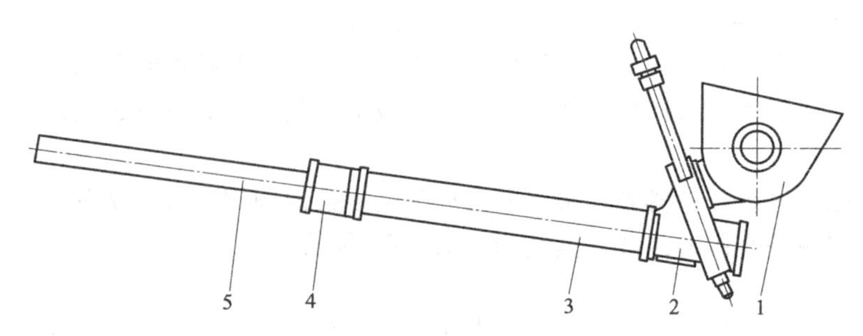

图 6-63　混凝土泵车的泵送系统

1—料斗；2—阀室；3—输送缸；4—洗涤室；5—主液压缸

混凝土出口压力 p 的计算是按下面列出的已知条件进行的：

输送缸内径 $D_1=195\text{mm}$

主液压缸内径 $D_2=80\text{mm}$

液压系统主液压缸压力 $p_{主}=28\text{MPa}$

主液压缸容积效率 $\eta=1$

则混凝土出口压力为

$$p=\frac{p_{主}\frac{\pi}{4}D_2^2\eta}{\frac{\pi}{4}D_1^2}=\frac{28\times\frac{\pi}{4}\times8^2\times1}{\frac{\pi}{4}\times19.5^2}=4.71\ (\text{MPa})$$

按混凝土出口压力为 4.71MPa 计算。在混凝土配比及配管较好的情况下，可以泵送的最大水平距离为 520m，或最大垂直距离为 110m（按配管尺寸 125mm 计算)。

故障诊断与排除

在混凝土配比合理及液压系统工作正常的情况下，如不能将混凝土顺利地泵送出去，则可能是泵送系统发生了故障。一般故障常发生在下列部位。

① 滑阀系统（见图6-64）。在滑阀上部壳体、下部壳体之间安放着两套滑阀组件。其主要功能是，滑杆及滑杆中间嵌夹着的滑板在滑阀液压缸的驱动下，沿左右导板及上下衬套作高速往复运动，使料斗中的混凝土与吸入侧输送缸相通（混凝土吸入输送缸），并使压出侧输送缸中的混凝土与Y型管相通（混凝土泵送出去）。

滑杆、滑板及左右导板在泵送过程中经常与混凝土接触，且运动速度高（其转换时间只有0.2s），工作状况恶劣。如果滑阀部件润滑不良，在滑杆运动时将会把水泥、砂浆、小石块带入左右导板及上下衬套中，破坏左右导板及上下衬套上的聚氨酯密封，时间一长将会造成滑杆动作困难，严重时水泥、砂浆会将滑杆抱死，造成混凝土无法泵送，严重影响正常施工。因此，每次使用完毕，应及时对滑阀内的滑杆、滑板等部分进行清洗，并在洗去零件上的水泥、砂浆等污物后，使混凝土泵空运转数十个工作循环，待滑杆下部有油脂流出，方可停机。在混凝土长期泵送作业时，应随时检查滑阀各润滑点是否在正常供油。如没有正常供油、应按下列顺序及时进行检查。

a. 润滑油脂箱是否有油脂。油脂用量为每泵送100m^3混凝土约需3L。

b. 润滑油脂泵是否正常工作。

c. 润滑油脂分配阀及各油道是否堵塞。

d. 润滑油脂油管及滑阀上接头是否堵塞。

润滑油脂采用非极压型半流体锂基润滑脂。夏季采用“00”号，冬季采用“000”号。其功能除对运动零件起润滑作用外，还可将运动件间隙中的水泥、砂浆冲洗出去，对运动零件起保护作用。

② 输送缸部分。混凝土在输送缸内受混凝土活塞的吸力及推力进行快速的直线运动。由于输送缸内壁经过镀铬处理，使用寿命较长，不易发生故障。较易发生故障的部位为混凝土活塞。混凝土活塞结构如图6-65所示。

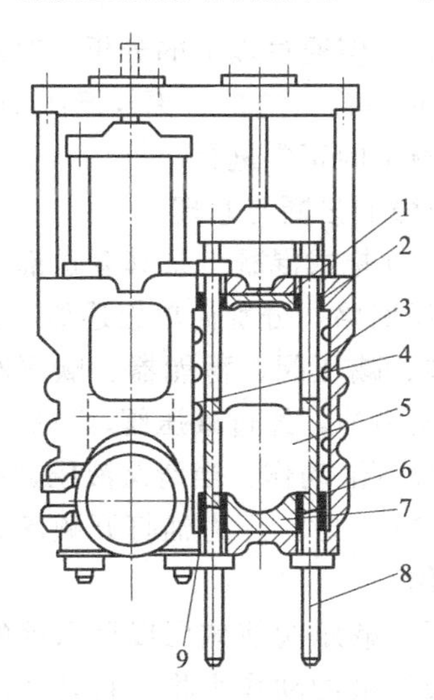

图6-64　滑阀系统

1—上阀座；2—上衬套；3—右导板；4—左导板；5—滑板；6—下部壳体；7—下阀座；8—滑杆；9—下衬套

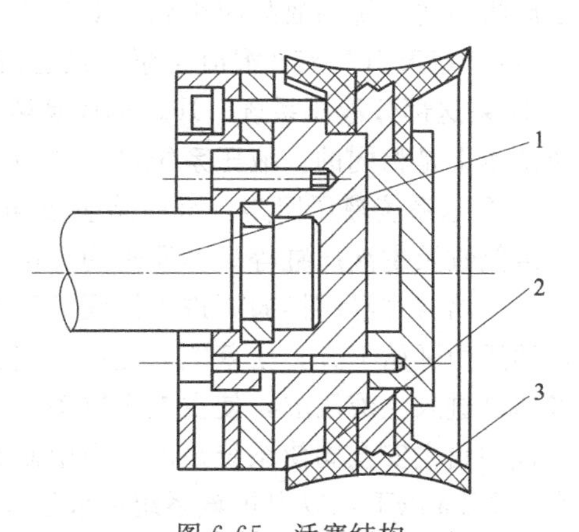

图6-65　活塞结构

1—活塞杆；2—活塞密封；3—活塞头

活塞杆在主液压缸推力作用下使混凝土活塞在输送缸内往复运动。利用活塞头唇部的密封作用，将混凝土吸入或推出。如活塞头的唇部磨损或破坏，泵送时混凝土将会经活塞头部大量漏出（少量砂浆漏出是正常的），使混凝土泵送压力急剧减少，使正常泵送受影响。严重时，混凝土将会在滑阀下部壳体及输送缸头部发生堵塞，俗称堵泵，因而使施工无法正常进行。因此，应经常检查混凝土活塞的密封。每次泵送施工后，应进行清洗及保养。必要时，要更换活塞头及活塞密封，以满足施工的需要。

③ 液压缸部位。主液压缸是产生混凝土泵送压力的动力源，如主液压缸发生故障，将使混凝土活塞推力严重不足。在远距离或高层泵送施工时，这一点更为明显。主液压缸结构如图 6-66 所示，其常见故障为：

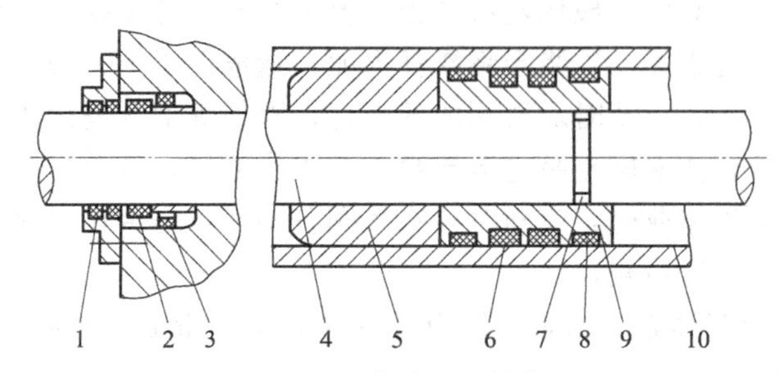

图 6-66 主液压缸结构

1—防尘圈；2、3、6—仿形密封圈；4—活塞杆；5—导套；7—O 形圈；8—耐磨圈；9—活塞；10—缸体

a. 主液压缸活塞密封损坏。活塞密封主要由 2 个 U 形仿形密封圈及耐磨圈等组成。活塞密封损坏，将造成液压油在主液压缸内内漏，使主液压缸活塞行程变短，并使混凝土泵送压力不足。严重时，将使一缸的混凝土不能顺利推到位而影响主液压缸自动换向。时间一长，将产生如前面所述混凝土活塞破损时发生的堵泵现象。

b. 活塞杆衬套密封损坏。活塞杆衬套密封损坏将会使主液压缸洗涤室侧活塞杆处漏油，以致液压系统密封回路的油量大量减少，使混凝土活塞的行程越来越短，影响泵送的正常进行。

虽然混凝土泵送系统在施工中发生故障的可能性较大，但通过以上的分析，对混凝土泵送系统易发生故障的原因了解后，及时对泵机进行必要的保养与防护，更换磨损的密封件，一定能将泵送系统的故障减少到最低限度，保证混凝土施工的正常进行。

(11) 楚天 IPF-85B 混凝土泵车泵送液压系统常见故障的诊断与修理

① 泵送部分液压系统　IPF-85B 混凝土泵车及 HBT60 拖式混凝土泵其泵送部分的液压系统基本上是相同的。液压系统见图 6-67。现分三个液压回路，分别简单叙述如下。

a. 泵送系统液压回路。该回路主要包括：主安全阀、减压阀、蓄能器、顺序阀、电磁阀、滑阀缸及主液压缸等。其原理为：由主液压泵来的压力油，经过减压阀，一路进入蓄能器，另一路通过滑阀换向阀进入滑阀液压缸，驱动滑阀液压缸动作，当滑阀液压缸动作到位后，油压力开始上升，使蓄能器充压，当油压升到 10.5MPa 时，压力油打开顺序阀，通过主换向阀进入主液压缸，使主液压缸动作（左右同时动作）。

该回路主安全阀使系统最高压力限制在 28MPa 以下，减压阀使减压以后系统的压力限制在 21MPa 以下，以保护该系统的液压元件，使滑阀液压缸的动作平稳，自动换向系统动作不引起大的压力冲击。而顺序阀和蓄能器的作用是使主液压缸的动作滞后于滑阀液压缸，有利于混凝土的排出和吸入。

b. 自动换向回路。该回路主要由主换向阀、滑阀换向阀、先导阀、升压阀、逆转阀、手动运转阀组成。其原理为：当主液压缸中一活塞运行到达终点时，将按动安装在主液压缸体上的先导阀芯，使先导阀换向。这时从液压泵来的压力油通过手动运转阀、先导阀、逆转阀使升压阀换向。而另一路从蓄能器来的压力油，通过换向后的升压阀，使滑阀换向阀和主

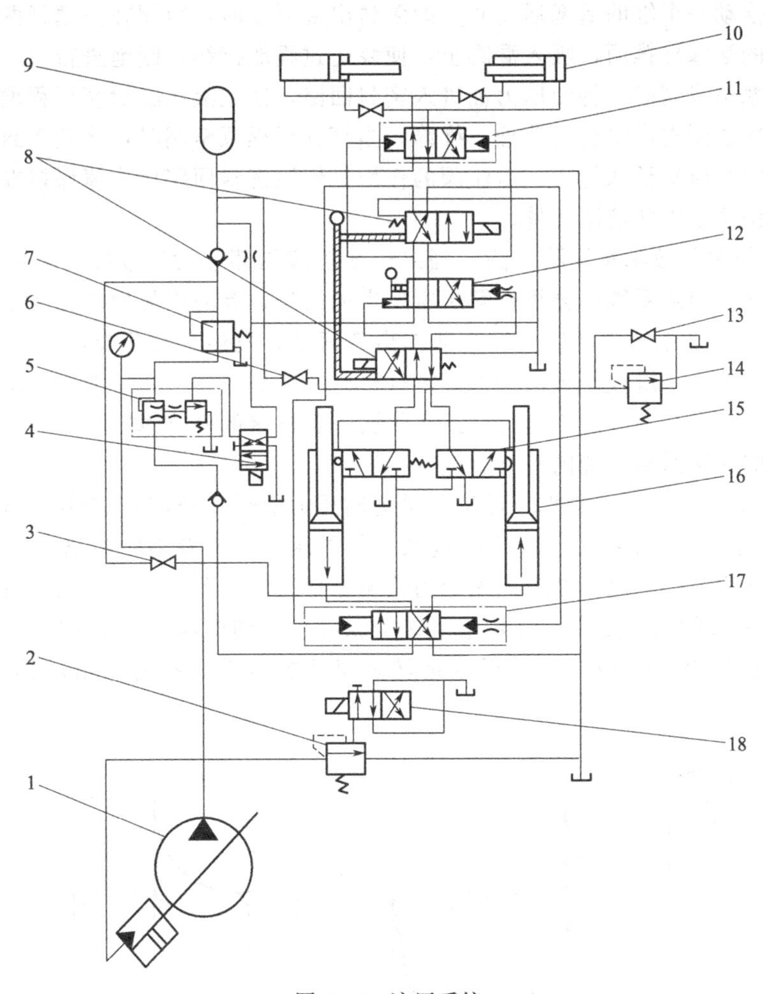

图 6-67 液压系统

1—主液压泵；2—主安全阀；3—手动运转阀；4、18—电磁阀；5—顺序阀；6—活塞引拔阀；7—减压阀；8—逆转阀；9—蓄能器；10—滑阀液压缸；11—滑阀换向阀；12—升压阀；13—行程调整阀；14—溢流阀；15—先导阀；16—主液压缸；17—主换向阀

换向阀同时换向，从而使滑阀液压缸和主液压缸的动作全部实行自动换向。而当另一主液压缸活塞换向后向前运行到活塞终点撞击另一先导阀芯时，将引起升压阀的又一次换向，从而使滑阀液压缸和主液压缸又一次全部换向，实现一个工作循环。

该回路当手动操纵逆转阀换向，将只使主换向阀换向，而滑阀换向阀不换向，使油路走向相反，使滑阀液压缸和主液压缸动作反向。对混凝土进行反泵，以排除混凝土的堵塞现象。

当手操纵升压阀换向，将使滑阀换向阀和主换向阀同时换向，使滑阀液压缸和主液压缸同时实现换向，这是升压阀换向和逆转阀换向的不同之处。

当关闭手动运转阀时，即关闭了自动换向系统，会使系统压力不断上升，用以调定主安全阀、减压阀的压力和冬季使液压油升温。

c. 密封回路。密封回路实质上是泵送液压回路中的一部分，但它又有自己的独立性，这里分开来讲是为了便于分析、讲解液压系统和排除故障的目的。

密封回路主要由活塞引拔阀、行程调整阀、溢流阀及主液压缸活塞杆侧的一段连通管组成。当压力油推动一个缸的活塞运动时、即泵送出混凝土时，封闭在活塞杆两边的液压油就将另一液压缸的活塞杆推回，吸入混凝土，使泵送过程能持续不断地进行。

当打开活塞引拔阀时，将使压力油进入密封回路，使主液压缸活塞行程增长，并可将两个主液压缸活塞拉到洗涤室进行清理、维修。当打开行程调整阀时，将使密封回路油液量减少，用以缩短主液压缸活塞行程。溢流阀的作用是使该密封回路压力值保持在设定压力值范围内，以保护该系统内的液压元件。

② 液压系统常见故障及排除方法　当泵送系统液压部分发生故障时，应区别三个液压回路，分别在各个回路系统内分析、解决所发生的故障，有的放矢地解决问题。

a. 泵送系统。如果滑阀动作失灵，动作出现紊乱，发生乱打现象时，应首先清除机械部分的故障。如滑杆、滑板是否已磨损，滑杆密封装置是否已损坏，滑杆运动部件空隙处是否有泥浆、石块及滑阀各润滑点是否在正常供脂。当机械部分故障排除后，仍有上述动作失常现象时，就应在该回路系统内检查。

• 蓄能器充气压力是否太低。当 50℃油温时压力值＜5.5MPa，必须充气。

• 检查减压阀的调定压力。由于测量减压阀的压力需用专用的检测工具，而泵车出厂时，压力值均已调定，因此，在工地无专用检测工具的情况下，不可贸然自行拆检。

• 检查顺序阀的调定压力。将泵车泵送操纵杆Ⅰ扳到刻度 5、操纵杆Ⅱ扳到刻度 1.0；拖泵将主泵排量调至最小位置，进行空运转。观察主压力表指针，指示压力值的波形如图 6-68所示。

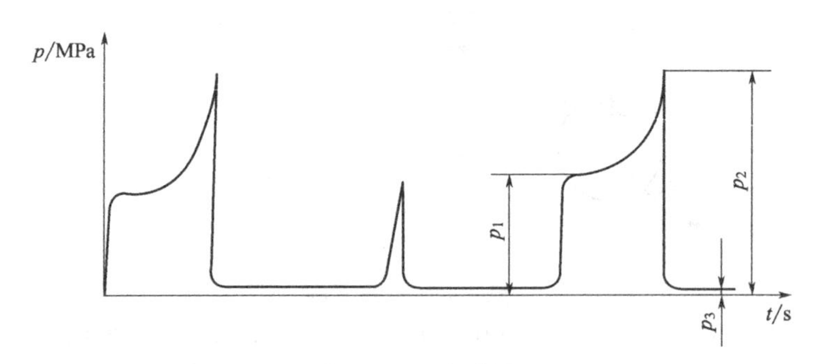

图 6-68　压力波形

图 6-68 表示的波形为充油到蓄能器 1～2 个冲程和顺序阀的动作压力。

其中　p_1——近似蓄能器的气体压力，在油温 50℃时，额定压力为 7MPa；

p_2——顺序阀的动作压力，额定压力为 10.5MPa；

p_3——主液压缸的动作压力，压力值随工况情况而变。

从主压力表得出的压力波形中，可以反映出顺序阀的调定压力及蓄能器的气体压力。如压力值不对，需重新进行调定。另外，蓄能器气体压力是否足够的标准也可用下面的办法进行判别：将泵送开关关闭，用升压阀进行手动换向，当滑阀投向次数可达 2 次以上时属正常，小于 2 次为不正常。

如果滑阀液压缸及主液压缸动作无力时，应检查滑阀液压缸及主液压缸活塞密封件是否损坏及主安全阀和减压阀的压力是否正确。

b. 自动换向系统。该系统中主换向阀和滑阀换向阀安装在集流阀组下部且通径较大，一般情况下出现故障的可能性较小。故障及失灵较多发生在先导阀及电磁阀上。先导阀发生故障，将造成整个换向系统出现故障，而电磁阀发生故障，将使混凝土反泵的电气开关失灵。另外，在主安全阀及顺序阀上也装配有电磁阀。如主安全阀上电磁阀换向受阻，将使整个液压系统无法建立起压力或泵送系统不能关闭停止，顺序阀上电磁阀如动作不正常，将造成顺序阀阀芯动作紊乱，使主液压缸运动时产生抖动现象或停机后主液压缸活塞发生自动后退等情况。

c. 密封回路。该系统常发生的故障主要有：行程越打越短，从液压系统来分析，主液压缸行程变短，是由于该密封回路的油液量减少所致。而可能造成油液量减少的部位主要有：行程调整阀是否能关闭严密；密封回路溢流阀阀芯是否卡住及溢流阀的调定压力是否适当；主液压缸活塞密封件是否损坏或主液压缸活塞杆表面是否有伤痕或磨损超过极限等情况。

③ 介绍几种主要的液压阀　根据以上的各个液压回路的故障分析，就能较易地找出发生故障的原因及部位，并及时对各个部位进行修理。在液压系统的各种故障中，几种液压阀的故障占有非常重要的比重。下面将几种主要的液压阀的结构及压力调定方法和常发生故障的部位及解决方法介绍给大家，使大家对这几种阀有一个大致的了解，对排除液压系统的故障有一定的帮助。

a. 主安全阀（图 6-69)。调压方法：ⅰ. 将泵车操纵杆Ⅰ和Ⅱ拨到最大位置，或将拖泵主液压泵排量旋到最大位置处，进行空运转，并关闭手动运转阀，这时主压力表所显示的数值，即是主安全阀的额定压力，调定值为 28MPa。ⅱ. 将主安全阀上螺母盖拆下，拧松锁紧螺母，用六角扳手对调压螺钉进行拧紧和旋松，来调整主安全阀的压力值。

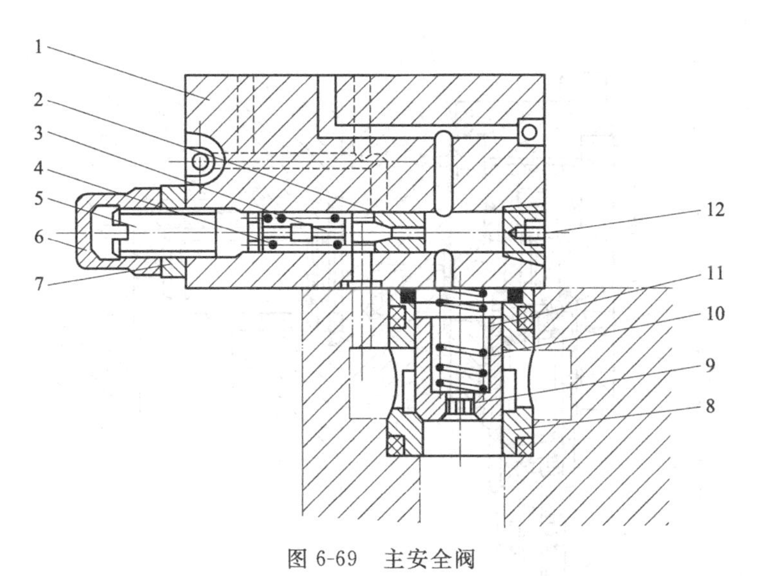

图 6-69　主安全阀

1—阀体；2—阀座；3—先导阀芯；4、10—弹簧；5—调压螺钉；6—螺母盖；7—锁紧螺母；8—阀套；9—阻尼螺孔；11—阀芯；12—螺堵

b. 减压阀（图 6-70)。调压方法：ⅰ. 拆去减压阀体上 1/4in 软管接头上的螺堵，在此处接上一个压力检测装置。ⅱ. 将泵车操纵杆Ⅰ和Ⅱ拨到最大位置，或将拖泵主液压泵排量旋到最大位置，关闭手动运转阀。此时，主压力表上压力值为 28MPa，在压力检测装置上的压力值为减压阀的动作压力，额定压力为 21MPa。ⅲ. 拆去减压阀上的螺母盖，拧松锁紧螺母，并调整调压螺钉，用以调定减压阀的压力值。

c. 顺序阀（图 6-71)。调压方法：将泵车操纵杆Ⅰ拨到刻度 5，操纵杆Ⅱ拨到 1.0 或将拖泵主泵排量调到最小位置，进行空运转。这时主压力表上指针数值如图 6-68 所示，其中

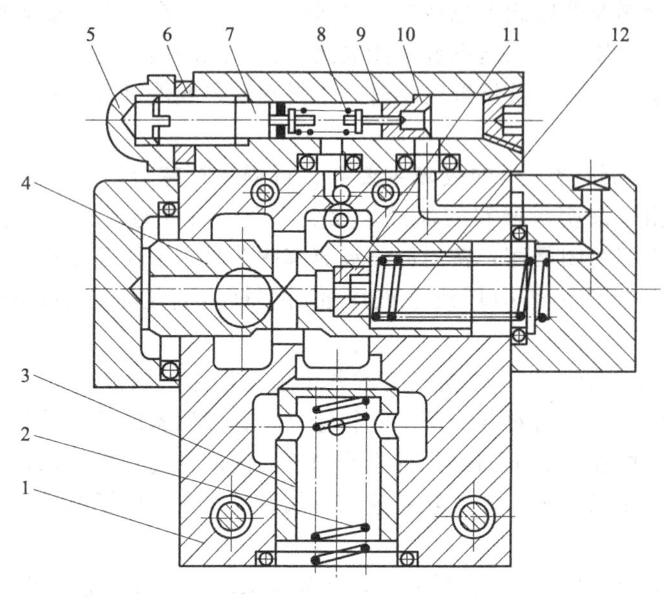

图 6-70　减压阀

1—阀体；2、8、12—弹簧；3—单向阀芯；4—阀芯；5—螺母盖；6—锁紧螺母；7—调压螺钉；9—先导阀芯；10—阀座；11—节流塞

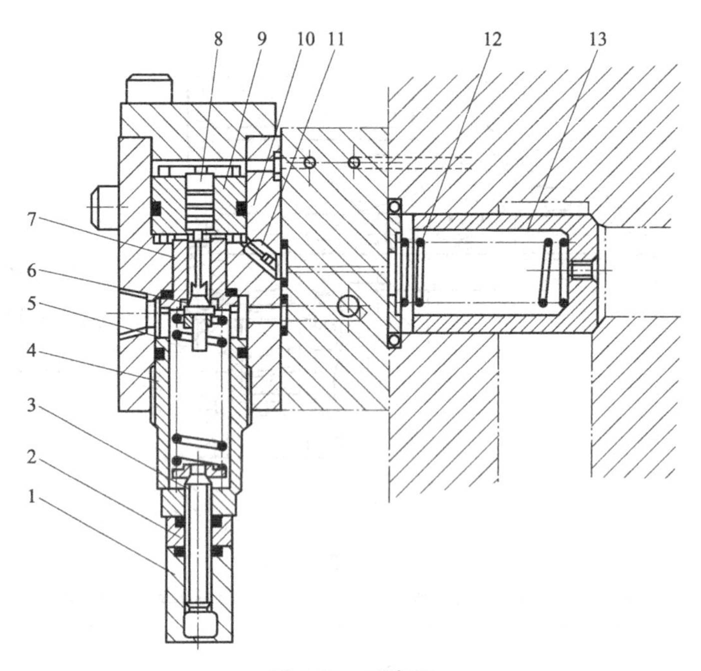

图 6-71　顺序阀

1—螺母盖；2—锁紧螺母；3—调压螺钉；4、7—阀座；5、12—弹簧；6—先导阀芯；8—活塞；9—活塞导套；10—先导阀阀体；11—阻尼螺钉；13—主阀芯

p_2即为顺序阀的动作压力，额定压力为10.5MPa；拆下螺母盖，拧松锁紧螺母，用调动调压螺钉的松紧程度来调定顺序阀的压力值。

d. 密封回路溢流阀（图6-72）。调压方法：ⅰ. 将泵车操纵杆Ⅰ拨到刻度10，操纵杆Ⅱ拨到刻度1.2或将拖泵主泵排量手轮旋到最小位置。ⅱ. 打开活塞引拔阀和泵送开关，利用

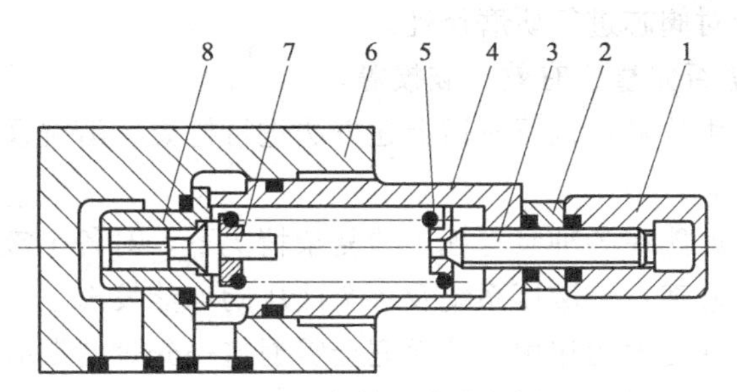

图 6-72 密封回路溢流阀

1—螺母盖；2—锁紧螺母；3—调压螺钉；4—阀座；5—弹簧；6—阀体；7—阀芯；8—阀套

手动升压阀进行换向，将两主液压缸活塞退到洗涤室侧，关上泵送开关和活塞引拔阀。ⅲ.打开泵送开关，并注意查看主压力表，此时压力表上压力值即为溢流阀的名义动作压力12MPa。ⅳ.拆去螺母盖，拧松锁紧螺母，并调整调压螺钉，重复上述ⅱ、ⅲ的动作，用以调定溢流阀的压力值。

e. 先导阀（图 6-73）。先导阀实质上是一个二位三通换向阀，阀体安装在主液压缸缸头部位。阀杆一般情况在弹簧压力下伸入主液压缸筒内，当主液压缸活塞运动到活塞头部时，活塞将使阀杆上移，从而打开压力油通道，压力油马上通过先导阀，使升压阀换向，从而使整个系统换向。先导阀在使用中，如遇系统中更换液压油或检修，更换主液压缸活塞密封件后，应用放气螺钉，将主液压缸缸体内的气体排放出系统外。如换向系统发生故障，可先检查先导阀，到时可将先导阀盖上四个短螺栓拆下，打开阀盖，检查阀杆在阀体内是否能灵活运动，阀杆下端是否有较大磨损。如磨损太大，需更换新件。

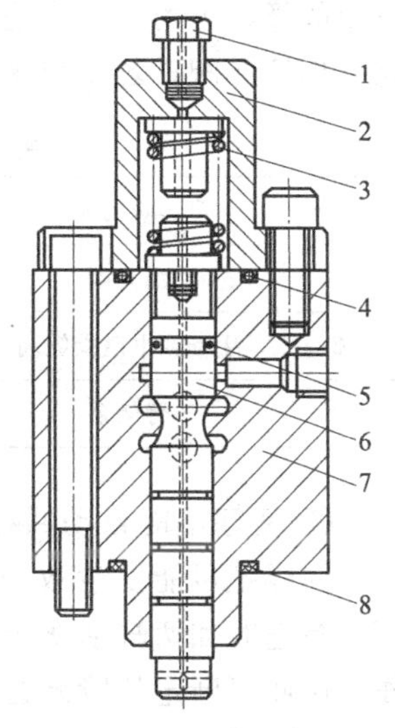

图 6-73 先导阀

1—放气螺钉；2—阀盖；3—弹簧；4、5、8—O形圈；6—阀芯；7—阀体

在上述几种液压阀中，主安全阀和减压阀只在调压及冬季使油液升温时会使压力值达到额定压力。一般情况下，压力值远低于额定压力，故一旦将压力值调定后，发生故障的可能性较小。而顺序阀则不同，在每一个泵送循环中，都将使压力值达到额定压力。即经常工作在额定压力附近，故发生故障的可能性较大。下面重点介绍顺序阀的故障。顺序阀发生故障后应检查：

• 阻尼螺钉中的阻尼小孔是否被污物、杂质堵塞。由于阻尼小孔孔径较小，如油液不干净常较易发生堵塞。

• 顺序阀的先导阀部分体内的阻尼螺钉安装位置是否正确。由于该系统压力较高，阻尼孔径较小，而斜孔中阻尼螺钉不易安装，在使用过程中，常有阻尼螺钉脱离安装位置发生翻倒的现象。

• 先导阀体内活塞与活塞导套是否能灵活运动，必要时应进行清洗。

• 先导阀芯在阀座中是否能灵活运动，有无杂质卡住，阀芯是否能密封严密等。

如发生上述故障，将使顺序阀失去其功能，而先导阀芯与阀座、活塞与活塞导套均为研磨、配作件，精度较高。如有损坏，需及时更换新件。

密封回路溢流阀在使用中也是一个易发生故障的阀体。发生故障后应检查：

• 阀芯在阀套内是否能灵活运动。

• 阀芯与阀套接触，使之密封的密封锥面的接触印痕是否完整、均匀、连续，如密封锥面破坏，需用研磨膏对阀芯进行研磨修理。

- 弹簧及弹簧垫是否完整、有效、破损等。

其他的液压阀如发生故障，也可参照上述方法进行检修、清洗及更换，使各种液压阀的功能均能处于良好的状态。

通过上面的分析，就能在各种泵送施工的复杂情况下，对各个液压系统及各个液压元件的故障及时进行分析、修理，使液压系统及各个液压阀均能发挥正常的功能，使混凝土泵车在各种混凝土施工中发挥更大的作用，从而完全掌握这一先进的混凝土施工机械。

(12) 混凝土泵车液压系统故障的现场维修

泵车液压系统比较复杂，各种故障的发生往往很突然，而究其原因也有多种因素。因系统内的压力和流量不像电气系统的电压和电流那样容易检测，常常不易立即找出故障部位和根源。为避免盲目查找故障，维修人员需根据现场情况，熟悉液压系统原理图，运用逻辑推理，逐项逼近法缩小故障区域，找出故障部位。主要故障有以下几种情况。

① 臂架及支腿伸收失灵　此故障的诊断可直接从臂架支腿液压回路系统入手并对可能发生故障的元件进行主次排列，见表 6-8。因手动或电磁操纵阀每节臂各有一件，不可能同时出故障，可用手动或遥控操作逐一检验，若臂架均无动作，则发生故障的元件可能为溢流阀。拆检此阀，若发现阀芯卡死，则抽出阀芯冲洗干净，即可排除故障。

表 6-8　臂架及支腿伸收失灵故障影响元件的主次排列

序号	有影响的元件	原　　因
1	溢流阀	若小活塞(阀芯)卡死或有异物垫塞,则系统建不起压力,臂架支腿无法伸收
2	手动或电磁操纵阀	若动作不灵或不换向,臂架支腿均不能正常工作
3	臂架泵	若泵压力低或无压力,则整个系统压力低或无压力,但转台回转良好

② 活塞不能自动回程与闸板阀动作不协调　此故障应直接从泵送系统即主液压回路入手，同样把可能发生故障的元件按主次排列，见表 6-9。根据分析，在系统压力正常情况下，泵送时如两缸活塞行至行程端点处不能自动回程，但利用手动控制回路，泵却能继续工作，由此可断定故障源在泵送系统的自动控制回路或闭合回路处。拆检表 6-9 中最易发生故障的阀，发现手动液控换向阀（升压阀）内液控口有异物堵塞，即找到故障源。

表 6-9　活塞不能自动回程与闸板阀动作不协调故障影响元件的主次排列

序号	有影响的元件	原　　因
1	先导阀及升压阀(手动液压阀)	若此阀在自动控制回路中不能正常工作,则无反馈信号给升压阀。如阀芯卡死或液控口堵塞,则均不能换向
2	闭合油路安全阀	若此阀泄漏使活塞行程变短,即使液压缸内活塞头部与液压缸端盖相接触,活塞也难以回程
3	逆转电磁换向阀 1 和 2	用手动控制时阀 1 和 2 同时动作,混凝土泵工作正常;把 1 和 2 通电(是联动),混凝土缸内活塞逆运转
4	主换向阀、滑阀换向阀、蓄能器减压阀、顺序阀、主安全阀、主油泵	手动控制时混凝土泵工作正常,无紊乱现象,且系统压力正常,说明主液压泵、主安全阀、蓄能器等元件不可能有故障

③ 转台不能回转　此现象故障区域更小，可断定在转台液压系统内，同样列表 6-10 分析。

表 6-10 转台不能回转故障影响元件的主次排列

序号	有影响的元件	原 因
1	旋转制动阀	若此阀泄漏或调定压力低，都不能使转台回转
2	电磁阀、制动油缸	若电磁阀不换向，则制动油缸打不开，旋转处于制动状态
3	油马达	若有故障，则无法带动减速机旋转
4	减速机构、大小齿轮、回转支撑内钢球(柱)破碎或隔套环	故障前这些机构运转良好、无异响或异常现象，初步检查这些机构不可能发生故障

通过分析，对不易发生故障的元件进行无拆卸检查，若未发现异常情况，就拆检最有可能产生故障的元件；若发现旋转制动阀阀芯被脏物垫塞造成系统泄漏，则找到故障源。

(13) 日本混凝土泵车的检查与修理

在进口的混凝土泵车中，多数是日本产品，现将日本混凝土泵车的臂架、支腿和压送装置等部件的检查（点检）及修理工艺介绍如下。

① 点检　按照日本劳动省 1993 年 10 月 1 日颁布的混凝土泵车“特定自主检查”法规定，混凝土泵车实行定期自主检查（月检）和特定自主检查（年检）两种点检制度。限于篇幅，本节仅介绍臂架、支腿和压送装置的点检。

a. 臂架和支腿。

• 用肉眼观察臂架和支腿的油漆面，若发现有裂纹，则用刮刀刮去油漆裂纹层，再用肉眼、放大镜或煤油浸泡法、染色探伤法、磁性探伤法及超声波探伤法等观察金属结构本体有无裂纹，若有裂纹，应确定裂纹类别、尺寸。

• 测定臂架、支腿液压缸伸缩值，以确定液压缸的磨损和密封状况，其值小于 0.5mm/10mm 为正常，大于此值则表明液压缸有外漏或内漏，需进一步拆检以查明原因。

• 臂架头部的软管导架在混凝土压送作业中受振动较大，有时还会产生破坏性的共振。另外，因司机操作失误，使软管导架与构筑物相碰撞也会造成损坏，所以在点检中，要特别注意检查有无裂纹、弯曲等损伤。

• 检查臂架各段连接销的润滑状况，加足润滑脂。若润滑脂不足，会使连接销和销套烧黏，臂架各段活动受阻，使臂架液压缸活塞杆受阻弯曲、臂架急落。

b. 压送装置。

• 压送阀（闭板阀、闸板阀）。日本产活塞式混凝土泵的闭板阀使用寿命为压送 2 万～3 万立方米混凝土，其点检部位的磨损极限尺寸如图 6-74 所示。

• 混凝土泵缸和活塞。日产混凝土泵缸的使用寿命为压送 5 万立方米混凝土。活塞为合成橡胶，比缸径大 10～20mm。在泵送混凝土时，活塞、泵缸均受到磨耗，且有偏磨倾向，即在闭板阀侧和泵缸底侧磨耗较大，所以在检修时必须测定其偏磨尺寸，以确定修理范围或是否更换。

• 检查给脂（润滑脂）状况。在点检时，必须检查压送装置的黄油加注指示器，以确保闭板阀等部件的润滑良好。

② 修理

a. 裂纹件的修理。混凝土泵车的臂架和支腿均采用高强度合金钢板制造（强度 600～800MPa）。为确保裂纹件的焊修质量，当采用焊接工艺时，必须遵守如下规范。

• 因为高强钢存在焊修难度大和易产生裂纹等缺陷，所以必须由合格的焊工施焊。

• 所用的焊条其强度应大于 600MPa。

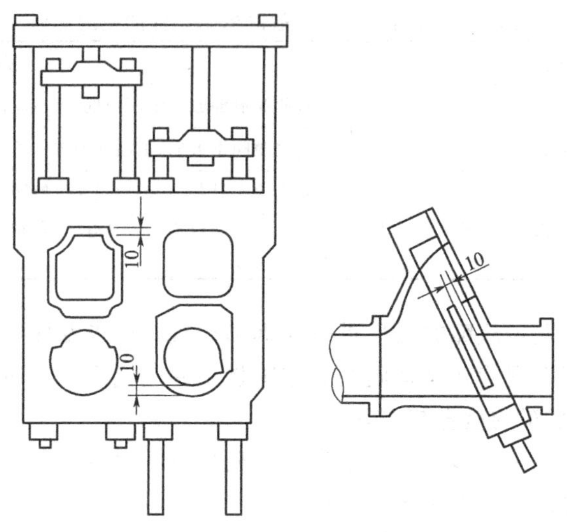

图 6-74　闭板阀磨损极限

- 施焊前应用砂轮除去裂纹，开坡口，并在裂纹两端头开止裂孔。
- 对于裂纹较长的工件，可采用加补强板的复合工艺（焊接＋补板）修理（图 6-75）。

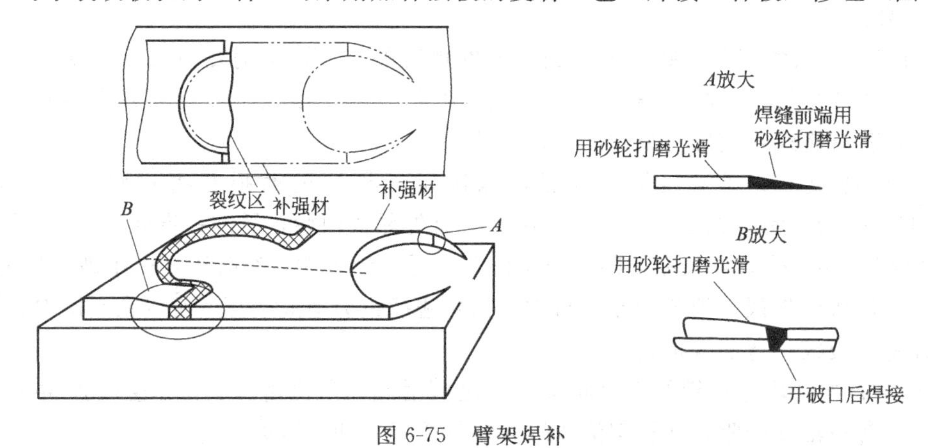

图 6-75　臂架焊补

- 其他高强钢的施焊规范见 1996 年国际工程机械维修技术研讨会论文集中《浅议焊修裂纹的防治》一文，此处从略。

b. 磨损件的修理。对闭板阀的壳体等磨损件，可采用多种方法修复。

- 耐磨堆焊。选用堆焊层强度可达 60HRC 以上的堆焊焊条堆焊，如用 A507 焊条打底（焊第一道），再用 D322 焊条堆焊。
- 镶套。用耐磨的铬锰铸钢、陶瓷等耐磨材料制成衬套镶套。
- 其他方法。用氧-乙炔喷焊、等离子喷涂和电弧喷涂耐磨材料于磨损面等。

(14) 混凝土泵车保养与维修

用混凝土泵车浇注混凝土与快速提升斗、塔机等垂直运输设备相比，速度快、工期短、成本低。特别是混凝土带布料杆的泵车布料范围大，机动性能好，转运方便，已越来越受市场欢迎。

一般来说，除特殊的大规模工程外，混凝土泵车不会在同一施工现场进行数日连续的使用，因而有时间进行保养维护。另外，当用混凝土泵车进行混凝土浇注作业时，一旦发生意外，不但将影响施工进度，而且进入混凝土泵车料斗、输送管道、输送缸内的混凝土若未及时处理，将产生不可想像的后果。

因而，对于像混凝土泵车这一类建设机械的机械性能、安全性等的检修维护是非常重要的。本节主要介绍挤压式混凝土泵车和活塞式混凝土泵车保养、检修及维护工作的关键。

① 挤压式混凝土泵车保养维修的要点

a. 泵体。挤压式混凝土泵主要由料斗、泵体、挤压胶管、驱动装置和真空系统等组成。泵体为一密封壳体，其内部的转子架上装有两个行星滚轮，壳体内壁衬有橡胶垫板，垫板内周围装有挤压胶管，由驱动装置带动两个行星滚轮回转，滚轮在挤压胶管上碾过时，将管中的混凝土挤入输送管而压送至浇筑地点。

泵体的易损件主要为挤压胶管，在泵送混凝土时，一旦破损，则将影响整个施工，即使是熟练的操作者，也需花费长达 30min 的时间来更换，因而应开发能预测挤压胶管最佳更换时期的检测系统或做日常的保养维护。

日常保养、检修的要点如下。

• 挤压胶管的更换。由于泵送压力对挤压胶管寿命的影响最大，一般可就输送压力来综合考虑。输送压力高时，挤压胶管的寿命相对输送压力低时短些，因而应早些更换挤压胶管，反之亦然。另外，为了改善挤压胶管的更换环境，对于大型的混凝土泵车，可采用液压缸横向回转推开料斗箱，使更换作业空间扩大。

• 在更换挤压胶管的同时，应注意检查橡胶滚轮和橡胶垫板的磨损情况。磨损厉害，出现间隙过大时，应及时通过调节螺栓移动调节架来进行调整或更换。

橡胶垫板用压板均匀地固定在壳体的内周圆壁上，以承受挤压滚轮回转；一旦磨损破了，将磨损挤压胶管，需重点观察，以及时更换。

以往更换橡胶垫板和滚轮需借助于起重设备等将其整体从泵体中甩出。而目前在泵体两端的端盖上对称地开有四个可拆装的有机玻璃的监视窗，便于观察泵机的工作状态，也便于检修、保养和调整内部的机件。

b. 真空系统。为改善挤压式泵的吸入效果，使挤压胶管在橡胶轮碾压后能迅速复原，充分提高挤压胶管的容积效率，专门设有一套能使泵体内抽成真空的密封系统。此真空系统由真空泵、电磁阀、管路系统与开关等组成。以往真空泵的运转是通过皮带轮、皮带传输到真空泵上，一旦带磨损，需将传动轴取出进行更换维护。现在对于中、大型混凝土泵车，真空泵的驱动方式采用了电动机直接驱动方式，保养、检修方便。

另外，真空泵对泵体内的抽气、充气等动作全部由电磁阀自动控制，当泵体内的真空度达到规定真空值时，通过传感器自动地停止真空泵的运转。

② 活塞式混凝土泵车保养维修的要点　活塞式混凝土泵的主要易损件是分配阀、活塞和混凝土缸三大件，其保养、更换和维护要点如下。

a. 分配阀。组成分配阀的构件较少，为了提高混凝土泵整机性能，一旦分配阀构件出现破损，则更换是最简单且最合理的方式。目前分配阀有三大类：闸板阀、旋转板阀和管形摆动阀，其中摆动阀是当前的主流。

摆动阀主要由眼镜板、切割环和S摆动管三大部件组成。

眼镜板和切割环：为了简化维修作业，采用了将眼镜板和切割环安装于S摆动管末端的结构形式，磨损后便于更换。另外，为了减少易损件更换的次数，采用特殊的金属屑在磨损处进行补修堆焊。最近，通过采用超硬金属材料作为其材质来减少磨损及更换次数。

S摆动管阀：对S摆动管阀解体维修时，首先须检查阀体两端面；此外，因不断回转摆动磨损厉害，为了减少阀体的更换次数，在磨损的两端安装了可更换、硬度较高的薄型活动端面，以延长阀体的使用寿命。

b. 活塞。活塞一旦磨损，则与混凝土缸内壁的密封性降低，产生漏浆现象，同时吸入混凝土进入混凝土缸内的吸入力也降低，降低了混凝土泵的泵送能力。一旦发现这种状况，就必须对其进行维修。

为便于检修，采用可在左右两方向同时移动的液压回路将作用于混凝土缸内某一位置的活塞退出，置于检修机架上，进行维修。

在从事更换作业时，应先放掉蓄积在液压回路上的压力，然后停机，再进行活塞的更换作业。

c. 混凝土缸的更换。混凝土缸体内壁出现磨损或划伤时，或是掉头使用，或是取出维修。

为了便于维修，在设计时，在混凝土料斗底部设置一活动门盖，通过液压缸移动开启此活动门盖，从此开口部位拔出混凝土缸体。采用这种结构方式，改变了以往用起重设备将混凝土缸体全部吊出后进行维修的方式。

d. 润滑系统。分配阀、混凝土垫板和料斗等回转部位的润滑油供给是非常重要的，是日常保养、检修的主要部位。另外，必须定期检验这些部位润滑油的消耗状况，相应于各状况给予补充。

③ 无线操纵装置的维护　为了确保布料杆动作合理、准确，软管移动省力，可通过无线遥控装置进行远距离操作。无线遥控装置的信号发送机一般安装在混凝土浇注现场，其周围环境恶劣，所以其开关、专用电线、接头等易磨损，因而这些部位的日常保养是很重要的。

相对于一台无线遥控装置需配置两台信号机，隔日相互交替使用，一台工作，另一台充电备用。

④ 布料杆的检修　混凝土泵车作为一种特种机械，必须根据各国的劳动安全法则制定适合其自身特点的检测规定。以往曾发生过布料杆某部位出现龟裂而造成折臂的重大事故。因而在日常的检修维护中，与泵体的日常维护相比，布料杆的检修就显得更为重要。

布料杆的各节臂杆之间皆有液压缸，用以进行调幅和折叠。缸体的进油口应设有液压锁，以防输油管破裂而发生折臂事故。臂架的各段和液压缸两端以回转销连接，在各回转部位有润滑油供给机构，一旦润滑油消耗完，回转处将出现磨损。对这些部位需经常保养，确保润滑油的供给。

最近，研制出了 4 节或 5 节臂架的大型和超大型混凝土泵车。这样臂架所需润滑的部位增多，为了确保日常保养和维护工作的进行，采用了自动供润滑油系统，实现了供油的连续性和省力。

⑤ 事故分析　曾发生过因臂架折弯击落打死在臂架下作业的施工人员的事故。经查，发现在断裂的臂架截面上侧钢板处有一褐色铁锈，可见此部位很久以前就已产生了龟裂。臂架断裂是逐步产生的。这辆带布料臂架的混凝土泵车大约是 8 年前制造的，问题是 8 年间未作过全面的检修，从而导致事故的发生。

可见，为了确保混凝土泵车的安全、正常运转，日常保养和维护是非常重要的。另外，必须建立起一套完整的制度，定期地对混凝土泵车进行检修、保养和维护，防患于未然。

(15) 混凝土泵车的选型

① 混凝土泵车的功能　混凝土泵车已被列为商品混凝土机械的主要设备，它可以一次同时完成现场混凝土的输送和布料作业，具有泵送性能好、布料范围大、能自行行走、机动灵活和转移方便等特点。尤其是在基础、低层施工及需频繁转移工地时，使用混凝土泵车更能显示其优越性。采用它施工方便，在臂架活动范围内可任意改变混凝土浇筑位置，不需在

现场临时铺设管道，可节省辅助时间，提高工效。特别适用于混凝土浇筑需求量大、超大体积及超厚基础混凝土的一次浇筑和质量要求高的工程，目前地下基础的混凝土浇筑有80%是由混凝土泵车来完成的。

② 混凝土泵车的分类、组成及主要性能参数　混凝土泵车也称臂架式混凝土泵车，其形式定义为：将混凝土泵和液压折叠式臂架都安装在汽车或拖挂车底盘上，并沿臂架铺设输送管道，最终通过末端软管输出混凝土的机器。由于臂架具有变幅、折叠和回转功能，可以在臂架所能及的范围内布料。

a. 混凝土泵车的臂架高度是指臂架完全展开后，地面与臂架顶端之间的最大垂直距离。其主参数为臂架高度和理论输送量。臂架高度（m）系列为：13、16、20、22、24、27、28、31、32、33、34、36、37、38、42、43、44、46、47、51、52、55、62；理论输送量（m? /h）系列为：44、46、56、60、62、63、65、66、70、80、85、87、90、97、110、115、116、120、130、150、160、170、200、204。

b. 按其臂架高度可分为：短臂架（13～28m）、长臂架（31～47m）、超长臂架（51～62m）。

c. 按其理论输送量可分为：小型（44～87m^3/h）、中型（90～130m^3/h）、大型（150～204m^3/h）。

d. 按工作时混凝土泵出口的混凝土压力即泵送混凝土压力可分为：低压（2.5～5.0MPa）、中压（6.1～8.5MPa）、高压（10.0～18.0MPa）和超高压（22.0MPa）。

e. 按臂架节数可分为：2、3、4、5节臂。

f. 按分配阀形式可分为：C形阀、S形阀、裙形阀、斜置式闸板阀和横置式板阀。

g. 按其驱动方式可分为：汽车发动机驱动、拖挂车发动机驱动和单独发动机驱动。

h. 按折叠方式可分为：Z形、M形、顺卷入和反卷入折叠式。

混凝土泵车主要由汽车底盘、混凝土泵、臂架、臂架管道、末端软管、取力装置（PTO）、操纵系统、液压系统和电气系统等组成。

28～62m系列混凝土泵车的主要性能参数见表6-11。

表6-11　28～62m系列混凝土泵车的主要性能参数

主要性能参数	BRF 28.09	BRF 28.12	BRF 31.16 H	BRF 32.09 EM	BRF 32.12 EM	BRF 32.15 EM	BRF 32.16 H	BRF 36.09	BRF 36.12 EM	BRF 36.15 EM	BRF 42.12 EM	BRF 42.15 EM	BRF 44.16 H	BRF 46.15 EM	BRF 52.16 H	BRF 55.15 EM	BRF 55.20 H	BRF 62.15 H
臂架高度/m	27.4	27.6	30.5	31.8	32.0	32.0	32.0	35.7	35.9	35.9	41.9	41.9	43.7	45.5	51.7	54.8	54.8	61.7
理论输送量/(m^3/h)	90	116	160	90	116	150	160	90	116	150	116	150	160	150	160	150	200	150
泵送混凝土压力/MPa	7.5	11.2	13.0	7.5	11.2	11.2	13.0	7.5	11.2	11.2	11.2	11.2	13.0	11.2	13.0	11.2	8.5	11.2
混凝土泵缸体内径/mm	230	230	230	230	230	230	230	230	230	230	230	230	230	230	230	230	280	230
活塞行程/mm	1400	2100	2100	1400	2100	2100	2100	1400	2100	2100	2100	2100	2100	2100	2100	2100	2100	2100
每分钟行程次数	26	22	31	26	22	29	31	26	22	29	22	29	31	29	31	29	26	29
臂架水平长度/m	23.7	23.8	26.5	28.1	28.1	28.1	28.1	32.1	32.0	32.0	38.0	38.0	40.0	41.9	48.0	50.8	50.8	58.1
臂架可达深度/m	16.2	18.1	20.6	21.9	21.0	21.0	22.0	24.3	23.7	23.7	28.1	28.1	31.7	33.2	38.2	40.6	40.6	47.0
臂架节数	3	4	5	4	4	4	4	4	4	4	4	4	5	4	5	4	4	5
回转范围	365°	365°	365°	365°	365°	365°	365°	365°	365°	365°	365°	365°	365°	365°	365°	365°	365°	365°
回转速度/(r/min)	0.50	0.60	0.44	0.40	0.50	0.50	0.50	0.40	0.40	0.40	0.36	0.36	0.36	0.34	0.30	0.28	0.28	0.20
末端软管长度/m	3	4	4	4	3	3	4	3	3	3	3	3	4	3	4	3	4	3
输送管直径/mm	125	125	125	125	125	125	125	125	125	125	125	125	125	125	125	125	125	125
料斗容积/L	600	600	600	600	600	600	600	600	600	600	600	600	600	600	600	600	600	600
上料高度/mm	1380	1350	1300	1370	1380	1380	1320	1400	1320	1320	1380	1380	1400	1370	1260	1380	1380	1400

③ 混凝土泵车的结构特点

a. 混凝土泵车的泵送机构是通过分配阀的转换来完成混凝土的吸入与排出动作的。因此分配阀是混凝土泵车的关键部件之一，其形式直接影响到混凝土泵车的性能。

b. 臂架为箱形截面结构，由2～5节铰接而成。

c. 取力装置。混凝土泵车的动力一般来自汽车发动机，通过液压系统进行驱动运转。当混凝土泵车作业时，发动机通过变速箱和取力装置驱动液压泵工作。这套取力装置一般由汽车制造商按混凝土泵车的技术要求改装而成。主液压泵、搅拌泵及臂架泵由同一轴驱动可简化取力装置的结构。

d. 液压系统。由泵送（包括换向）、臂架、支腿、搅拌（包括冷却）和水洗等部分的液压系统组成。采用分立油路，可靠性高。液压油路为开式油路或闭式油路。

• 泵送液压系统。主液压泵采用恒功率变量泵，使泵送液压系统具有恒功率控制功能。当混凝土泵在泵送时，液压系统会随输送距离、高度和混凝土坍落度的变化产生很大的波动，采用恒功率变量泵就可使液压系统在压力升高时通过压力反馈回路控制变量泵来减少流量；当压力降低时则增大流量。既达到恒功率调节的功能，又能防止发动机过载。通过控制发动机的油门及变量泵也可以改变主液压泵的转速和排量，达到变量输出。

换向液压系统由蓄能器、换向阀、分配阀及分配液压缸等组成，主要作用是使分配阀与主液压缸能定时配合换向。

• 臂架液压系统。臂架液压系统中有臂架变幅、回转油路。在臂架变幅油路中，为了保证变幅动作平稳，防止臂架因超速下降而发生事故，以及保证臂架能准确可靠地停留在任意工作位置，因而在油路中采用平衡阀组，并组成双向限速液压锁；在回转油路中，采用的是由两个液控单向阀组成的缓冲制动回路，以克服制动和换向时因惯性作用所带来的液压冲击，吸收由于惯性所产生的动能以及低压油路出现负压作用而使其自行回转的弊病，使转台回转平稳、灵活，具有良好的点动性能。

• 支腿液压系统。为防止各支腿工作时出现软腿和行走中出现下沉现象，在油路中采用液控单向阀组组成的双向液压锁回路，可起到锁紧作用，使支腿工作时回路处于截止状态。混凝土泵送时则伸出支腿，这样有利于整车的平稳工作，还可延长汽车底盘的使用寿命，对各系统中的部件也可起到缓冲减振作用。

• 搅拌液压系统。搅拌回路是由液压泵驱动搅拌液压马达带动搅拌轴转动来形成的。搅拌叶片可搅匀混凝土并增加混凝土的吸入效果。该搅拌液压系统内设有搅拌换向阀，通过该阀组可以实现如下操作：搅拌叶片正反转；搅拌叶片若处于浮动状态，可以用于转动；一旦搅拌叶片被骨料卡住即可自动反转，将故障排除后又能自动恢复正转状态。

冷却液压系统，一般只在液压油温度超过50～60℃时冷却液压马达才启动风扇对冷却器强制冷却，以降低油温。

• 水洗液压系统。工作时用水泵产生的高压水来清洗各部位。

④ 对混凝土泵车的要求

a. 整车的稳定性。混凝土泵车在作业过程中容易造成倾翻，故应具有良好的纵向和横向稳定性。

b. 吸入效率可直接影响混凝土泵车的生产率，因此对混凝土缸的密封性、料斗的结构与形状、搅拌装置、改善混凝土的和易性以及喂料性能等均提出了要求。

c. 应采用高安全性的控制方式，必须确保混凝土泵车能正常、安全运转。要求在发生意外事故的情况下具有自动保险功能。

d. 操作系统各指示开关动作应可靠、灵敏、安全，指示系统能准确反映出泵送工作中电器的故障。

e. 混凝土泵车的主要易损件是分配阀、活塞和混凝土缸，因此对这些部件应提出更高的使用寿命要求。

f. 臂架变幅及回转的动作要求平稳、灵活、速度缓慢、点动性能好以及稳定性好，保证臂架能准确可靠地停留在任意工作位置。

g. 整个液压系统应工作可靠。

⑤ 混凝土泵车选型中的问题

a. 混凝土泵车的选型。应根据混凝土工程对象、特点、要求的最大输送量、最大输送距离、混凝土浇筑计划、混凝土泵形式以及具体条件进行综合考虑。

b. 混凝土泵车的性能随机型而异，选用机型时，除考虑混凝土浇筑量以外，还应考虑建筑的类型和结构、施工技术要求、现场条件和周围环境等。通常所选用的混凝土泵车的主要性能参数应与施工需要相符或稍大，若能力过大，则利用率低；过小，不仅满足不了施工要求，还会加速混凝土泵车的损耗。

c. 由于混凝土泵车具有使用灵活性，而且臂架高度越高，浇筑高度和布料半径就越大，施工适应性也越强，故在施工中应尽量选用高臂架混凝土泵车。臂架长度28～36m的混凝土泵车是市场上量大面广的产品，约占75%。长臂架混凝土泵车将成为施工中的主要机型。

d. 年产10万～15万立方米的混凝土搅拌站，需装备2～3辆混凝土泵车。

e. 所用混凝土泵车的数量，可根据混凝土浇筑量、单机的实际输送量和施工作业时间进行计算。对那些一次性混凝土浇筑量很大的混凝土泵送施工工程，除根据计算确定外，宜有一定的备用量。如上海世界贸易商城基础底板混凝土基础浇筑施工中共投入26辆混凝土泵车，其中6辆为备用。

f. 由于混凝土泵车受汽车底盘承载能力的限制，臂架高度超过42m时造价增加很大，且受施工现场空间的限制，故一般很少选用。

g. 混凝土泵车的产品性能在选型时应坚持高起点。若选用价值高的混凝土泵车，则对其产品的标准要求也必须提高。对产品主要组成部分的质量，从内在质量到外观质量都要与整车的高价值相适应。

h. 混凝土泵车采用了全液压技术，因此要考虑所用的液压技术是否先进，液压元件质量如何。因其动力来源于发动机，而一般泵车采用的是汽车底盘上的发动机，因此除考虑发动机的性能与质量外，还要考虑汽车底盘的性能、承载能力及质量等。

i. 混凝土泵车上的操纵控制系统设有手动、有线以及无线的控制方式，有线控制方便灵活，无线遥控可远距离操作，一旦电路失灵，可采用手动操纵方式。

j. 混凝土泵车作为特种车辆，因其特殊的功能，对安全性、机械性能、生产厂家的售后服务和配件供应均应提出要求，否则一旦发生意外，不但影响施工进度，还将产生不可想象的后果。

6.9 工程起重机故障诊断与维修

6.9.1 QY16型汽车起重机故障诊断与维修

(1) QY16型汽车起重机主离合器助力器故障的诊断与修理

[故障现象]

施工现场常有各型起重设备协同作业，一台 QY16 汽车起重机吊在基坑中配合吊装，作业完成后，出现了主离合器分不开的故障，通常称“切不断”，挂不上行驶挡，无法移位，导致整个工地停工。

故障诊断与排除

QY16 汽车起重机主离合器为气压助力式结构。经检查，汽车气压正常，杠杆连接无松脱，液压管路及元件无泄漏，气压助力器成为故障焦点。气压助力器如图 6-76 所示。

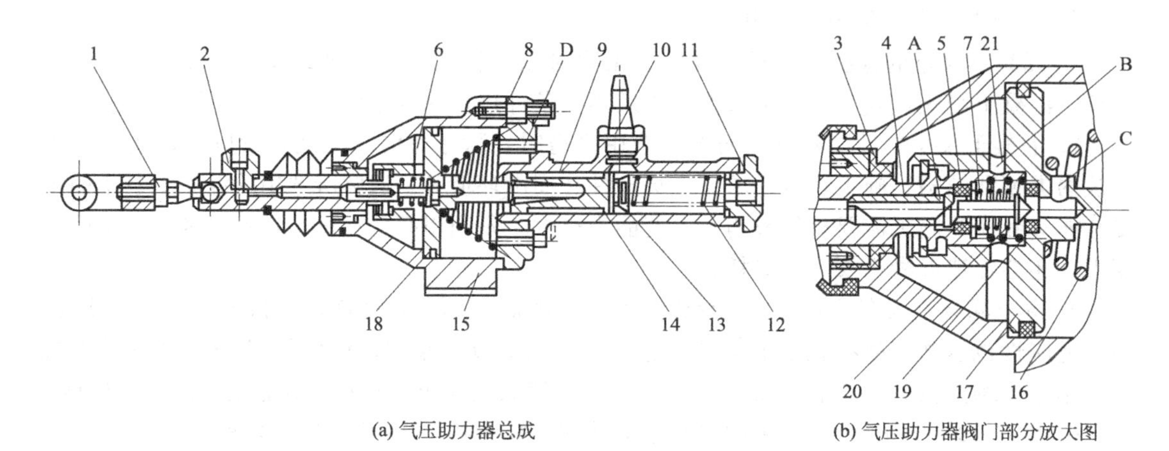

(a) 气压助力器总成　　(b) 气压助力器阀门部分放大图

图 6-76　气压助力器

1—球头连接叉；2—进气接头；3—推杆；4—双层阀门；5—进气阀密封圈；6—卡簧；7—平衡弹簧；8—连接盖；9—液压主缸体；10—进油管接头；11—液压主缸后盖；12—液压主缸活塞回位弹簧；13—液压主缸皮碗；14—液压主缸活塞；15—气压缸体；16—气室活塞回位弹簧；17—气室活塞；18—气室活塞密封圈；19—排气阀胶圈；20—推杆回位弹簧；21—平衡弹簧座；A、B、C、D—通气孔道

气压助力器的进、排气阀门是随动开关，为使操作灵敏、协调，随动行程尽可能小。随动行程其实就是进、排气阀的开度之和，常用为 2mm。气压元件要求常开型排气阀排气必须畅快、彻底，因而开度要相对大；常闭型进气阀，因绝大部分时间要在变化的气压下保持密封（汽车常用 0.3～0.7MPa），密封圈 5 与双层阀门 4 左锥面间必须有预压量。当预压量偏小会出现气压未达额定值即发生漏气，当预压量偏大时，则会使进气阀在随动行程中能实现的开度变小。

由于进气阀是在关闭预压量逐渐减小过程中进入通气状态，压缩空气携带油、水等物从密封接合面之间高速冲过，产生负压，致使密封圈 5 被来自右侧的气压将其没有依托的部分向左推，周而复始，密封圈 5 产生变形，这种变形增大了密封圈 5 与双层阀门 4 的预压量，预压量的增大又使得进气阀在随动行程结束前的开通发生障碍，致使气压助力器不工作，主离合器“切不断”。

从旧助力器总成件的拆解分析看，与在用总成件的故障一样，大部分零件都正常，唯密封圈 5 不同程度地发生了变形，如图 6-77 所示。

据此，拟定改进方法如下（图 6-76）：将密封圈 5 换个方向安装，安装之前在推杆 3 的密封圈座孔内置入一金属垫片。垫片应耐锈蚀，当时是利用车上的油管铜垫，厚度为 0.3～0.5mm，以不影响安装密封圈 5 右侧垫片及卡簧为限，铜垫外径与推杆 3 密封圈座孔配合略松一些，铜垫内径比双层阀门 4 左锥面最大直径略松一些，一般间隙为 0.1～0.2mm，如图 6-78 所示。

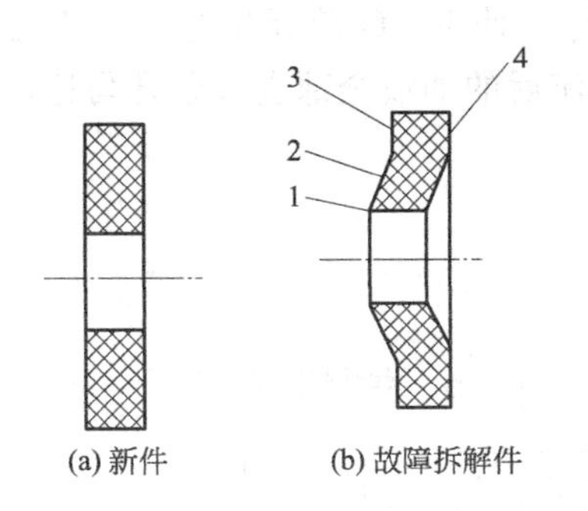

图 6-77　进气阀胶圈截面示意图

1—与阀锥结合；2—无依托部分；3—与推杆座孔止口结合面；4—与安装卡簧接触面

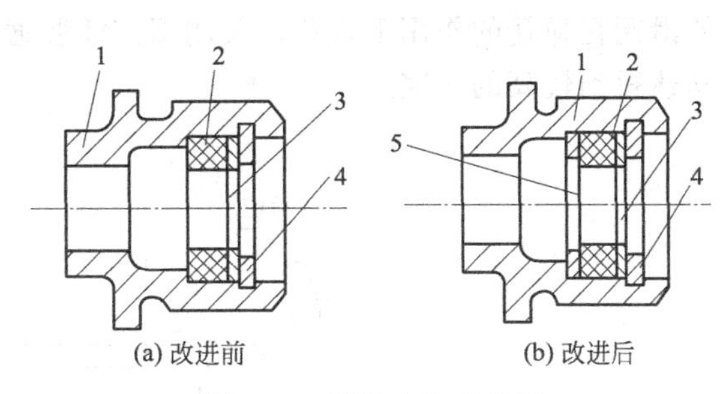

图 6-78　胶圈安装示意图

1—推杆；2—胶圈；3—垫片；4—卡簧；5—铜垫

由于铜垫内孔径小于推杆 3 座孔止口直径，改善了密封圈 5 左侧的依托，密封圈抵抗右侧推力的刚度提高，使密封圈在进气过程中受推压作用产生的向左变形量被限制在最小程度，在相对更长的时间内与双层阀门 4 左端锥面保持理想的预压量，进而提高了气压助力器工作的可靠性。由于铜垫的强制定形作用，旧助力器的变形密封圈 5 装机仍可继续使用。

经此方法修理的 QY16 汽车起重机使用已 2 年，尚未因该部件失效而出现主离合器“切不断”的故障。

(2) QY16 型汽车起重机多路阀故障的诊断与修理

QY16-129 多路阀结构与工况：QY16-129 多路阀系四联换向阀和溢流阀等 6 件阀块的组合。换向阀采用手动操纵弹簧对中，在分流溢流阀的顶面置一以钢球往复动作分别密封的梭阀。分流溢流阀采用先导式，主阀为滑阀式，阀体内装一个供双泵合流用的单向阀。

该多路阀置于上车（底盘之上的起重结构部分），分别控制起升、变幅、伸缩和回转油路，见图 6-79。起升回路由 P_1 泵和 P_2 系合流供油，其他三联由 P_2 泵单独供油。

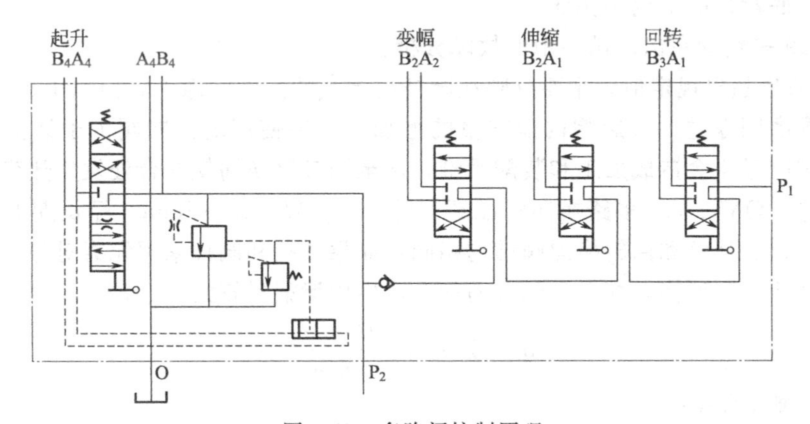

图 6-79　多路阀控制原理

分流溢流阀在该多路阀的组合中起以下两个作用（见图 6-80）。

① 分流，改善起升性能。当起升阀处于中位时，两泵合流后的油液经 O 口流回油箱。当操纵阀杆前移至过渡位置时，由于阀杆和阀孔在 B 处形成 A、D 两腔节流，使 A 腔油压与 E、F 腔相等并高于 D、G 腔，D 腔油液推动梭阀内钢球处于图示位置后，油液流入 G 腔，由于 F 腔油压高于 G 腔，滑阀右移，沟通了 E、H 腔，将合流后的部分油液经起升换向阀 O 口泄油，达到了分流作用，使起升马达得到较低转速。当起升联经过渡位置至正常

工作位置时，B处的节流阻力消失，A、D腔油压相等，使F、G腔无压差，分流溢流阀中的滑阀在弹簧的作用下左移，关闭E、H腔通道，合流后的油液全部进入起升马达，使起升马达得到较高的转速。

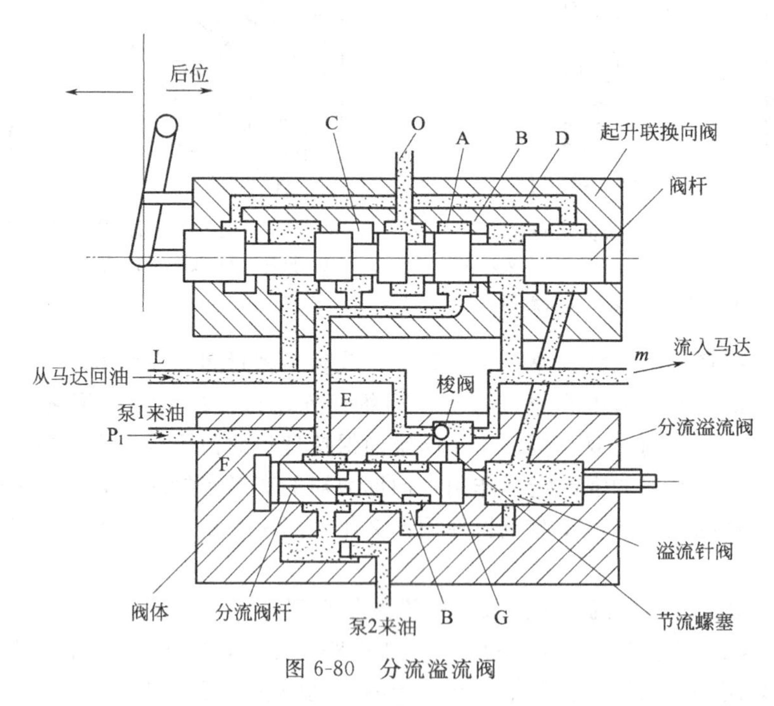

图 6-80　分流溢流阀

② 免于过载，保护起升油路。当起升油液压力超过调定值 17.5MPa 时，G腔压力油顶开先导溢流针阀泄油，此时G腔油压低于F腔，使滑阀右移，将E、H腔沟通，实现溢流，从而使油液压力处于调定值范围，达到保护起升油路的目的。变幅、伸缩和回转油路的压力保护由下车（底盘）的安全阀保证。

QY16-129 多路阀在出厂试验中的故障分析：

① 内泄漏量超出规定值。主要反映在阀杆与阀孔的配磨间隙上，由以下泄漏量 q_n 计算公式可知，配磨间隙过大会影响内泄漏量的增加。长期使用的换向阀由于磨损，间隙将增大，而配合间隙过小会造成加工和装配困难，甚至因频繁换向使配合处发生热变形，阀杆被卡住不能动作。QY16-129 多路换向阀配磨间隙为 0.007～0.015mm，经长期的使用，证明效果良好。变幅、伸缩和回转换向阀结构相同，如果阀孔和阀杆采用配磨对号入座的工艺方法，一旦阀杆相互间调换，配合间隙大的就会产生内泄漏量较大。

$$q_n = \sum 0.654 \frac{D \Delta r^3 p_g}{\mu L_f}$$

式中　D——阀杆直径；

Δr——单边配合间隙；

p_g——公称压力；

μ——油液动力黏度；

L_f——封面长度。

② 压力为零。从 P_1 口或 P_2 口通入压力油，并调紧了溢流阀的调压螺钉后，测试仪测的压力都为零。主要原因是：起升换向阀未处在工作位置上，压力油直接经中位流回油箱；进入梭阀的两条油道来自起升换向阀上 A_4 和 B_4 口的分支，经分流溢流阀的油道进入梭阀，

这些油道是通过加工 $\phi5.5$ 的细长孔在横纵的立体面上相连的，如果相交的 $\phi5.5$ 孔没有沟通，压力油不能进入梭阀，使分流溢流阀内 G 腔无压力，滑阀右移，压力油便流回油箱；从梭阀进入分流溢流阀前腔（G 腔）的油道中，装有 0.8mm 细长孔的节流柱塞，如果此孔不通，压力油不能流入 G 腔，使 G 腔压力为零，系统也就无压力。

③ 压力调不高。原因是：a. 梭阀内与钢球密封的阀座封口处有损伤，部分压力油流回 O 口。分流溢流阀的先导阀中的阀锥和其阀座封油不严密，小部分压力油经先导阀泄油口流入 O 口，使分流溢流阀中的滑阀前腔（G 腔）建立不起较高的压力值，多路阀的压力就调不高。b. 分流溢流阀的滑阀和阀孔的配合间隙超过了 0.008～0.017mm，由于内泄漏，使压力调不高。如果是以上两种原因，就可能是试验台系统出现故障，比如，调压溢流阀有泄漏等。

④ 压力由高压急骤降低或降至零。试验中，如果分流溢流阀体内 QY-16-129-2-4 节流螺塞的 0.8mm 微孔被毛刺或污物突然堵住，进入 G 腔的油液被阻断，再加上滑阀与阀孔配合间隙的影响，在滑阀左端 F 腔高压油的作用下，G 腔的油压就会随着配合间隙处的内漏而急骤降低。阀向右快速移动，使高压腔与 O 口相通，压力就急骤降低或直至零压。

⑤ 压力不稳定、振摆过大。原因是：进入分流溢流阀先导阀前腔（G）的压力油，是通过滑阀与主阀孔的配合间隙流入的，如果配合间隙过大，就削弱了阻尼作用而产生振动，分流溢流阀的先导锥阀和阀座接触不良，测试压力表指针摆动偏大。

⑥ 外渗漏。对中式组合的多路阀，主要是结合面处渗油或漏油，出厂试验标准规定是不允许的。从用户在维修调试中反馈的信息中得知，由于结合面处的密封圈长期使用发生损伤，使结合面外露，拆开更换密封圈再组装实验中发现仍有外露。旋紧连接螺母时，虽无外露，但换向阀杆动作却不灵活，原因是：a. 施加于 8 根连接螺栓的转矩不够，使结合面间有微小的闪动。b. 过度旋紧连接螺母，会使阀中间产生超出阀体材质的抗挤压强度，使阀杆孔产生微变形，阻碍了阀杆的动作。

采用下述方法，即使连接螺栓有足够的锁紧强度，也不会使阀杆孔变形。

a. 在各阀体中结合面间，以阀杆孔轴线为基准，磨出宽 40mm、深 0.015mm 的防漏槽（见图 6-81）。旋紧螺母（锁紧力矩 157N·m）后，不会因阀体间的挤压而引起阀杆孔微变形，能保证阀杆动作灵活。

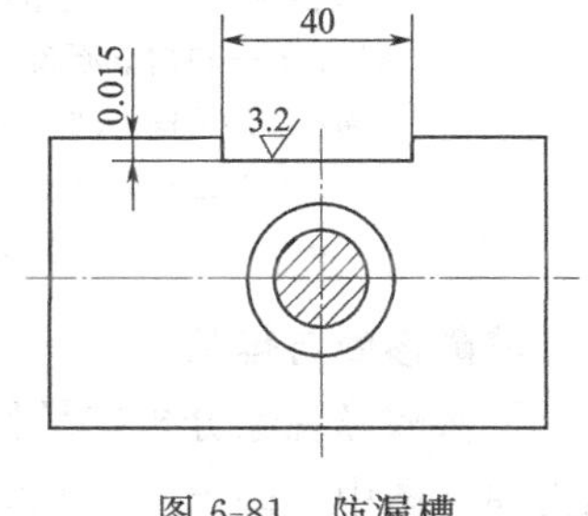

图 6-81　防漏槽

b. 在结合面间各油道孔周围涂以乐泰 515 厌氧胶，将多路阀组合后，放置 12h，让厌氧胶充分固化，再做出厂试验。

(3) QY16 型汽车起重机起升紊乱故障的诊断与修理

[故障现象]

某单位 1999 年 6 月购置的一台 QY16 型全液压汽车起重机，在 2001 年 10 月初突然出现以下两种故障现象。

现象一：升降副吊钩时，主吊钩也随着一起升降。

现象二：在副吊钩换向阀手柄位于工作位置而主吊钩换向阀手柄位于非工作位置的状态下，操纵组合阀起升、变幅、伸缩手柄时，主副制动踏板均自动下降。

升降液压系统原理如图 6-82 所示。起升液压油由齿轮泵供给，高压油经中心回转体 6 后分两路，一路供给多路阀；另一路经减压阀 7、油过滤器 8、单向阀 9，使蓄能器 11 充压，以供给起升操纵压力油。

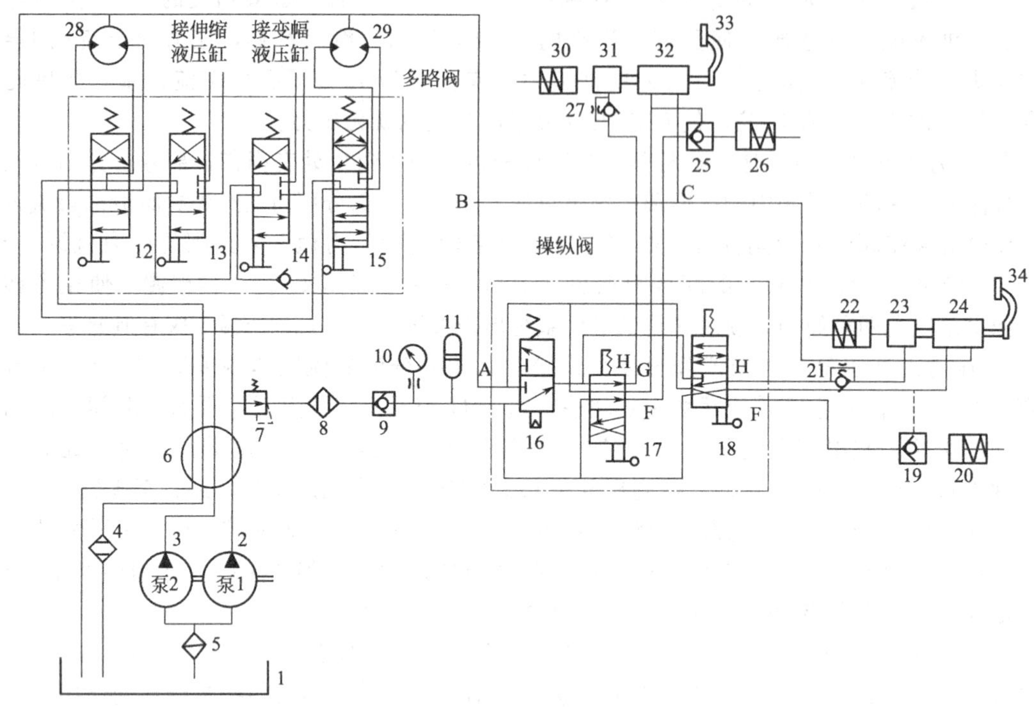

图 6-82　升降液压系统原理

1—液压油箱；2、3—齿轮泵；4—回油过滤器；5—进油过滤器；6—中心回转体；7—减压阀；8—过滤器；9—单向阀；10—压力表；11—蓄能器；12—回转换向阀；13—伸缩换向阀；14—变幅换向阀；15—起升换向阀；16—液控换向阀；17—副吊钩操纵阀；18—主吊钩操纵阀；19、25—液控单向阀；20—主卷筒离合器液压缸；21—单向节流阀；22—主卷筒制动器液压缸；23—主吊钩卷筒制动总泵；24—主吊钩制动液压助力阀；26—副吊钩卷筒离合器液压缸；27—单向节流阀；28—回转马达；29—起升马达；30—副吊钩卷筒制动器液压缸；31—副吊钩卷筒制动总泵；32—副吊钩制动液压助力阀；33—副制动踏板；34—主制动踏板

故障诊断与排除

可从故障现象分析副吊钩起升时液压系统的工作过程。当操纵阀中液控换向阀 16 获得压力油（图中未画出），阀芯左移，此时扳动副吊钩操纵阀 17 手柄到工作位置，如图 6-82 所示。此时压力油一路经过液控换向阀 16 油道，进入副吊钩操纵阀 17 的油道 H，再经过单向节流阀 27 进入副吊钩卷筒制动器液压缸 30，使制动器解除制动；另一路压力油直接进入副吊钩操纵阀 17 的油道 F，经过液控单向阀 25 及回转接头进入副吊钩卷筒离合器液压缸 26，使离合器与卷筒接合。

若此时扳动起升换向阀 15 的操纵手柄，使起升马达运转，则可实现副吊钩的升降。此时也有一路压力油经主吊钩操纵阀 18 的油道 G 进入主吊钩制动液压助力阀 24，以打开液控单向阀 19，使主卷筒离合器液压缸 20 与回油道接通，因而主卷筒离合器液压缸 20 在弹簧作用力下回缩，使离合器脱开卷筒。若这时用脚踩主制动踏板 34，使主卷筒制动器松开，则主卷筒在吊钩及起重物的重力作用下快速转动，即实现所谓快速重力下降工况。

因此，在副吊钩工作时，出现第二种故障将特别危险，它可能使吊钩突然下降，引发事故。

通过对吊钩起升过程的分析知道，吊钩起升必须满足两个条件：一是制动液压缸充油，使得制动器解除制动；二是卷筒离合器液压缸充油，使得离合器与卷筒接合。

分析起升液压系统原理图可知，制动液压缸与卷筒离合器液压缸的压力油同由操纵阀控制，所以维修人员首先判定故障可能就在操纵阀上。为了证实这一判定，进行具体的检查，步骤如下。

① 为了证实本故障确实是由于液压系统故障引起，而非离合器、制动器的机械故障引起，首先维修人员拆开主卷筒离合器液压缸 20 的进油管和制动器液压缸 22 的进油管，再使操纵阀位于故障工作位置，启动发动机，操作起升换向阀 15 的手柄，发现主卷筒离合器进油管和制动液压缸进油管立即有压力油喷出（要注意安全），说明本故障确实是由液压系统故障引起的。根据以往的经验，判定故障可能出在操纵阀上。

② 拆开操纵阀后经仔细检查，并未发现有异常之处，也就是说本故障并不是由操纵阀引起的。

那么故障在什么位置呢？仔细分析液压系统原理图发现，主吊钩操纵阀 18 手柄位于非工作状态时，主吊钩起升卷筒制动器液压缸 22 油道与主卷筒离合器液压缸 20 油道在主吊钩操纵阀中合二为一，共同与回油道相通，莫非是回油道进入压力油而引起本故障？为了证明这个假设是正确的，维修人员拆开了操纵阀回油管，即图 6-82 中的 A 点，再使操纵阀位于故障工作位置，启动发动机，操作起升换向阀 15 的手柄，这时发现回油管口立即有压力油喷出，证明本故障确实由回油管进入压力油而引起。

那么压力油是从哪里进入的呢？通过对液压系统原理图的分析，按照以上寻找压力油来源的方法，分别拆解回油管（图 6-82 中 B 点、C 点），最后发现压力油从主吊钩制动液压助力阀 24 出油口流出。从液压系统原理图可知，主吊钩操纵阀 18 油道 F 口在非工作位置时有压力油进入制动液压助力阀 24，由此推测故障的原因可能就在主吊钩制动液压助力阀 24 上。

为了进一步找到故障原因，拆检主吊钩制动液压助力阀 24（图 6-83），发现小弹簧 b 已折断，使得钢球不能封闭油道 a，压力油经 d 腔进入 c 腔，从助力阀出油口进入回油道。维修人员更换弹簧装复后，经过再试车，所有故障消除。

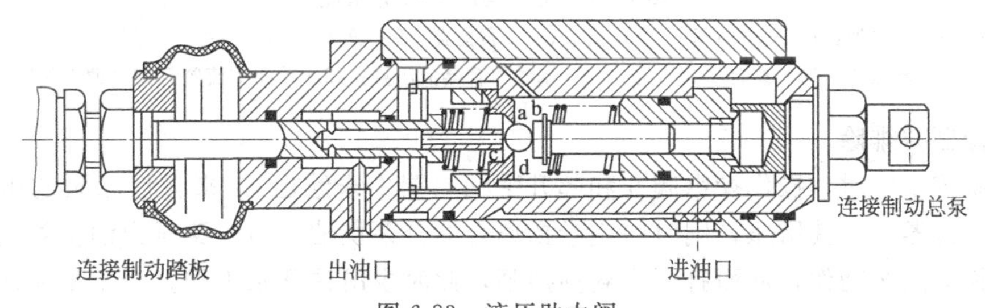

图 6-83　液压助力阀

那么为什么会出现上述第二种故障现象呢？维修人员从液压原理图得知，由于回油管进入压力油，使得主、副吊钩液压助力阀回油道都有压力油存在，以及主吊钩制动总泵 23 进油道也进入压力油，而副吊钩卷筒制动总泵 31 在工作位置时也进入压力油，使得卷筒制动器解除制动。再从液压助力阀结构来看，出油道进入压力油，助力阀芯相当于一个活塞，在出油道油压足够大的情况下，阀芯克服制动总泵阻力向右移动，阀芯拉动制动踏板下降，即发生制动踏板自动下降现象。

那么为什么这种现象会在起升、变幅、伸缩工况下发生呢？通过事后检查发现，在伸缩、变幅工况时，中心回转体 6 上的回油道有液压油泄出，说明中心回转体内液压油高压油道与回油道间的密封圈密封不良，引起压力油向回油道泄漏，以及起升马达在工作时内泄严重，向回油管泄油。由于在这几种工况时都存在向回油管泄油的情况，使得回油道内压力油在流回油箱时阻力加大，回油道油压增高，从而使主、副液压助力阀回油道油压增高，压力油足以推动助力阀芯向右移动，即发生主、副制动踏板自动下降现象。

(4) QY16 型汽车起重机主吊钩自动下滑故障的诊断与修理

[故障现象]

徐工产 QY16 全液压汽车起重机，主吊钩起升液压系统使用几年后经常出现下列故障：主吊钩在起吊 5t 以上重物中途悬停后若再起升时，主吊钩总要自动下滑一段距离，待油门加大后才能上升，其他工作系统正常。该机主吊钩起升系统原理见图 6-84。

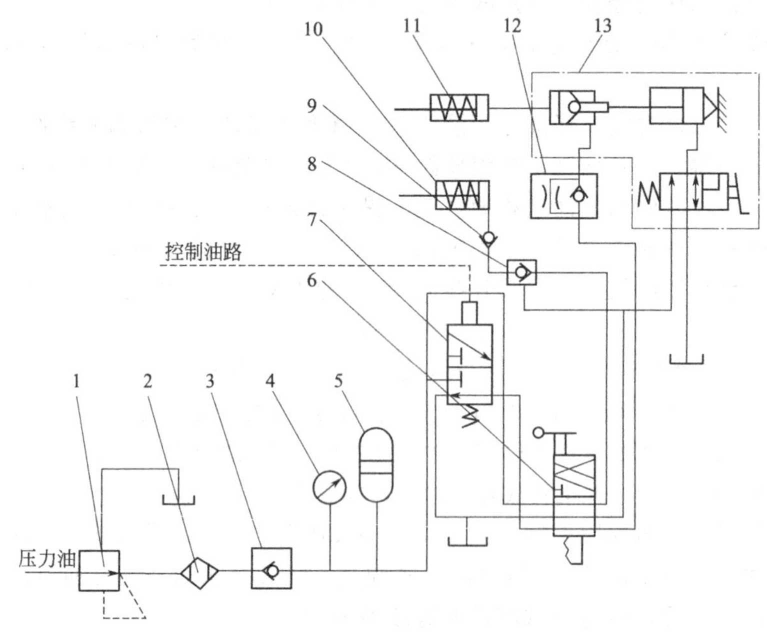

图 6-84　主吊钩起升系统原理

1—减压阀；2—过滤器；3—单向阀；4—压力表；5—蓄能器；6—操纵阀；7—液控换向阀；8—液控单向阀；9—回轴接头；10—离合器液压缸；11—制动离合器液压缸；12—单向节流阀；13—助力阀组

故障诊断与排除

当该系统工作时，操作操纵阀 6 和起升手柄（图中未绘出），来自齿轮泵的压力油经减压阀 1 至蓄能器 5 使其增压，同时向主卷扬离合器分泵供油；另一路压力油使卷扬马达旋转并使液控换向阀 7 动作，从而打开主卷扬抱闸，此时主吊钩开始工作。当主吊钩起升中途悬停时，该系统油路应保持着 8～10MPa 的压力，如果该系统由于压力损失使其压力低于 6MPa，此时一旦主吊钩起升操纵杆再次动作，抱闸则迅速打开，卷扬离合器片在瞬间得不到足够的摩擦力，使卷筒与马达同步转动，因此重物将下滑，待油门加大压力补偿到 8～10MPa 后重物才能上升。引起该液压系统压力损失或压力不足的原因有：①主卷扬离合器分泵漏油。②单向阀 3 漏油。③蓄能器氮气压力太低。④减压阀输出压力太低。⑤液控换向阀 7、操纵阀 6 或液控单向阀 8 轻度内泄。

上述原因中，除离合器分泵漏油可以用眼睛直接看出外，其他原因只有通过起吊重物时才能试出。重物上升时稍加大油门，如果压力表 4 的示值能达到 8MPa 以上，说明蓄能器氮气压力和减压阀输出压力正常；相反，则要分别检测这两项压力。在上述两项压力正常的情况下，停止起升动作，如果压力示值迅速下降到 6MPa 以下，则极有可能是原因②、③或⑤引起的。若要检查原因②，只要将该单向阀拆下、反过来接于油路中（输出口不接）并操作起升手柄，看单向阀有无油流出，如有则说明此阀泄漏；若要检查原因⑤，只要依次将这几只阀的回油管松开并用堵头堵住，然后操作起升手柄，观察阀体回油口处有无油漏出，如有则说明该阀内泄，若没有则说明其工作正常。对于③只需测定氮气压力即可。

维修人员在修理工作中，主要遇到过离合器分泵漏油、蓄能器氮气压力太低以及单向阀和液控单向阀泄漏等几项原因。另外，如果过滤器 2 堵塞引起供油不畅，也会影响重物起吊。

6.9.2 QUY50型履带起重机故障诊断与维修

(1) QUY50 型履带起重机起升机构故障的诊断与修理

[故障现象]

徐州重型机械厂自主开发的 QUY50 履带起重机，在试制期间起升机构曾发生故障不能运转。该起升机构采用行星减速机，制动器采用片式常闭制动器。制动器的完全开启压力为 1.5～2.0MPa，起升机构的驱动系统采用先导式液压系统，由液压马达直接驱动卷扬减速机。起重机为空载，小幅度操作起升操纵手柄，使卷扬实现微动，此时出现卷扬转动时抖动和液压系统压力异常升高，压力达 18MPa 左右，卷扬仍不能转动。

故障诊断与排除

首先检查了液压马达，因操作时液压系统压力异常升高，可知马达无内泄。此时将液压马达从卷扬上拆下（液压油管不拆），操作起升操纵手柄，马达正常运转，未出现故障，而后检查卷扬机构，它有两种故障可能；卷扬减速机内齿轮破碎卡死或制动器摩擦片烧结。空载时一般不会出现齿轮破碎卡死，拆下制动器进行检查，发现制动器摩擦片烧结。卷扬空载微动时出现卷扬抖动和液压系统压力异常升高的现象，说明卷扬制动器没有完全打开，处于半离合状态，卷扬转动阻力大且不恒定，故而出现卷扬抖动和液压系统压力异常升高，制动器摩擦片之间摩擦生热，导致烧结。

卷扬制动器没有完全打开，可能是液压系统没有提供足够的压力；分析液压系统（图 6-85），主阀起始开启的控制压力为 0.6MPa，主阀的溢流压力为 22MPa，操纵手柄的最小输出压力为 0.6MPa，最大输出压力为 3MPa。当操纵手柄微动至开始输出压力油时，其输出压力为 0.6MPa，主阀开始开启，向马达输出压力油，马达开始驱动卷扬转动；操纵手柄同时向卷扬制动器输出 0.6MPa 的压力油，而卷扬制动器的完全开启压力为 1.5～2.0MPa，故不能完全开启，制动器摩擦片处于半离合状态，阻力较大，导致卷扬转动时出现抖动和液压系统压力异常升高，制动器摩擦片之间摩擦生热，继而烧结，为使微动操作时液压系统能给卷扬制动器提供足够的开启压力，对液压系统进行了改进（图 6-86），在操纵手柄和卷扬制动器之间加一个液控换向阀，其完全开启的控制压力为 0.6MPa，进油口接一个 3MPa 恒压油源。当操纵手柄微动至开始输出压力油时，其输出压力为 0.6MPa，主阀开始开启，向马达输出压力油，而液控换向阀此时已完全开启，向卷扬制动器提供了 3MPa 的恒定压力，大于卷扬制动器的 1.5～2.0MPa 完全开启压力，制动器完全开启，卷扬转动时不再出现抖动和液压系统压力异常升高的现象，此改进经用户长时间使用，未再出现故障。

(2) QUY50 型履带起重机电气故障的诊断与修理

[故障现象]

有一台 QUY50 履带式起重机，全车有电但电流表指示放电。因为是新车，分析电气线路故障的可能性不大，判断上述现象是内充电系的不充电故障造成的。该车发电机采用上海汽车电器总厂生产的 JF2511Y28V/18A 型交流发电机，与之配套使用的电压调节器为 FT221 型单联单级式调节器（内含截流继电器）。

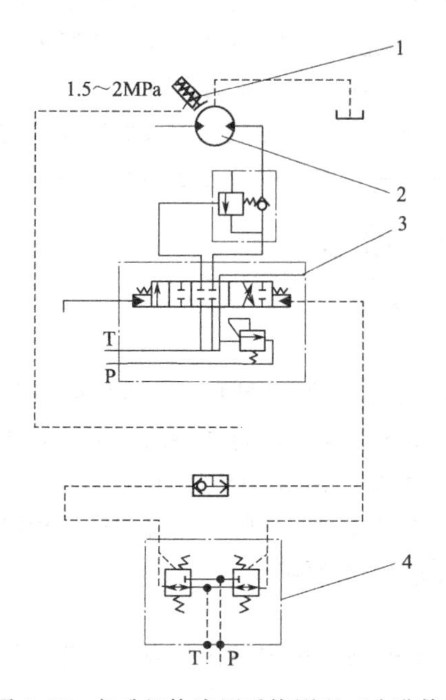

图 6-85 起升机构液压系统原理（改进前）
1—卷扬制动器；2—卷扬驱动马达；
3—主阀；4—操纵手柄

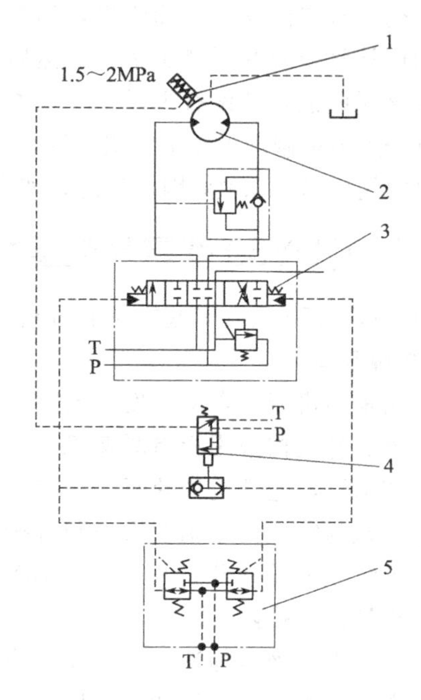

图 6-86 起升机构液压系统原理（改进后）
1—卷扬制动器；2—卷扬驱动马达；3—主阀；
4—液控换向阀；5—操纵手柄

图 6-87 为 QUY50 履带式起重机的部分电气原理。当发动机启动时，接通电源开关 S，按下启动按钮 A，截流继电器启动线圈 Q_1 中便有电流通过，产生的磁场将截流继电器触点

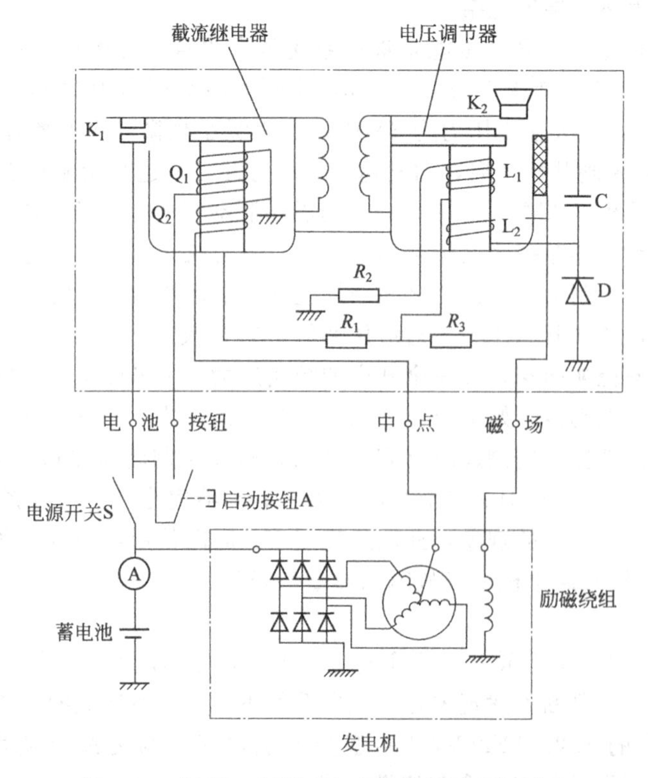

图 6-87 QUY50 履带式起重机的部分电气原理

K_1 吸下，使其闭合。随着发动机的启动，发电机电压上升，中性点电压便作用在维持线圈 Q_2 上，因线圈 Q_1 和线圈 Q_2 中电流方向一致，磁场增强，当发动机启动后，松开启动按钮 A，维持线圈 Q_2 保证触点 K_1 闭合。此时，蓄电池便通过触点 K_1 向发电机提供励磁电流。随着发电机转速的提高，当输出电压达到限额值时，线圈 L_1 产生的磁场足以克服弹簧的拉力，触点 K_2 即被吸下。励磁电路中串联了电阻 R_1 和 R_2，励磁电流减小，发电机电压下降，线圈 L_1 中电流相应减小，吸力减弱。当不能克服弹簧拉力时，触点又重新闭合，输出电压再度升高。如此反复，从而保证了发电机电压在限额值内。另外，线圈 L_2 为退磁线圈，它与二极管 D 共同作用，吸收自感电动势以保护触点 K_2 不被烧蚀。

故障诊断与排除

经检查，交流发电机传动带的松紧度合适，各导线的连接线头无明显松脱，因此初步判断故障点在交流发电机和电压调节器两个元器件上。拆下发电机电枢接线柱上的导线，使交流发电机电枢与蓄电池电源脱开，在发电机电枢接线柱与搭铁间接一只带有引线的小试灯（额定电压 24V），然后使发动机以较低的转速运转，结果试灯不亮，说明发电机没有发电，证实发电机或励磁电路有故障。然后将拆下的导线重新接上发电机电枢接线柱，用一根细铜丝将交流发电机电枢接线柱与磁场接线柱作瞬间短接，给发电机提供励磁电流，结果发现在短接的瞬间，电流表指示充电，说明发电机是好的，因没有励磁电流而不能发电，再用万用表（直流 50V 挡）测得交流发电机磁场接线柱电压为 0V，说明电压调节器无励磁电压输出。然后使发动机停车，断开交流发电机磁场接线柱上的导线，用万用表（R×1 挡）一表笔接交流发电机的磁场接线柱，另一表笔搭铁，测得电阻值为 20Ω，说明交流发电机磁场绕阻正常。由此证实，上述故障为电压调节器所致。调换电压调节器后重新试车。电流表指示充电，将发动机在中速状态工作，用万用表测得交流发电机的中点电压为 14.5V，电枢端输出电压 28.5V，故障排除。

6.9.3 QTZ160 型塔式起重机故障诊断与维修

(1) QTZ160 型塔式起重机起升机构故障的诊断与修理

某公司近年来引进了 24 台 QTZ160 型塔式起重机（以下简称塔机），其起升机构结构紧凑、体积较小，采用 2 台三速电动机、行星差速传动，能实现带载换挡调速，施工速度较快，在施工中受到了用户的好评。

[故障现象]

从使用情况看，起升机构的零部件存在一些设计不合理及加工质量等问题，由此导致起升机构失控而发生了 6 起坠钩事故。

故障诊断

如图 6-88 所示，起升机构由 2 台三速电动机驱动。2 个三速电动机通过控制系统施行功率叠加，得到 6 挡速度。该起升机构具有带载调速的功能，挡位多，能满足轻载高速、就位低速的需要，从而提高了塔机的工作效率。

该起升机构带有一个长闭式起升电磁制动器，以保证断电时可靠制动。

由于制动系统失效造成了 2 起坠钩事故。事故 1 的直接原因是工艺制造存在缺陷，花键轴套承载能力不够，使电动机输出轴花键轴套断裂，造成刹车制动失效。事故 2 的原因是起升电动机内制动盘连接铆钉脱落使摩擦片脱铆，造成制动失灵，发生坠钩事故。从现场情况分析来看，都是由于设计或加工工艺上存在问题，埋下了事故隐患。从图 6-89 可以看出，原键槽的破坏是其位置设计不合理，使承载面减小和应力集中所造成的。图 6-90 表示了刹

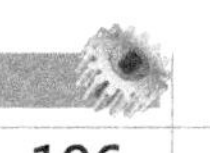

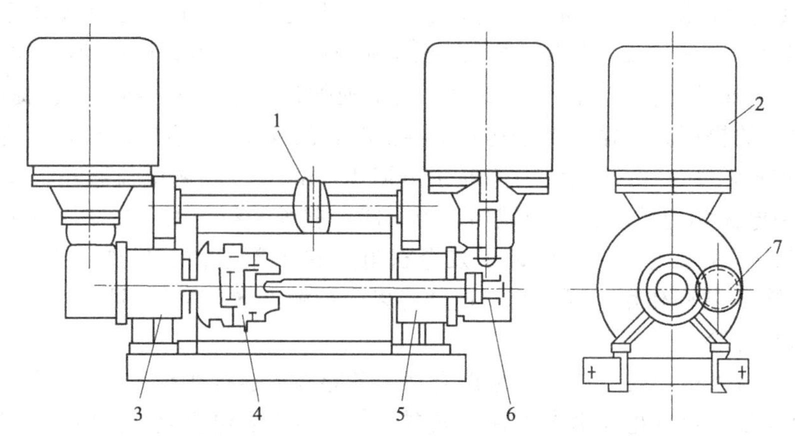

图 6-88　QTZ160 型塔式起重机起升机构简图

1—排绳装置；2—三速电动机；3、4—行星减速器；5—支架；6—锥齿轮减速器；7—高度限位器

车片脱铆的情况，厂家在增加摩擦材料厚度的同时，忽略了增加铆钉的长度。当铆钉承受轴向力过大、铆钉被拉断或摩擦片碎裂时，使摩擦片与制动盘分离，失去制动作用。

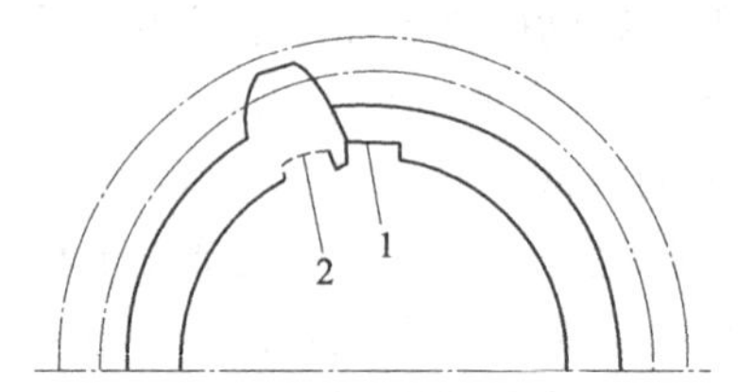

图 6-89　花键套碎裂情况示意图

1—原键槽位置；2—改进后键槽位置

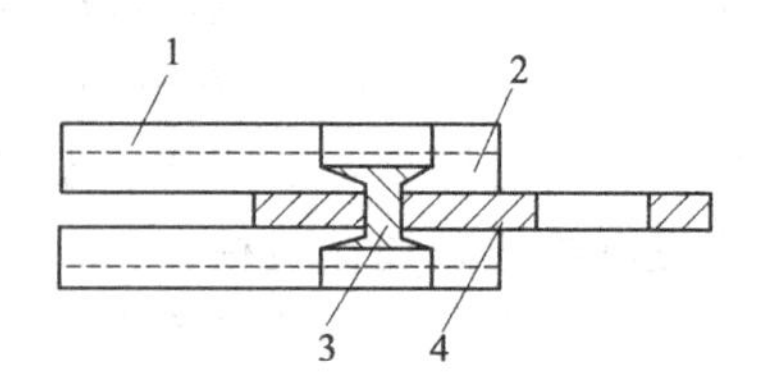

图 6-90　回转刹车片脱铆情况

1—厚摩擦片；2—原摩擦片；3—铆钉；4—骨架

另外 4 起坠钩事故是由于起升机构传动系统中零部件失效所造成的。如事故 3 由于行星齿轮轴的挡圈设计不合理，造成运转过程中挡圈脱落，使行星齿轮轴上窜，行星齿轮发生位移，与齿圈啮合不正常，齿圈上的齿面被全部剥光，减速器因此失去传动作用，卷筒失去控制。事故 4 因减速器出厂时未注入润滑油就安装到塔机上，使齿轮啮合长期处于无油润滑的状态下，从而造成齿圈很快发生磨损，齿面被剥光，使行星齿轮减速器失去传动作用。事故 5 是由于短花键轴在与锥齿轮减速器输出端啮合过程中齿形被压溃而失去传动作用发生坠钩。事故 6 是由于长花键轴在与锥齿轮减速器输出端啮合过程中，齿形被压溃而失去传动作用发生坠钩。

故障排除

为了彻底解决坠钩问题，要从设计、加工制造等方面采取措施，另外在使用维护方面也更应加强管理。

① 电动机配套厂要提高刹车系统的零部件质量，如提高摩擦片产品质量、加长铆钉长度等。

② 塔机制造厂要改进减速器行星齿轮轴的固定方式，将卡环结构改为卡板结构，防止卡环脱落。

③ 适当加长短花键连接齿的工作长度，提高花键连接处的强度，从根本上提高起升机构的可靠性，保证塔机正常使用。

④ 在使用过程中，要加强对起升机构的检查，做好润滑保养，正确调整刹车制动间隙，

使其保持在 0.5～0.8mm 范围内。如发生异响，应立即停机进行检查。

⑤ 在操作过程中，应严格按使用说明书和操作规程进行，禁止越挡操作。

(2) 塔式起重机常见故障的诊断与修理

目前，塔式起重机的应用日趋广泛，为保证塔机设备能安全有效地发挥作用，对塔机进行科学地维修管理和故障分析研究是十分必要的。在塔机设备的日常维护和保养工作中，我们对塔机使用过程中出现的各种故障作了记录（见表 6-12）。

表 6-12 故障发生部位分布情况统计

故障部位	数量	比例/%	所属类型	比例/%
电动机	15	12.6		
继电器	12	10.0		
接触器	17	14.3	电气故障	56.2
滑触线及供电系统	14	11.7		
电阻器与其他控制元件	9	7.6		
提升机构	13	10.9	起升故障	10.9
回转机构	11	9.2		9.2
小车变幅机构	8	6.7		6.7
漏油	10	8.4	漏油故障	8.4
安装缺陷	4	3.4	安装及其他故障	
其他	6	5.2		
合计	119	100		100

从表中看出，塔式起重机最常见的故障部位是电气系统及起升、回转和小车变幅等机构。也有误操作引起的故障。因此，正确选用电气元件，提高上述机构质量并避免误操作是塔式起重机安全生产中不可忽视的因素。据此并结合起重机工作原理，我们对归纳出塔式起重机的常见故障及其产生原因，提出了故障的预防和排除措施。

[**故障现象1**]

主电动机回路及整机电气系统常见故障。

故障诊断

主电动机回路中一般包括驱动电机绕组、电阻箱中串联电阻、控制箱中的交流接触器及联动线路等。由于塔机在正常工作中，电阻箱中电阻组大部分时间均投入运行。电阻组的运行将产生大量的热量，电阻组的温度往往保持在较高水平上。在高温环境中，无论是电阻本身还是电阻连接端子均易变质。一方面将改变电阻材质，引起电阻阻值的改变；另一方面可能导致电阻和电阻连接端子的断裂，从而导致电动机转子或定子的串联电阻阻值不平衡。这种情况下塔机重载工作或长时间工作必然导致电动机损坏等故障。

由于塔机工作过程中各种交流接触器的切换频率高，交流接触器的触点很容易在频繁的切换中损伤、老化，导致部分触点接触电阻变大或故障现象的发生，使电动机绕组的串联电阻阻值不平衡。塔机在这种情况下重载或长时间工作也会使电动机损坏。

电子元器件的质量问题也会导致电动机的损坏。如交流接触器质量差、可靠性不好、线圈发热、吸合不好及线圈烧坏、各种保护继电器质量差及损坏；有的交流接触器触点含银量低，有时接触铜片选用镀钢铁片；有的塑料外壳薄或使用再生塑料，因而造成触点接触不良、冒火花及易熔化，三相触点弹簧压力不匀和外壳破裂等现象。

电源电压瞬时降低。塔式起重机安装地点距电源变压器较远或专用供电线路上载有其他较大功率电器等，选用电源供电线的线径小，由于塔式起重机主电动机（提升电动机）功率大（一般为15kW以上），又因为是全电压启动，使得电源电压瞬时降低，有时电源电压降低值可大于额定值10%。

预防措施

无论是主电动机串联电阻阻值不平衡或三相电压不平衡，电动机均会出现或长或短、或强或弱的异常声音和异常现象。驱动电机在短时间内产生较高的温升，电动机会出现剧烈抖动，塔机可能产生“无力”现象。电动机的刹车片将互相撞击，发出高频率、不平稳的刹车片摩擦声音。时间过长就会造成电动机损坏的故障。此时，塔机操作工应立即停机向维修电工反映情况，以便及时检查处理。

为防止此类事故，应定期组织维修电工对电阻箱和控制箱进行检查保养。维修中选用高质量的电气元件；杜绝劣质产品的混入；对起重机电气元件固定螺栓及接线螺栓需经常检查；加装弹簧垫；固定螺栓最好加装防振橡胶垫。施工过程中合理布置起重机的供电回路。采用较粗的电源线（比计算值粗一号），在专用回路上避免连接较大功率的其他用电设备。

[**故障现象**2]

提升机构故障。

故障诊断

由于主电动机方面的原因，导致电动机输出力矩不平衡，从而在减速机齿轮副啮合过程中产生较大的冲击力。齿轮副齿轮压紧螺母松脱导致齿轮啮合错位或者轴承损坏，电动机主轴与减速机连接轴同轴度误差超差、连接销轴损坏等方面的原因，也将引起齿轮啮合不好或阻力过大并产生噪声，这种情况下塔机长时间工作也将导致电动机损坏等故障。有时固定螺栓松动或防雨罩固定螺栓松动也会引发故障。

预防措施

为防止故障的产生，每班作业前，塔机操作人员必须对提升机构进行空转检查。可以听减速机运转声音是否正常，并拆下箱体放油螺栓检查齿轮油质及杂质含量。如有异常，必须停机检查直到异常现象排除为止。作业中发现提升机构噪声大时，应检查各部件螺栓是否松动，电动机与减速机连接轴是否损坏，电动机与减速机是否同轴，制动机构是否正常。根据损坏情况进行相应处理。

[**故障现象**3]

回转机构故障。

故障诊断

摆线针轮式减速器底座固定螺栓松动、机壳损坏，由于润滑不良使摆线针轮式减速器内部元件损坏，电动机与减速器连接部件故障使电动机损坏等。这通常是由于回转启动或停止时回转惯性力作用；操作人员违章操作或误操作，在塔机正回转时急打反转造成冲击转矩过大；摆线针轮减速器润滑油不足或其他原因引起润滑不良等。

预防措施

为避免回转机构摆线针轮底座固定螺栓松动，可在底座上安装三个成120°分布的锥度销，在原固定螺栓孔座上用铰刀铰出锥度孔，按孔径尺寸加工锥度销，调直后打入；经常检查摆线针轮润滑状态，尽量选用脂润滑方法；选用抗扭性好、座底直径大的减速机型号。

[**故障现象**4]

小车变幅机构。

故障诊断

变幅机构起重小车钢丝绳卷筒绕绳方式有两种，一种是正反双向钢丝绳绕法，另一种是单方向钢丝绳绕法。钢丝绳单向绕法常出现小车不走而其他正常的故障。

预防措施

产生原因是钢丝绳松，这时拧动螺栓拉紧钢丝绳即可。所以，小车变幅机构钢丝绳卷筒最好采用正反两方向钢丝绳绕法，一方向放绳、一方向绕绳，这样可避免钢丝绳略松小车即不走的现象。

[**故障现象5**]

减速器漏油故障。

故障诊断

减速机漏油故障严重会使减速机因润滑不良而损坏，导致啮合齿轮副啮合过程紊乱，增加了电机的负载阻力矩，时间长了会引起电动机损坏等故障。一般常由下列原因引起。

① 设计不合理。未设计通气孔或通气孔过小，无法使减速箱内部压力与外部压力均衡而使润滑油外溢，小车运行机构的减速器的油池是由两个箱体结合而成，长时间运行时箱内压力增强使润滑油的渗透性增强，若两箱体结合面密封不严便易漏油。

② 制造达不到设计要求。结合面加工精度不够，导致密封不严，从而产生渗漏。

③ 使用维护不当。通气罩积尘过多堵塞导致内部压力过高；油量过多，油位超高；固定螺栓松动，使壳体结合面不严实；各处垫片的损坏或失落导致放油孔或观察孔等处渗漏，这些都会造成漏油。

预防措施

① 改进设计。在减速器观察孔盖或加油孔盖上加设通气装置，使箱体内外均压顺气；新设计 Esc 型立式减速器；采取开回油挡防止渗漏油的措施提高 EQ 型减速器的防漏能力。

② 提高加工精度。提高箱体结合面及各配合面的加工精度，防止箱体变形。

③ 做好维护保养工作。经常检查和疏通减速器的通气孔；使用中注意各种垫片是否失效和螺钉的松紧情况，保持适当的油量；对放油螺塞周边渗漏的情况，可在螺纹部分缠上生料带或聚四氟乙烯薄膜；另外，检修完成后一定要将输入和输出轴的通盖迷宫槽上阻塞回油孔的润滑脂清洗干净，使润滑油能畅通无阻地返回到回油池。

[**故障现象6**]

操作问题。

故障诊断

QTZ40 型塔机采用操纵杆联动台式操作方式。升降机构有高、中、低三挡，采用电动机直接调速。升降机构正常操作程序为：正转（起升）启动—低速—中速—高速—中速—低速—停止—反转（下降）启动—低速—中速—高速—中速—低速—停止。回转机构和小车变幅机构均为高低两挡，在操作过程中也要遵循相似程序。如操作者操作粗暴，用力过大，操纵起升、回转和变幅机构时都会产生越挡现象，造成机械部件和电气系统损坏、跳闸和停电。特别是回转机构，如正转时急打反转将产生很大的冲击力矩，造成机构损坏。而对于塔机，在无超高限位的情况下，如操作不慎，将引起吊钩“冲顶”事故的发生，对减速机齿轮副产生较大的冲击力，导致齿轮崩齿现象的发生，使齿轮副啮合过程紊乱，在驱动电机上产生较大的阻力矩，时间长了会引起电动机损坏。

预防措施

为避免起重机操作人员工作中的越挡误操作，可在原起升机构、变幅机构和回转机构等控制电路中分别增设几个时间继电器，以防止各机构的越挡误操作。在工作中要注意观察、谨慎操作，避免上述故障现象的发生。

(3) 塔式起重机回转机构故障的诊断与修理

塔机回转机构的结构主要由电动机、液力偶合器、减速机、小齿轮和回转支承构成（图6-91）。回转机构与塔机的上车一起作旋转运动。

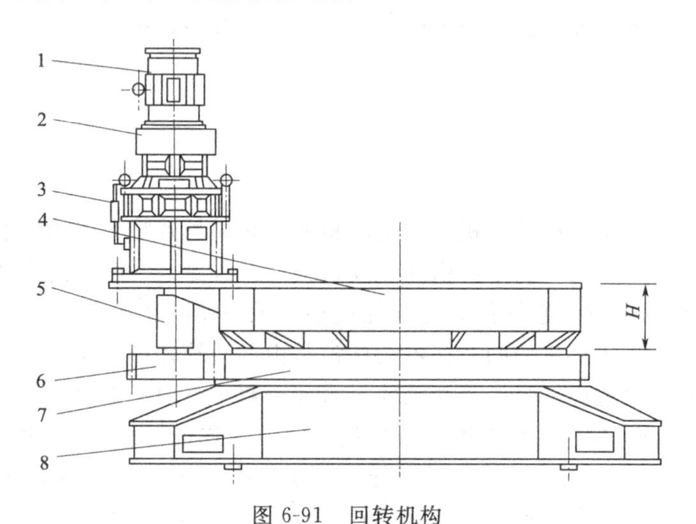

图 6-91 回转机构

1—回转电机；2—液力偶合器；3—减速机；4—回转上平台；5—过渡轴套；6—小齿轮；7—回转支承；8—回转下平台

由于塔机回转作业的安全要求，回转作业速度较慢（0.4～0.8r/min），而回转电机转速较高，这就要求在小齿轮与电动机间传动有较大速比的减速。再加上结构空间的限制，减速机常选用摆线针轮减速机或行星齿轮减速机。小齿轮与回转支承的齿面啮合一般采用圆柱直齿啮合。

按回转机构的结构特点，其力学模型可简化成图 6-92，图中：M——回转电机的输出转矩；F——啮合齿轮作用在小齿轮上的径向分力；M'——啮合齿轮作用在小齿轮上圆周分力对减速机输出轴的转矩；M''——减速机内部摩擦阻力转矩之和；h——摆线针轮减速机的轴伸长度。减速机输出轴可处理为简支的悬臂梁，受弯矩组合作用。

① 从简化力学模型和受力情况来看。对同一机型塔机，F 和 M'的大小受塔机上车的回转阻力矩、风载荷及各种回转惯性阻力矩作用的影响。当回转机构形式确定时，M''相对是一个定量。此时，要求摆线针轮减速机的输出轴有足够的抗扭刚度。另一方面，集中载荷 F 在摆线针轮减速机输出轴根部产生一个弯矩，作用在摆线针轮减速机的端盖和壳体上。可见，回转机构作业实际是处于低速重载、输出轴端有集中载荷，且承受正反转交变转矩作用的工况下。F 的大小和轴伸的抗弯刚度，对摆线针轮减速机的可靠性影响很大。尤其是输出轴端受集中载荷 F 的作用使摆线针轮减速机的壳体、端盖受力恶化。

② 从回转机构与回转上、下平台的结构关系来看。由于回转上平台的受力比较复杂且载荷较大，回转上平台刚度越大，其工作时的变形越小，与回转支承间的变形也越小。一方面满足刚度要求，必须有一定的结构高度 H（图 6-91）；另一方面，一定型号的摆线针轮减速机，其轴伸 h 是一定的（已标准化）。H 与 h 的大小又关系到齿轮啮合，对此，常见处理方法有两种：一是将摆线针轮减速机支承在回转上平台的上面板上，将轴伸用过渡套加长，保证齿轮的啮合（图 6-91）；二是不改变轴伸，将摆线针轮减速机支承在回转上平台的下面板上。后者，往往使局部结构尺寸变大，且安装维修不便。采用前者，无疑增加了悬臂长度，进一步使摆线针轮减速机的壳体和端盖受力恶化。

③ 从小齿轮和回转支承齿圈的啮合要求来看，要保持正常的啮合，除了准确地按设计结果来保证中心距外，还须减小齿轮的制造误差。即使这样，加工后齿轮仍不可避免地具有基节误差和齿形误差，另外，传动过程中也存在齿面变形，引起齿面磨损。实际工作时，摆线针轮减速机输出轴轴承与支承间存在间隙、集中载荷 F 的作用、回转上平台结构变形等破坏了齿轮的正确啮合，使得传动过程中发生齿面磨损。轴伸增加、伸出轴刚度降低和小齿轮齿宽较大情况下造成的齿面载荷严重分布不均加剧了这种磨损。另外，回转机构的开式传动也是故障原因之一。当齿轮间的正确啮合关系被严重破坏时，在回转作业的启、制动过程中便会引起全齿崩裂现象。

实际运用中，为避免以上故障出现，应从如下几个方面予以改进。

① 结构上尽量减少轴伸的悬臂尺寸，以改善受力状况。

② 对较长的悬臂轴伸，宜增加一个过渡支承。

③ 提高相关部件的结构刚度，减少变形量。

④ 提高小齿轮的制造精度（6 级）和安装精度，增加齿面硬度（与大齿轮相匹配）。

⑤ 必要时选择较小的齿宽系数，减小齿厚宽度。

技术人员在设计 QTZ40 塔机的回转机构时，综合考虑了上述解决办法，采用了图 6-93 所示的结构，经较长时间使用考核，可靠性得以提高。

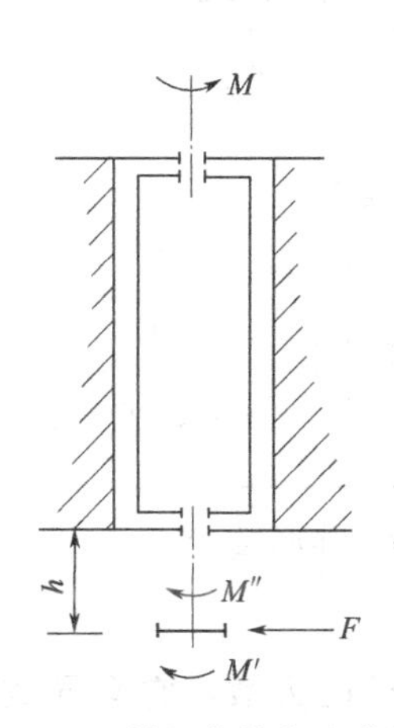

图 6-92　回转机构简化力学模型

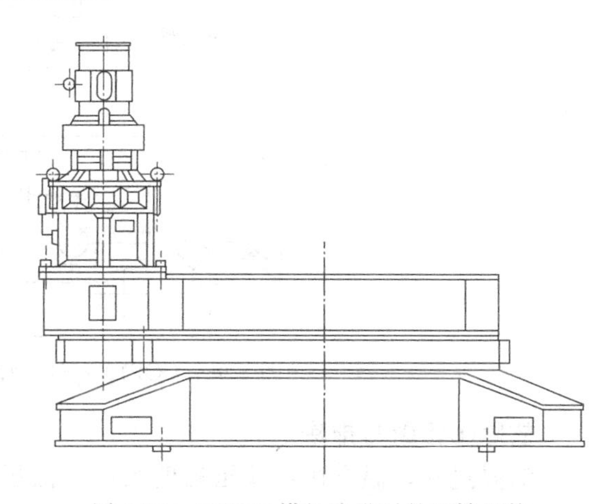

图 6-93　QTZ40 塔机改进后的回转机构

6.10　凿岩机故障诊断与维修

6.10.1　COP1038HD 型凿岩机液压系统故障的诊断与维修

[故障现象]

某单位在修建汕头液化气地下储气工程中，1 台配有 COP1038HD 型凿岩机的 H169 型二臂液压凿岩台车，在换件修理后试机时，出现以下故障而无法工作。

① 开机半小时后油温便超过了 90℃，冲击压力从 22MPa 降到 14MPa。

② 左臂凿岩机回转马达只有正转而不能反转。

③ 左臂 A8V-58 柱塞变量泵声音异常。

在分析故障原因之前，有必要了解 COP1038HD 型凿岩机液压系统的工作原理和特点。COP1038HD 型凿岩机的液压系统主要由 A8VV-58 双联柱塞泵、主气控阀和 COP1038HD

凿岩机组成（见图 6-94），其中，A8V-58 双联柱塞泵为变量泵，其中一联为回转手动变量泵，作用是为凿岩机回转作业提供足够的压力油，另一联为冲击工作恒压自动变量泵，为凿岩机的冲击、推进提供压力油，其流量随负载的变化而变化。

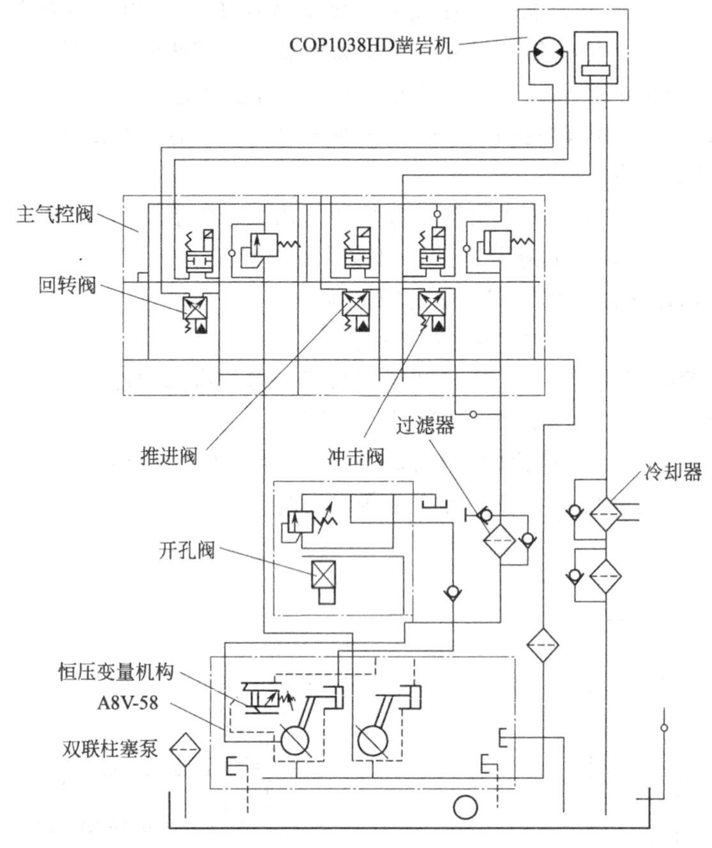

图 6-94　COP1038HD 型凿岩机液压系统工作原理

故障①诊断与排除

油温过热，温升快，降压幅度大，是液压系统安全运行的大敌，它会导致油质迅速恶化，使液压元件受损。造成上述故障的原因有：

① 冷却系统失效。

② 油箱油量不足或滤芯堵塞。

③ 高压泄油或油路不通。

④ 液压泵流量不足。

⑤ 液压泵内部运动件磨损。

对此故障的处理采用先易后难的办法，分析处理过程为：

① 在排除原因①、②后，对液压泵的液压进行测试，方法是：将液压测试仪连接在液压泵的出口和滤芯之间，启动电动机，当油温达到 40℃时，分别测试两个臂的回转和冲击液压泵的流量、压力，测得结果如表 6-13 所示。

根据实测数据及其分析结果，拆检液压泵的变量机构，结果发现冲击液压泵调整螺杆已顶死阀芯，当负载变化时，阀芯因螺杆顶死而无法滑动，导致液压泵配油盘无法随负载的变化而摆动，对此，维修人员将液压泵调整螺杆往外拧松 35mm，将左臂的回转液压泵调整螺杆往外拧松 15mm。

表 6-13　测量结果

部位		压力 p/MPa 空载时	压力 p/MPa 负载时	流量 Q/(L/min) 空载时	流量 Q/(L/min) 负载时	结论
左臂	冲击液压泵	22	21	14	14	恒压变量机构失效或卡滞
	回转液压泵	10	9	接近零	55	手动变量机构失效或卡滞
右臂	冲击液压泵	22	21	18	18	恒压变量机构失效或卡滞
	回转液压泵	10	9	60	65	正常

② 开机单臂，分别检测其流量和压力，结果右臂的 A8V-58 泵一切正常，开机运行半小时后，温升和压降均在正常范围内，左臂 A8V-58 泵的冲击液压泵的流量和压力也正常，但回转液压泵的症状依旧，为了判断左臂 A8V-58 泵是否损坏，维修人员采用对换法将该泵的冲击和回转液压泵的出油管连接到右臂上，再开机试验，结果一切正常，负载运行半小时，压力、流量、温升均符合要求，这表明左臂 A8V-58 液压泵的性能正常。

③ 根据上述情况，维修人员认为高压泄油或油路不畅是左管凿岩液压系统的温升快、降压快、噪声大的主要原因。据此采取了针对性措施，保证油路畅通，使左臂故障得以排除。

故障②、③诊断与排除

根据图 6-94 分析凿岩机回转油路，得到故障②、③的产生原因有：

① 回转马达损坏。

② 气路投向阀阀芯发卡。

③ 主阀阀芯发卡。

④ 连接油路错误。

处理的过程是：

① 采用对换法开机试验，即可发现是否由原因①、②造成故障，结果表明不是。

② 由于主阀体积大，油管多而杂，所以不要马上解体，而应将该阀两端的气管互换，然后开机试验，发现回转马达有反转而无正转（与前述相反），则可判定故障不是由原因③引起。

③ 经仔细检查主阀油管的连接情况，并翻阅有关技术资料，最后发现回转主阀的一根油管接错了——回转液压泵的出油管（即回转主阀进油管）接在该阀的出油口上（见图 6-95），这样，当主阀处于中位时，油路被切断，泵的流量几乎接近 0，并会产生高压泄油及噪声，而当主阀处于反转位时，压力油却回到了油箱，回转马达因此而不能反转。对策是纠正油路。纠正油路后开机试验，故障②、③都排除了。目前该机使用状况良好。

通过这次故障排除，维修人员体会到：机械修理后必须认真检查和给予足够的试运转；对液压系统的故障处理，首先，应在吃透液压系统的工作原理后进行，切不可盲目对液压部件大拆大卸，其次，灵活地采用对换法、压力流量测试法进行检测，准确判断故障产生的原因，再决定措施，只有这样才能收到事半功倍的效果。

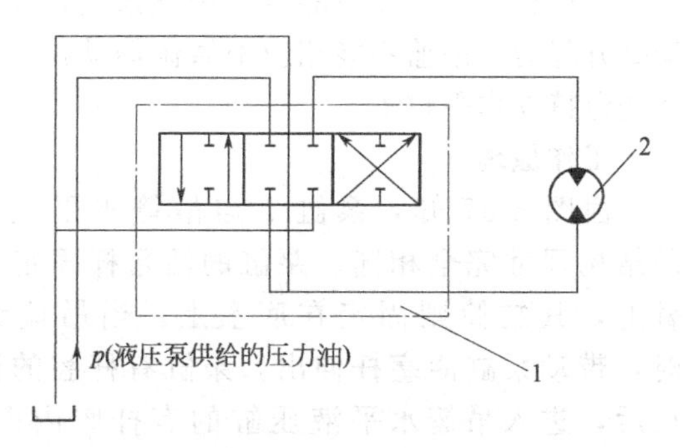

图 6-95　主阀油管的连接情况
1—回转阀；2—回转马达

6.10.2 SH316G型三臂台车故障诊断与维修

SH316G型三臂台车是芬兰汤姆洛克公司生产的世界上较先进的液压凿岩设备，是一种集电、气、液于一体的凿岩机械。其原理、结构复杂，控制系统相互交错，故对设备故障的判断、检测及维修造成很大困难。

［**故障现象**1］

台车在洞内凿岩时，二号臂臂系统的所有功能突然消失，而其凿岩系统却仍能正常工作。

故障诊断与排除

由图6-96知，当操作手柄做任何一个动作时，电信号经过可编程序逻辑控制器（PLC）4和凿岩参数控制器（PDCS）2处理后送到凿岩参数控制器（PWM4）3，使臂系统先导电磁阀Y139接通，压力油经过Y139后流向臂系统各个动作的电磁阀，同时，PLC输出的电信号使臂系统相应的电磁阀通电，阀被打开，即可产生相应的大臂动作。

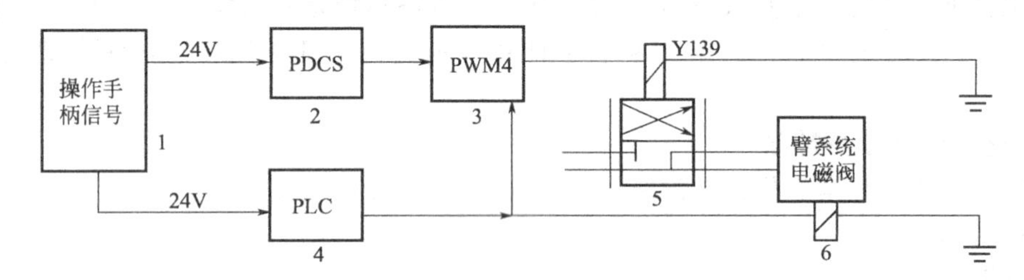

图6-96 臂系统工作原理示意图

1—操作手柄输出电信号；2、3—凿岩参数控制器；4—可编程序逻辑控制器；5—臂系统先导电磁阀（电磁比例阀）；6—臂系统相应于操作信号的电磁阀

根据操作手柄推向任何位置时大臂均无动作的故障现象进行分析、检查发现，此时PWM4和PDCS红色故障灯亮。电磁阀Y139的发光二极管不亮，但臂系统的相应电磁阀的发光二极管灯亮，这说明Y139未通电。经测量，Y139输入电压为0，PWM4相应的输出电压也为0，PLC和PDCS相应的输出电压为24V、故可判断是PWM4有故障。将一号臂的PWM14和二号臂的PWM4互换后试机，二号臂动作即恢复正常，而一号臂却不能动作了，进一步说明是二号臂的PWM4出现故障。更换PWM4，故障即排除。

［**故障现象**2］

吊篮臂上的吊篮不能自动调整角度、即操作吊篮臂升降时，吊篮不能相应地做俯仰动作，使吊篮无法保持在水平位置。

工作原理

由图6-97知，泵缸1与吊篮水平液压缸2的结构尺寸完全相同。泵缸的活塞杆固定在吊篮臂上，其缸筒则固定在底盘上。当吊篮臂上升时，带动泵缸活塞杆伸出，泵缸有杆腔的油液受压后，进入吊篮水平液压缸的有杆腔内；同时，压力油打开吊篮水平液压缸的单向阀，使缸内无杆腔的油流回到泵缸的无杆腔内，吊篮水平液压

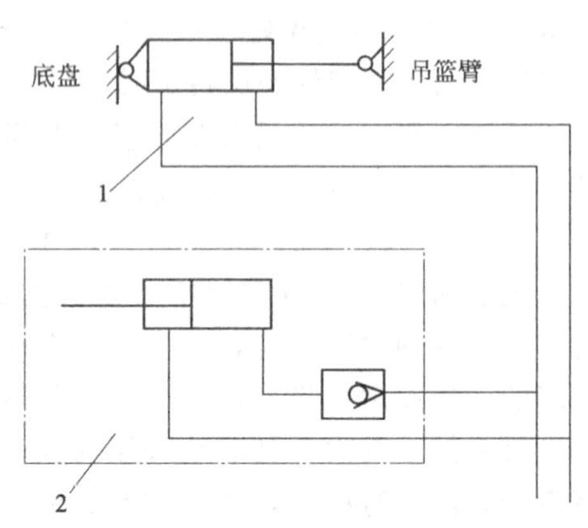

图6-97 吊篮平动工作原理

1—泵缸；2—吊篮水平液压缸

缸的活塞杆收回，使吊篮在吊篮臂上升的同时始终保持在水平状态。反之，当吊篮臂下降时，泵缸活塞杆被收回，吊篮水平液压缸的活塞杆则伸出，因此吊篮能始终保持在水平状态。

故障诊断与排除

造成以上故障的原因有：

① 泵缸与吊篮水平液压缸回路之间存在大量空气。由于空气具有可压缩性，故当吊篮臂升降时，吊篮水平液压缸活塞杆不能自由伸缩或伸缩量很小，致使吊篮无法保持水平状态。分别松开吊篮水平液压缸两腔的油管接头进行排气，结果排出的气很少，由此排除了此故障原因。

② 泵缸或吊篮水平液压缸的活塞密封件磨损。若泵缸的活塞密封件磨损，吊篮臂上升时泵缸内就建立不起压力来，因而无法推动吊篮水平液压缸的活塞杆收回；反之，当吊篮臂下降时，吊篮水平液压缸活塞杆也无法伸出，吊篮也就无法保持在水平位置。同理，若吊篮水平液压缸活塞密封件磨损，也将使吊篮臂在升降时吊篮不能保持在水平状态。

于是，卸下泵缸和吊篮水平液压缸，发现泵缸活塞密封件确已磨损，更换密封件后故障即排除。

[故障现象3]

手制动功能尚存，台车不能行走。即台车在完成作业以后，启动发动机、放开手制动按钮、准备出洞时，却发现手制动指示灯仍亮，台车无法行走，并且发动机转速表上无显示。检查手制动电磁阀时见其发光二极管灯不亮，说明电磁铁未通电，此时，测量电磁阀的电压为0。

工作原理

由图6-98知，发电机发出的电流经过手制动按钮到手制动继电器，手制动电磁铁通电，手制动阀被打开，手制动被释放。同时，发电机发出的24V电压进入发电机转速表，显示出发电机的转速。若按下手制动按钮时，手制动继电器失电，此时手制动阀是在弹簧作用下起制动作用，手制动灯自然是亮的。

故障诊断与排除

根据发电机启动后转速表显示为0、手制动不能释放的故障现象，由其电路图6-98即可判断为发电机不发电。从测量出的发电机输入电压为0、电阻也为0，说明发电机确已烧坏。更换发电机后故障排除。

[故障现象4]

二号臂主电机启动电流大，启动困难。表现为二号臂主电机启动时，主电路断路器经常发生跳闸现象，且启动时电机声音不正常，启动瞬间电流大。

故障诊断与排除

根据启动瞬间电流大的现象，可判断为变量柱塞泵的空载压力设定值过高，导致主电机带负荷启动，因而启动困难。

重新调整变量柱塞泵的空载压力及最高压力，故障即可排除。具体做法如下。

启动液压泵站，在大臂收回的同时调整变量泵的最高压力螺栓，直到压力表上的压力值为22.5MPa为止，然后锁紧调整螺栓；再重复上述收回大臂的动作，若压力值有变化，应重新调整。同理，通过对变量泵的空载压力调整螺栓的调整，将空载压力稳定在3～5MPa之间，然后锁紧调整螺栓。

将空载压力和最高压力调好后关闭液压泵站，拧上并紧固螺母。

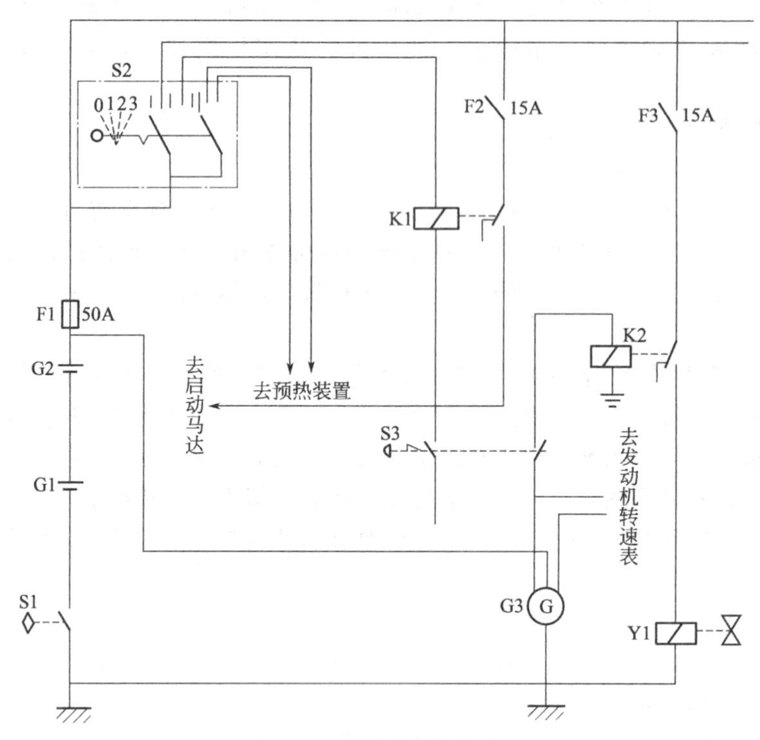

图 6-98 手制动系统电路图

S1—电源主开关；G1、G2—蓄电池；S2—启动钥匙开关；K1—启动继电器；K2—手制动继电器；S3—手制动按钮；G3—发电机；Y1—手制动电磁阀；F1、F2、F3—过载保护

6.11 掘进机故障诊断与维修

6.11.1 MRH-S100-41型掘进机故障的诊断与维修

(1) MRH-S100-41型掘进机常见故障的诊断与修理

故障现象与诊断

① 该机的截割头由电动机（100kW）直接驱动，由于煤层的不均质性、各向异性和裂隙发生，不能随条件变化而调整转速，因此截齿磨损与损坏较为严重。

② 该机采用悬臂式截割机构，截割头轴与滚筒和减速器之间由花键连接，由于工作阻力随煤层的不均质性变化频繁，致使花键与轴受力不稳定，使截割头轴易磨损、扭曲而损坏。另外，在截割头与减速器之间，长度为500mm的镀铬伸缩套筒裸露在外面，经常被工作面冒落的煤岩砸伤，有坑及点蚀。

③ 由于该机截割速度快，产生的煤岩扬尘细而多，经常使内外喷雾的喷嘴堵塞，直到受阻无法降尘。

④ 双链刮板输送机由于链条过分张紧或左右张紧不均，从而造成驱动轴弯曲、轴承损坏。当输送机过负荷运行时，导致断链。当链条过松，易卡链。

⑤ 履带行走机构的左右部分，分别由两个液压马达驱动。若其中一个有故障时，行走速度不协调，而且行走主架支撑着整个掘进机，在运行过程中，左右力矩不均而使行走主架变形，履带易于脱落。

⑥ 液压系统的密封件易于损坏而漏油，加之煤矿井下环境恶劣，液压油内混入杂质或粉尘时，使过滤器堵塞。二联泵、三联泵有异常声响，油温升高或使操纵阀的油孔堵塞而无法正常工作。

掘进机的修理与维护

① 严格执行作业规程，控制掘进机的切割速度，防止超负荷运行，严格执行定期维修制度，保证机器正常运行。

② 液压系统故障的70%是因液压油混入杂质而引起，应加强对液压油的管理，严防杂质混入，发现变质及时更换，定期检查过滤器，如发现异常，要及时处理，而且必须使液压油保持在规定范围内。

③ 冷却水应保质保量正常循环，防止油温升高。

④ 行走主架上承受液压马达、减速器及主链轮载荷作用的部位，因受力较大，往往发生变形使履带脱落，不能正常工作。在修理中，如变形轻微，整形后即可使用，当变形严重时，其悬臂部分偏离轴线高达30～40mm，在修理过程中，应将被拉伸侧割一缺口，将其整形恢复原位后，将缺口补焊，然后再加三道筋增加其强度，然后投入使用。

⑤ 该机在大修中，对其所有密封件、液压元件要进行维修和更换，对液压泵、齿轮、轴承一一鉴定，进行修复或更换，保证维修质量，使机器在井下正常运行。

⑥ 对伸缩套筒的损坏，可以将其在外圆磨床上研磨后，重新镀铬后使用。为防止在工作场所冒落的煤岩再次砸伤，维修人员对其加设可伸缩保护架，延长了使用寿命。

(2) MRH-S100-41型掘进机行走部故障的诊断与修理

MRH-S100-41型掘进机在大同煤矿集团公司各个矿的综合机械化工作面得到了广泛的应用。该型号掘进机具有性能可靠、适应性强、操作简单等优点。能广泛地使用在煤岩和半煤岩巷道掘进中。但该机也有许多不足之处，如近几年在生产中发现掘进机的行走部故障率较高，且大部分故障不直观，判断分析比较困难，加上井下条件有限，在一定程度上给排除故障带来许多麻烦。

[故障现象]

MRH-S100-41型掘进机行走部故障可分两大类。

① 机械故障。

a. 行走部减速箱内部损坏。

b. 驱动轮损坏。

c. 履带过松或过紧。

② 液压系统故障。

a. 履带不行走或行走不良。

b. 左、右行走部行走速度不同。

c. 液压系统压力不稳。

故障诊断与排除

① 机械故障。

掘进机行走部出现机械故障，一般比较直观，易判断和排除。

a. 行走减速箱内部损坏。

此类故障多表现为一边行走正常，另一边出现不动作。此时可通过互换油压管路判断出是否是机械故障。如果更换后原来不动作的仍然不动作，可排除是液压系统故障；定性为减速箱内部损坏。此类故障井下一般不具备修复减速箱的条件，多为整台更换。

b. 驱动轮损坏。

此类故障比较直观，现场表现为无负荷时能够进行，稍一带负荷即不能运行。可拆下驱动轮，检查驱动轮内花键和减速机输出轴外花键，进行更换。

c. 履带过松或过紧。

现场如出现履带跳链时，一般情况视为履带没有张紧或张紧液压缸损坏，可在井下更换张紧液压缸密封。如果履带过紧，一般表现为不能行走。给张紧液压缸卸载，放松履带即可排除。

② 液压系统故障。

a. 履带不行走或行走不良。

现场分析多为油压不够或液压马达内部损坏。排除方法是调整溢流阀或更换液压马达。在换马达时注意保证清洁。

b. 左、右行走部行走速度不同。

发生此类故障时，应根据现场故障的表现分析。根据对行走部液压系统进行分析得知检查内容及处理方法为：液压马达转速不同，致使两边行走速度不同，此时应检查液压马达进油压力；张紧液压缸有故障使履带松紧不一样，先检查液压缸密封及所受压力，更换损坏的密封；一侧履带的节距被拉长，调整履带松紧。

c. 液压系统压力不稳。

如果液压系统的油压不够，则不能充分发挥掘进机的性能。此时应先检查溢流阀，看它的设定值是否合乎要求，分别按要求进行调整。其次检查各部的密封处是否有泄漏，二联泵、三联泵内部是否损坏，如有及时更换；然后检查分配齿轮是否有损坏，如有应修理或更换。

当掘进机行走部出现上述故障时，根据以上分析，确定故障部位及处理方法，可缩短判断故障时间和维修时间，并为专管系统的建立奠定了一定的基础。

6.11.2 TB880E 掘进机常见故障的诊断与维修

(1) 后外机架（K2）撑靴缸压力不易达到撑紧压力

[故障现象]

按下 K2 撑紧控制按钮，K2 各撑靴缸（8 组撑靴、16 个撑靴液压缸）以“差动快进”低压撑紧工况伸出，当液压缸大腔压力达到 18.5MPa 时，应转入“工进”高压撑紧工况。但此时发现控制阀发出“啪啪”的响声，液压缸大腔压力迅速降为 0，而后又快速升至 18.5MPa，在 0～18.5MPa 之间发生转换，无法转入“工进”工况，提高撑紧压力，达到撑紧状态。

故障排除

在撑靴液压缸以“差动快进”工况伸出时，当液压缸大腔压力达到 18.5MPa 时，停止撑紧，此时，液压缸压力将缓慢下降，待压力下降 0.3～0.4MPa 时，再继续撑紧，这样撑靴液压缸压力在达到 18.5MPa 时，可顺利转入“工进工况”，达到撑靴液压缸规定的撑紧压力 25.0MPa 以上。

故障分析（撑靴动作液压原理见图 6-99）

从 PLC 程序可知，按下 K2 撑紧按钮，K2 撑靴液压缸以“差动快进”工况低压撑出，当外 K 撑靴压力大于 18.5MPa 时，可编程控制器 PLC 发出指令，P01-148-Y1b 失电，P01-

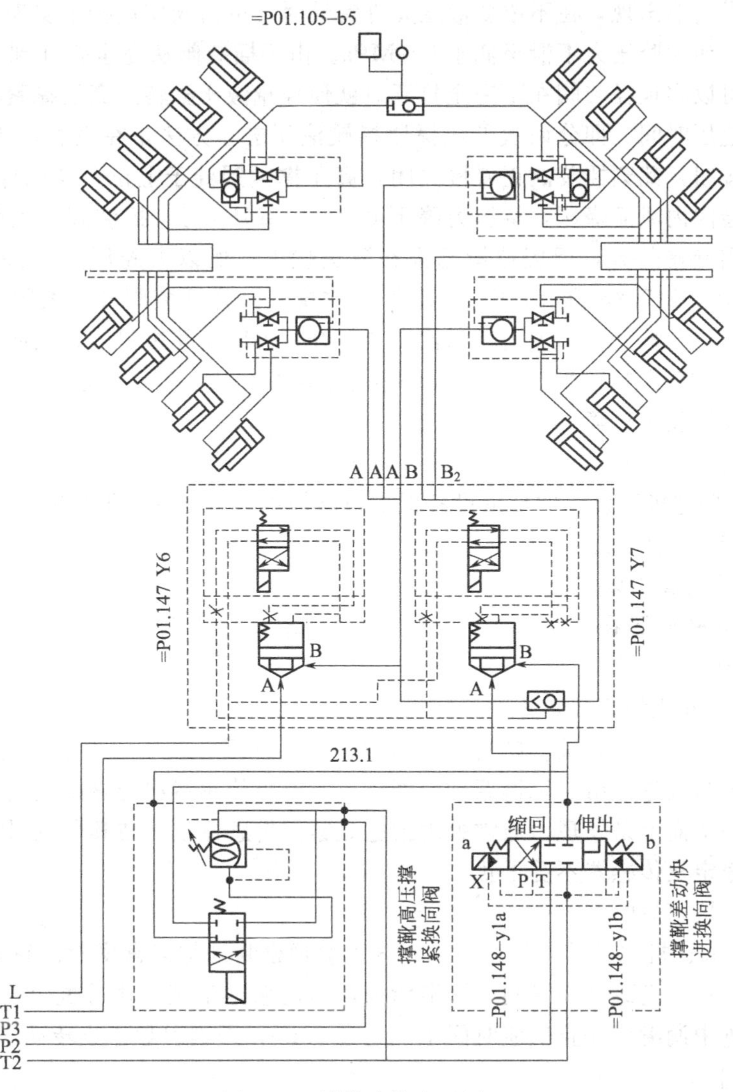

图 6-99 撑靴动作液压原理

147-Y5 得电，P01-147-Y7 失电，K2 撑靴液压缸以“工进”高压撑紧工况撑紧在隧道壁上。我们知道，当撑靴撑在隧道壁上时，此刻液压缸大腔、小腔相通，且无液流流动，其压力亦即大腔的 18.5MPa。撑靴液压缸大腔液压锁在 P01-147-Y5 得电时是打开的，液压缸小腔与油箱相通，大腔与插装阀“A”口相通，但由于插装阀 213.1 逻辑口的“慢开慢闭”特性，此时插装阀尚未完全关闭，“A”口与“B”口仍是相通的，即液压缸大腔此刻亦与油箱相通，导致大腔与小腔同时卸压。当 PLC 监测到压力泄至低于 5.0MPa 时，从程序可知，PLC 指令又恢复低压撑紧状态，P01-148-Y1b 与 P01-147-Y7 得电，这就是上述现象中的“啪啪”两声，第一声为 P01-147-Y5 得电，第二声为 P01-148-Y1b1 得电。正常情况下，当外 K 撑靴压力大于 18.5MPa、撑靴转入高压撑紧工况时，其撑靴压力也会迅速降至 14.0MPa，再升高到 25.0MPa 的高压撑紧状态。分析认为，这是因为插装阀开闭时间所影响，另外有时也发现当外 K 关闭一对撑靴再撑紧时，这种现象就时常出现。因为关闭一对撑靴后，液压缸大腔从插装阀泄流流量不变，但撑靴压力会下降更大，所以，更易使压力在插装阀关闭时间内卸至低于 5.0MPa。

要避免这类情形出现，在不改变液压元件特性时，可由操作途径来实现，即在插装阀完全关闭时间内，使大腔压力不泄至低于5.0MPa。由于插装阀从完全打开到完全关闭时间已无法改变，但可以实现插装阀在不完全打开时就使撑靴液压缸转入高压撑紧状态，从而缩短液压缸大腔的泄压时间，即分两次低压撑紧撑靴液压缸。方法是在大腔压力接近18.5MPa时，松开撑紧按钮，此刻插装阀正慢慢关闭，高压撑紧阀处于上位，低压撑紧阀处于中位，液压缸压力只会因内泄而降压，待压力降下0.2～0.3MPa时，插装阀已关闭，再按撑紧按钮，此时插装阀慢慢打开，但因撑靴已撑在隧道壁上，所以大腔压力很快达到18.5MPa，PLC控制器使P01-147-Y5得电，P01-148-Y1b失电，这样插装阀开始关闭，由于插装阀逻辑口的“慢开慢闭”特性，阀关闭时间比完全打开再关闭时间短得多，从而实现大腔压力不会降到5.0MPa，然后转入“工进”高压撑紧。实际操作中，这种方法非常有效。

(2) 掘进保护显示故障

[故障现象]

TB880E型掘进机所设置的推进设备保护措施掘进时常出现以下故障。

① 压力低于设定压力。

② 夹紧缸压力高于设定压力。

③ 后支撑立柱缸下滑。

④ 后部锚杆机悬臂伸出。

⑤ 外K偏斜超出设定要求。

通常情况下①、②、③很容易发现，因为从指示灯闪烁或压力表上均可看出，但是④、⑤不易发现，因为掘进中由于机器振动，而④、⑤所用传感器均为磁感式位置传感器，其指示灯常只闪烁一下而不易发现。通常处理措施是紧固传感器或清洁其所测对象，以使其在掘进中位置相对稳定及传感器不受干扰。

(3) 脂润滑堵塞故障

TB880E型掘进机主轴承旋转密封采用3道唇形密封外加迷宫密封的密封方式，同时往迷宫密封内均匀注入高黏度润滑脂，润滑脂采用自动泵送形式，由分配器分配至各注油口，设计要求在掘进中润滑脂停止供应时间不能超过3min，否则刀盘停止转动。

[故障现象]

常见情形是润滑脂遭污染后，泵送压力持续升高，一般压力可达21.0MPa，这时主机操作室故障显示器上显示脂润滑故障。

故障诊断与排除

根据脂分配工作原理，脂分配的任一输出口堵塞后均不能正常工作，导致泵送压力升高，通常的查寻方式是从第一级分配器开始，但不应忽略的是一级分配器的三个输出口均有单向阀，当脂进入弹簧腔时，污染物如砂粒等很容易积在弹簧内，卡住弹簧导致单向阀不能正常工作。检查完单向阀后，则应逐一打开三个输出口，并泵送脂，检查输出及压力是否正常，如该分配器已堵塞，应清洗或更换。实际工作中常常是一级分配器之输出口单向阀内污物卡住弹簧，很少遇到分配器本身活塞卡住。

(4) 后支撑出现“软腿”或“掉腿”情形

[故障现象]

操作TBM掘进机换步时，须监测后支撑立柱缸压力及撑靴压力是否正常。如撑靴压力在放下后支撑、撑出撑靴时，操作面板上撑靴指示灯未亮，则称之为“掉腿”；如立柱缸压力在后支撑放下后压力一直下降，称之为“软腿”。

故障诊断与排除

①“掉腿”现象：从液压图上可看出，由于换向阀Y型中位机能，液压锁两先导油口均接至油箱，没有打开的可能，所以问题应在8.0MPa压力传感器或其油路上。处理时，拆下传感器上所接微型软管，如有液流射出，则说明管路无堵塞，再将其与传感器牢固接上，如此时故障消失，则说明原因是传感器接头未被打开；如故障仍然存在，则为传感器故障，应更换传感器。实际操作中通常是传感器与微型软管接头稍有松动而未能打开单向阀所致，可能是由于机器振动及微型软管上单向阀顶杆稍短，造成稍一松动即不能打开单向阀而使压力传感器失去信号。

②“软腿”现象：从后支撑液压图可以看出，当立柱缸伸出直至设定压力后，由于液压锁的锁定作用，同时由于换向阀的Y型中位机能，使液压锁先导油路均为零压而不能打开液压锁，由于液压缸内泄也不能形成快速降压，故液压缸内泄的原因也可排除。处理时须首先排除液压锁的原因：堵住液压锁进油口，如发现故障依旧，则应另找原因。从液压图可看出，立柱缸大腔液压锁上还有一出油口，即测压口，将测压口堵住，再将立柱伸出，发现故障消失，可知是测压油路上有外泄现象。分析认为，由于现场从液压锁上引出的测压油管长12m，接至主机中部平台的集束软管接头，再接入操作室中，且中部平台区油管繁多，油垢积淀严重；加之测压油管很小，处于中部平台许多粗大油管包围之中，容易损坏；油泄漏量小，不易发现；所以实际操作中的“软腿”现象，很大程度上由此而得。

（5）水冷器件出现温度超高情形

TB880E掘进机的水冷器件均采用电磁水阀控制水路开关，其中包括润滑油冷却系统、电动机变速箱冷却系统、主泵站油冷却系统、3#带机泵站冷却系统。常见情形是，当TBM使用期长达一年以后，就会断断续续出现部分系统在水冷电磁阀打开后，冷却效果不明显，即使清洗冷却水套后效果仍不理想。分析认为是由于水质较硬，造成电磁水阀弹簧腔中积垢，使弹簧工作不正常所致，掘进中临时处理措施是敲击水阀弹簧腔，效果明显。

6.12 叉车故障诊断与维修

6.12.1 CPCD50型叉车动力换挡变速器常见故障的诊断与维修

大、中吨位的内燃叉车和轮式装载机通常由液力变矩器和动力换挡变速器组成动力系统，以满足道路条件、工况负荷变化及前进、后退和停车的要求，并依靠湿式摩擦离合器或制动器的接合与分离进行换挡，现以CPCD50型叉车采用的多片湿式离合器常啮合齿轮半自动液压换挡变速器为例，分析其常见故障。

（1）变速器挂不上挡故障的诊断与修理

① 若挂挡时不能顺利挂入挡位，应首先查看压力表的指示压力，如挂空挡时压力低，则可能是液压泵供油压力不足，可拔出油尺检查油面高度；当油位符合标准时，可检查液压泵传动零件的磨损程度及密封装置的密封效果，因为如果液压泵油封及过滤器接合面密封不严，则会吸进空气，使液压泵供油压力过低。此时，应先拆检过滤器及液压泵，若液压泵及过滤器良好，则应查看变速压力阀是否失灵、变速操纵阀阀芯是否磨损，然后将阀拆下，并按规定进行清洗和调整。

② 如果空挡时压力正常、挂挡时压力过低，则可能是湿式离合器供油管接头、变速器第一轴和第二轴分配器以及离合器液压缸活塞的密封圈密封不严而漏油。应拆下动力换挡变

速器，更换已损坏的密封圈。

③ 若发动机转速低时而压力正常，转速高时却压力降低或压力表指针跳动，此现象一般是因油位过低、过滤器堵塞或液压泵吸入空气造成的，应分别检查及排除。

④ 若不是挂挡压力不够的原因，则应检查制动滑阀的工作情况。即将制动滑阀解体，检查滑阀是否有卡死现象，或校验回位弹簧的弹力；当弹簧弹力不足时，应更换。

⑤ 若上述检查的结果均正常，但变速器仍挂不上挡，则应检查制动皮碗、制动滑阀与操纵阀体孔的配合间隙，必要时应更换皮碗或研磨制动滑阀。

（2）变速时挡位脱不开的故障诊断与修理

启动发动机，变换各挡位，检查是哪个挡位脱不开，以确定应该检修的部位。拆开回油管接头，吹通回油管路，连接好后再检查挡位分离情况是否有所改进。如仍不奏效，则须拆开离合器，检查弹簧力是否合格，并根据情况予以排除或调整；检查摩擦片烧蚀情况，如烧蚀严重则应更换；检查活塞环是否发卡，如发卡，应修复或更换；检查离合器毂内腔是否被离合器活塞拉伤了，如已拉伤应予以修复。

（3）动力换挡变速器挂挡后主机运行乏力

① 首先检查换挡压力表指示是否为1.2MPa，如果压力未达到此值，应检查动力换挡操纵油路系统（油箱、变速器壳体、液压泵、过滤器、流量控制阀等处接头和油管）是否有严重泄漏处；检查油箱中的油位是否正常、油液是否变质、液压泵输出压力是否达到规定值，以及过滤器和油管是否堵塞。

② 当换挡压力达到标准值后，变换各挡位，观察主机是否可运行。如果主机在各挡位均不能行走，则是主油路的压力油未进入各挡离合器所致，即可能由于断流阀中制动滑阀未运行到位；由于弹簧失效、折断，皮碗变形或者油液脏污，使滑阀发卡；长期使用后未及时保养，使换挡操纵阀阀内进油道堵塞，高压油无法流至各离合器，因此实际上并未挂上挡，但表面上滑阀已移动，给人以“挂上挡”的错觉。此时，应拆下进油管接头，用高压空气吹通油道，同时移动换挡滑阀，即可排除故障。

③ 如果挂上某一挡后，主机难以行走，则可能是该挡离合器摩擦片磨损严重，密封圈损坏、活塞环磨损严重、离合器自动排油阀密封不严、管路堵塞、换挡滑阀磨损严重或各接头处漏油等原因造成压力下降所致。首先应检查是否外漏严重，然后向该系统通高压空气以疏通管道。如仍不奏效，须拆检换挡操纵阀，检查是否存在滑阀磨损严重和定位装置损坏等故障。待换挡操纵阀装复后再进行挂挡检查。

（4）变速器操作压力过低的故障诊断与修理

① 首先检查变速器油底壳中油量是否正常，若不足应加注至规定油位。

② 若变速器油底壳中过滤器严重堵塞，会造成液压泵吸油不足，应适时清洗滤网；若操纵阀至换挡离合器油路中的过滤器堵塞，应清洗或更换滤芯。

③ 检查主油道是否漏油、接合面是否密封不严。应修复及更换密封件。

④ 调整挂挡压力阀，使压力达到规定值（一般为1.2MPa）。如果调压失效，应拆检压力阀：检查弹簧是否失效或折断，滑阀是否发卡，按需要进行更换、清洗和排除。

⑤ 检查转向（变速）泵是否有故障。可拧松该泵出油管接头，使之渗出油液，观察在发动机低速及高速情况下渗油量的变化，若渗油量变化显著，表明转向（变速）泵无故障；若渗油量变化不大，说明该泵有故障，应拆检该泵，即检查齿轮泵壳体的磨损情况、各密封件是否可靠，并根据情况予以排除。

（5）变速压力过低的故障诊断与修理

此种情况下，一般不必检查转向（变速）齿轮泵及其主油路各元件，也不必检查换挡（变速）操纵阀，只要检查从操纵阀至换挡离合器的油路及接合部位是否有严重泄漏处，然后根据情况排除即可。

其次，应拆检该挡的换挡离合器，即检查其各密封圈是否失效，活塞环是否磨损严重，离合器毂是否有裂纹、砂眼等缺陷，因为上述缺陷和不足会导致严重漏油，从而造成变速压力过低。

(6) 变速器自动脱挡或“乱挡”的故障诊断与修理

① 检查定位装置是否有故障，即可通过用手扳动变速杆（前进、后退和空挡等几个位置）的感觉进行初步判断。如变换各挡位时手上无明显阻力感觉，即为定位装置失效，应拆检；如变换挡位时有明显的阻力感觉，即为正常。

② 检查是否是由换挡操纵杆引起的故障时，可先拆去换挡操纵杆（换挡操纵阀）与换挡操纵杆的连接销，再用手拉动换挡操纵阀（换挡操纵杆），使换挡操纵阀的滑阀处于空挡位置；将操纵杆扳至空挡位置，经调整合适后再将其连接起来。

(7) 变速器有异常响声的故障诊断与修理

① 首先检查变速器壳体内的油液是否足够，若不足，则应加注至预定位置。

② 采用变速听诊法判定故障源：在齿轮、轴承和花键轴所在部位的外壳处进行听诊，若异响为清脆较轻柔的“咯噔、咯噔”声，则表明轴承间隙过大或花键轴松旷。确定故障源后，进行解体检修。

6.12.2　叉车常见故障诊断与维修

(1) 叉车制动系统常见故障的诊断与修理

叉车的制动大多采用液压或真空增压制动系统。工作中需要制动时，驾驶员踩下制动踏板，通过传动机构带动制动总泵活塞动作，输出低压制动液，从总泵出来的低压制动液进入真空增压器，增压后进入制动分泵，分泵活塞推开制动蹄片实现车轮制动。

由叉车制动系统的构成可知，出现故障后可从以下几个方面查找原因：①直接产生制动力矩的制动器，即机械部分。②对制动器施加作用力的液压机构。③液压助力的真空增压器。④工作介质即制动液。常见故障的现象及诊断如下。

① 制动踏板阻力大，制动不良

故障与诊断

叉车制动时，制动踏板沉重，但仍可用较大的力进行制动，此类现象属于典型的真空增压器工作不良。

制动液消耗量大。当踩下制动踏板时，发动机转速加快，并从排气管排出异味的烟，制动效能大大下降。此类现象属真空增压器有内漏，造成发动机烧制动液。

故障排除

a. 解体后，全部金属零件应用溶剂洗净并擦干，通道和凹槽应用压缩气吹净。橡胶制件应用酒精或制动液清洗，不得接触矿物油。

b. 检验真空阀和空气阀及其阀座，不应有槽纹及阀门破裂现象。

c. 橡胶膜片破裂或弹簧损坏、弹力不足时，应予更换。衬垫、软管破裂应更换。

d. 空气阀内孔不应有刮伤、锈蚀现象，轻微的可用细砂纸打磨，再用清洁的棉布抛光。

e. 带膜片的推杆，如有磨损应镀铬修复，有挠曲应予校正。推杆在辅助缸内应保持滑动自如，松紧适度。

f. 辅助缸内不应有磨损、刮伤现象，活塞不应磨损。来回滑动应灵活，间隙合适，动力缸内不应有明显的磨损现象，否则应更换。在分解过程中，如发现动力缸前的真空室内有制动液，应着重检查动力缸活塞同缸体的配合间隙。

g. 真空增压装合后应作真空密封试验。

② 制动失灵

[**故障现象**]

叉车在作业时，需制动减速，踏一次或几次制动踏板且均踏到底，但都不起制动作用。

故障诊断与排除

a. 虽然液压制动系统在理论上是密封的，但在事实上，如果停放较长的时间后，制动液因蒸发而减少，这时往往要连续踏好几脚才起作用。为防止事故，每次出发前检查一下制动液和制动性能。

b. 制动系统中有细微渗漏的地方，但并不严重，因此在短时间内没有什么影响。有较长的时间未踏制动踏板，制动系统中制动液便减少，必须踏好几脚才起作用。修理的方法是在停放较长的时间后，仔细检查渗漏处，加以阻止。

c. 制动总泵液压阀渗漏，应予更换。如制动管中有空气存在，应进行“放气”工作。

③ 制动跑偏

[**故障现象**]

叉车在制动时向一侧跑偏，两侧拖印不一致。其直接原因是左、右两侧车轮的制动力矩不一致。

故障诊断与排除

用路试法检查制动跑偏情况，查明制动效果不良的车轮。拖印短或没有拖印的车轮，即为制动失效的车轮。然后对该车轮制动装置从液压和机械两个系统逐项检查，先查看油管有无变形、破裂或堵塞；油箱接头有无松动；制动系统内是否有空气。若以上检查均正常，再拆检制动器，如制动分泵的皮碗及活塞有无失效、过度磨损或损坏；制动毂与制动蹄的间隙是否过大，制动蹄表面是否有油污、硬化层或铆钉露头，两侧气压是否一致；个别车轮制动器是否进水。

查找出故障原因后，再根据具体情况进行检修。

④ 制动迟滞

[**故障现象**]

踏下制动踏板时感到阻力大，踩不下去，即感到制动踏板又高又硬，行走困难，行车无力，并伴有制动毂过热现象。

故障诊断与排除

首先检查制动踏板有无自由行程，若有，则踏下制动踏板后慢慢抬脚，从储液罐中观察其回油状况，若不回油，说明自由行程过小或回油孔阻塞，同时观察踏板是否回到原位，如回不到原位，须用脚钩起踏板才能复原，表明回位弹簧过软、折断或脱落；或踏板轴缺油或锈蚀。若以上检查均良好，可用手触摸各制动毂，若全部制动毂都过热，则应踏下制动踏板，任意选一个制动分泵做放油检查，放油后若全部迟滞消失，则故障在总泵内，应拆检总泵。若用手检查车轮制动毂时只有一侧制动毂发热，则可将两前轮顶起。即在门架底部垫适当厚度的垫木，将门架前倾至最大，即可顶起前轮，挂挡转动车轮，若该侧车轮转不动或转动困难，说明该车轮的制动器有故障，应拆检并排除故障。

⑤ 仅踩一次制动踏板，制动器不动

[故障现象]

叉车作业中，仅踩一次制动踏板，制动器不动；须连踏三四次制动踏板才起制动作用。

故障诊断与排除

先检查踏板自由行程是否过大，若过大应将其调整适当。再检查制动蹄与制动毂间隙是否过大，若磨损超量，间隙无法调整，应及时更换刹车蹄片。若以上检查均正常，应拆检总泵，排除总泵回油开关关闭不严或损坏造成的影响。

除已分析的原因外，制动液选择不当也是诱发上述常见故障的原因。尤其在夏季，当叉车在高温下连续作业时，挥发性大、黏度低的制动液极易产生气阻和发生泄漏，导致制动系统故障。

(2) 叉车行走部分常见故障的诊断与修理

在港口装卸作业中，叉车是使用较频繁的机种之一，其行走部分经常出现一些故障。叉车行走部分的故障，多数是由于该部分变速箱故障所引起的。该叉车采用动力换挡变速箱，变速箱与液力变矩器相连接，采用多片湿式摩擦离合器，换挡离合器采用液压操作。图6-100为CPCD3L型内燃叉车行走液压操纵系统原理，从液压泵1出来的工作油经压力阀5调定压力为135～150N/cm^2，进入操纵阀2。当操纵阀杆处于前进位置时，工作油进入前进挡离合器3，使离合器主、从动摩擦片接合，传递转矩。当操纵阀杆处于后退挡位时，工作油进入后退挡离合器进行制动时，各离合器的工作油从操纵阀的回油通道流回油箱，前进挡和后退挡离合器在回位弹簧作用下恢复原位。离合器的主、从动摩擦片分离。下面以CPCD3L型叉车的动力换挡变速箱为例进行故障分析。

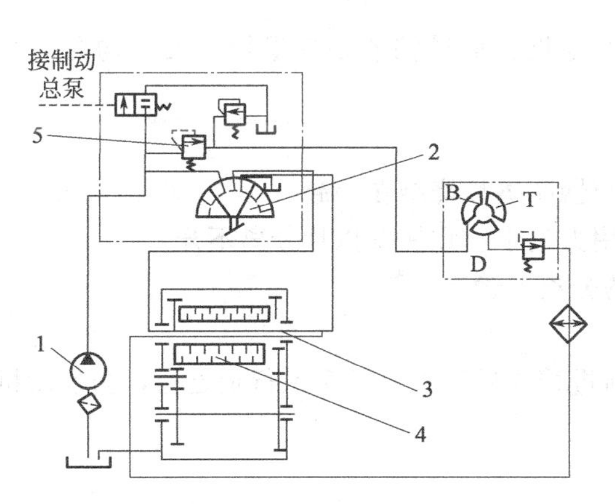

图6-100 CPCD3L型内燃叉车行走液压操纵系统原理

1—液压泵；2—操纵阀；3—前进挡离合器；4—后退挡离合器；5—压力阀

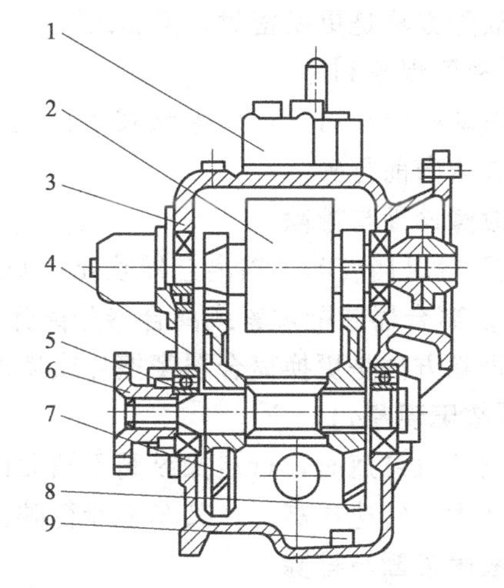

图6-101 变速箱结构示意图

1—操纵阀；2—输入轴；3—变速箱壳；4—变速箱盖；5—输出轴；6—连接盘；7、8—齿轮；9—磁铁

[故障现象1]

行走操纵阀手柄无论是扳到前进挡或是后退挡，叉车行走部分均不动作，即挂挡后不走车。

故障诊断与排除

① 变速箱液压泵过滤器堵塞或进油管路堵塞。排除方法是清洗过滤器和变速箱及油底

壳或取出进油管路中的异物。

② 离合器压力低（低于 60MPa）、打滑，变速箱油路系统的正常压力应为 135～150MPa。排除方法是更换液压泵或调整压力阀。

③ 图 6-101 所示的变速箱输出轴 5 花键磨损，连接盘 6 的内花键磨损，引起连接盘打滑，动力输不出。排除方法是换花键轴或换连接盘。

④ 图 6-102 所示联轴器 5 的连接盘用连接螺栓脱落。排除故障的方法是更换连接盘的螺栓。

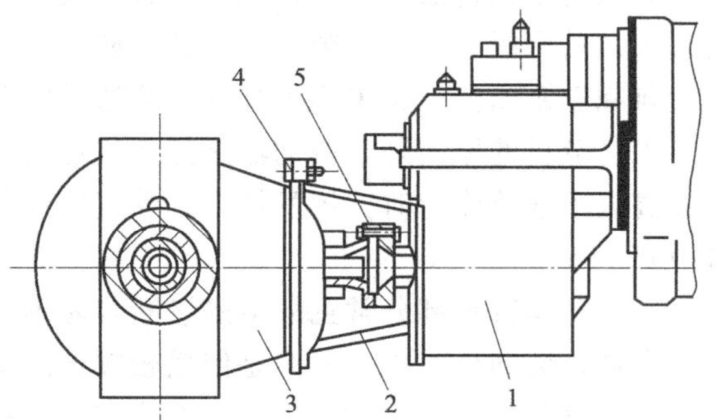

图 6-102　变速箱与主减速器连接形式
1—变速箱；2—连接壳；3—主减速器；4—连接螺栓；5—联轴器

[故障现象2]

当将行走操纵阀手柄扳到前进挡或后退挡，叉车只能前进，不能后退，或只能后退、不能前进。

故障诊断与排除

① 后退挡离合器或前进挡离合器摩擦片变形或压紧力不够，从而引起离合器打滑。排除故障的方法是更换后退挡或前进挡离合器的摩擦片。

② 后退挡或前进挡离合器液压缸活塞密封环磨损过大，或“烧死”失掉弹性。排除方法是更换活塞密封环。

③ 新出厂或大修后组装的叉车，也有可能是变速箱油孔与油箱之间密封不良、漏油。排除故障方法是更换密封，重新组装。

[故障现象3]

发动机启动后，行走操纵阀手柄无论是挂在空挡、前进挡或是后退挡，叉车均向后行驶，或均向前行驶。

故障诊断与排除

① 后退挡或前进挡离合器咬死；变速箱离合器摩擦片烧结在一起。

② 离合器装配过紧或离合器分离弹簧的作用力过小，致使摩擦片分离不开。

排除方法是更换离合器摩擦片或换离合器的分离弹簧。

[故障现象4]

发动机怠速时，行走操纵阀手柄无论挂在前进挡或后退挡，叉车都行走乏力，当发动机油门加大、转速提高时，叉车不能行驶。

故障诊断与排除

通向行走液压泵的进油软管被卡瘪，发动机怠速时致使液压泵流量不足，使叉车行走乏力；发动机油门加大、转速提高时液压泵吸空。

排除故障的方法：行走液压泵进油软管在从变速箱到液压泵吸油口之间的一段是容易被夹瘪的部位，在软管的这部分应套一根蛇皮管，以防止拐弯处软管夹瘪。

另外，在行走液压泵进油口与变速箱底部油管的连接处，往往由于软管卡扣没有紧固，一旦进去空气也会造成液压泵吸空，使叉车行驶乏力。

(3) 叉车转向系统常见故障的诊断与修理

[故障现象1]

方向盘游动间隙过大。

故障诊断

方向盘的游动间隙（以下简称游隙）。叉车停放在地面上，两转向轮相对于车身应正直，在车轮不发生偏转，方向盘从左转极限位置到右转极限位置转过的最大角度，就是方向盘的游隙。

装用齿条齿扇循环球式转向器和装用球面蜗杆滚轮式转向器的1t内燃叉车，游隙不超过10°，在方向盘上的弧长应不超过35mm。

方向盘游隙过大是转向系统各配合件配合间隙过大、松旷在方向盘上的综合反映。排除故障时首先应分清是转向器还是转向传动系统的原因造成的。区别方法是：注意观察转向器的摇臂，稍打动方向盘，方向盘转动大于10°，摇臂即随之摆动，而车轮并未见偏转，说明转向器良好，转向传动系统有问题。反之，打动方向盘，摇臂不动，说明转向器有问题。

转向器造成游隙过大的原因：

① 方向盘与转向轴固定不牢；柔性联轴器两端花键与花键轴固定不牢靠，如紧固螺母、螺栓没上紧及花键磨损等。

② 蜗杆（螺杆）两端的滚锥轴承松旷。

③ 滚轮两侧严重磨损，引起滚轮轴向间隙过大。

④ 蜗杆（齿条）与滚轮（齿扇）啮合间隙过大。

⑤ 摇臂轴轴承磨损松旷。

转向传动系造成游隙过大的原因：

① 摇臂与摇臂轴花键配合松旷。

② 球销与球碗配合松旷。

③ 球头销锥柱面与锥孔配合松动。

④ 轮毂轴承松旷。

⑤ 横直拉杆上的锁紧螺母扭紧力不够，会造成拉杆连接部位松旷，影响游隙。

在机械的使用过程中，造成方向盘游隙过大、转向传动系统出问题的时机和部位都常多于转向器，且转向传动系统的松旷对游隙的影响也更明显。

[**故障现象2**]

转向沉重。

转向沉重是目前转向系统采用非液力无助力转向的一个普遍现象。但在这里讨论的转向沉重不是指由于结构设计上的原因造成的转向沉重，而是指由于使用不当，修理、保养不及时、不恰当造成的转向沉重。

故障诊断

① 蜗杆（螺杆）两端轴承预紧力过大。

② 转向器内缺油、油变质、有水、锈蚀。

③ 蜗杆与滚轮、齿条与齿扇啮合间隙太小。

④ 横拉杆、直拉杆各运动配合件（如球销与球碗）装配过紧，缺少润滑油等。

⑤ 转向节主销处滚针轴承或平轴承及止推轴承润滑不良。

⑥ 扇形板及轴锈蚀。

⑦ 轮胎气压不足。

转向传动系统保养应注意的问题：

① 横、直拉杆一定要调整到本车说明书规定的长度。

横、直拉杆长度符合说明书规定的尺寸是保证转向系统正确安装、正常工作的前提。如直拉杆太长或太短，容易造成某一方向转向不足。如横拉杆长度不当，在转向过程中，两转向轮的转向中心偏离更大，加速轮胎磨损，使转向沉重。

② 横、直拉杆在保养时三个部位应上紧。

横、直拉杆在叉车的使用过程中各部松旷是常见现象，而它对方向盘游隙过大又有直接影响。这些紧固件松旷与我们修理、保养时没扭到规定转矩有关系，在这特别提出三个部位：a. 在拉杆长度合适后，或装车以后固定拉杆长度的锁紧螺母应按说明书规定转矩上紧。一般 1t 叉车横拉杆锁紧螺母扭紧力矩为 20～30N·m；直拉杆锁紧螺母扭紧力矩为 30～40N·m。b. 球销与球碗（座）的配合要稍紧。上紧到球销带上螺母用手力捏住螺母能顺时针转动，但有明显阻力为好。c. 球销锥柱面与锥孔处应上紧。上螺母前应检查（锥销抵紧锥销孔）锥销上端面与锥孔上端面之间应有 2mm 左右的距离，以保证球销锥柱面与锥孔可靠地紧固。如两平面已接近平齐，则应在锁止螺母下方加一大孔平垫片，该螺母的扭紧力矩一般为 80～100N·m。

③ 转向摇臂与转向摇臂轴的连接。

摇臂与摇臂轴连接前，两横拉杆应按规定要求装在车上，直拉杆与摇板一端连接好，两转向轮处于正直行驶位置，方向盘居于中间位置，确切地说，应是齿扇（滚轮）在齿条（蜗杆）中间位置啮合。找中间位置的方法是：方向盘从左转极限位置转到右转极限位置，其方向盘转过的总圈数的一半即方向盘的居中位置。连接摇臂轴与摇臂时一般不能改变已调整合适的直拉杆长度，装配中摇臂轴外花键与摇臂内花键恰错半个花键齿，可少许晃动方向盘，以便于装入。摇臂与轴连接完毕，应检查摇臂轴与摇臂之间在打动方向盘时是否有相对转动，如有相对转动，应查明原因，予以紧固。

④ 方向盘的安装。

方向盘的安装应保证叉车正直行驶时齿条与齿扇或滚轮与蜗杆处于居中位置啮合，还应保证方向盘上的方向手柄处于左手便于操作位置。

(4) 叉车常见故障的诊断与修理

叉车作为一种机动灵活的运输工具，在现代生活中的作用不容忽视，尤其是在港口、铁路、仓库、货场等货物周转、存储部门，叉车的作用就更加重要。由于这些场所使用频率高，作业强度大，工作环境恶劣，日积月累，叉车难免会出现一些故障，如不及时排除，势必影响运行安全及日常作业，给用户带来损失，也会大大缩短叉车的使用寿命，因此在日常使用中对出现的故障正确地分析判断，合理地进行检修保养势在必行。

下面就叉车常见的故障进行逐一分析，并介绍相应的判断排除方法。

[**故障现象**1]

叉车不行走或车速慢。

故障诊断与排除

一般出现这种现象是工作系统供油方面出现问题，应逐一分析。

① 变矩器油位低：查看油位，过低时加油。

变矩器油位应是叉车怠速运转时，油面位于油尺两标记之间，太高会引起油温升高，车速慢，燃油消耗高，太低会引起叉车行走无力，转向沉重。加油种类：8 号液力传动油，也可用 22 号透平油或变压器油代用。

② 低压油管折弯、进油不畅：查看油管，予以顺直。

③ 制动滑阀不回位：重新研磨制动滑阀或更换回位弹簧，判断制动滑阀是否卡死，可将柴油机熄火，连续踏制动踏板，同时仔细听变速箱操纵阀，如无滑阀运动到位的冲击声，

则滑阀卡死，也可将三通接头拆下，手推制动踏板观察滑阀的运动情况。

④ 换挡阀杆不到位：重新调整，如果挂挡阀卡死，取出有困难，可先取出弹簧，再将调节螺栓拧进7～10mm，启动柴油机后3～5s，滑阀即可退至螺杆处，取出后视情况适当研磨或更换。

⑤ 过滤网或过滤器堵塞：清洗过滤网和过滤器滤芯。

拆检后如发现过滤网或过滤器滤芯被堵，清洗方法是：先在汽油里反复刷洗，再放入干净的汽油中浸泡5min，取出后，用压缩空气吹遍滤芯表面，再在汽油中洗净。

⑥ 变速箱轴头密封环损坏，轴头工艺孔螺塞脱出，出现内漏：判断变速箱挂挡油路是否出现内漏，在变速箱油位达到规定时，可拉紧手制动，挂上某个挡位，踏油门踏板，使柴油机慢慢由低速向高速过渡，同时观察中间传动轴，如果中间传动轴在柴油机加速过程中，由静止变为转动，则证明离合器打滑，挂挡油路有内漏，需更换密封环。

⑦ 离合器传动盘螺栓松动、密封圈损坏、摩擦片烧毁：紧固传动盘螺栓，更换密封圈，更换摩擦片。判断离合器是否烧毁的方法：如果叉车在空挡时也行走，即摘不下挡时则证明该挡离合器烧毁，一般为倒挡离合器容易出现这种故障，有时一、二挡车速慢，并且柴油机负荷较大，而倒挡则行驶正常也是离合器烧毁的表现。有时挂前进挡叉车也倒行。

[故障现象2]

转向沉重。转向系统油路不畅，就会发生转向沉重。

故障诊断与排除

首先观察液压油量是否充足，以及转向轮胎压力是否过低，不够时给予添加和充气。

以下就系统元件可能出现的问题进行判断分析。

① 流量控制阀卡死：安全阀钢球密封不严，阻尼孔堵塞。

具体排除方法：首先检查阀芯是否卡死，用0.5mm粗的细钢丝检查阻尼孔是否堵塞。再检查阀芯钢球的密封性，必要时拆下球阀座检查孔内有无异物。如果要检查和调整压力又无试验台时，可在适当的位置接一压力表检查，正常的压力为7MPa，还有一个简单的判定方法是在干燥的水泥或沥青路面上原地转向，目测转向轮转角为30°左右即可。重新安装阀芯时千万注意不能装反，否则会使转向系统过载而损坏零件。

② 转向液压缸活塞密封圈损坏：拆卸转向缸，更换密封阀。

③ 转向杆与套卡住：检查、修理。

[故障现象3]

起升无力或不能起升。

故障诊断与排除

第一项检查的内容是油箱是否缺油，不足时添加，再检查液压泵进油管是否吸扁，如果吸扁，自然阻碍了液压油顺利进入起升缸，因而需要换油管，或在其内放置螺旋钢丝骨架。

上述两项没有问题时，需检查一下分配器，看其安全阀压力是否调得过低，再检查安全阀锥孔处是否有异物，影响其闭合。

① 分配器的检查与调整：叉车起升系统的工作压力定为超载20%时货叉离地但不起升为宜，压力过高容易发生危险，过低会影响起重量。系统压力可通过多路换向阀的调整螺母进行调整。压力定好后将防松螺母拧紧，当货叉不能起升时，可取出安全阀内的零件，检查并清除异物。工作油箱中的液压油，夏季选用20号机械油，冬季选用10号机械油，也可用20号低凝液压油及20号抗磨液压油代用。

② 起升液压缸活塞Yx型密封圈磨损，漏油过多：拆卸起升缸，更换Yx密封圈。

③ 液压泵齿轮及泵体磨损间隙过大：拆卸液压泵检查，更换磨损件及泵。

[故障现象4]

起升缸自动下滑，倾斜液压缸前倾。

故障诊断与排除

① 下滑、前倾同时发生表明是分配器内漏严重，按上面提到的方法检查、修理。

② 只下滑或只前倾表明是起升缸或倾斜缸本身出现漏油，这时就需拆检油缸，更换损坏的密封圈。

[故障现象5]

制动效果差。

故障诊断与排除

① 踏板踏空无力：先查看制动液油杯是否空着，不足时加满，其次检查制动总泵控制阀，如元件损坏，予以更换。

② 踏板不踏空时：

a. 可能是由于刹车毂与刹车片间隙过大所致，检查后调整间隙。

b. 检查真空泵真空度，如不够，检查各个接头，消除泄漏。

c. 检查增压器工作是否正常。

③ 分泵皮碗漏油——分泵皮碗损坏，更换皮碗。

制动系统的检测方法：

制动系统如果油杯内有油，并且制动踏板不踏空，且蹄片间隙合适而叉车制动效果仍差时，可先检查真空泵的真空度，以不低于600mmHg为宜。如有经验也可用手感简单判断，如真空泵正常，可令其工作1min后让发动机熄火，然后反复踏制动踏板，仔细听真空增压器内是否有“噗噗”声，若有则证明增压器动作灵活，也可在分泵管路上接一压力表检查分泵油压，一般在11～13MPa之间，如果低于该数值应检查增压器加力缸活塞皮碗是否损坏或分泵漏油。

制动液一般选用矿物型或合成型，不同型号制动液不能混用、混存，合成型制动液易吸水，注意密封。

(5) 故障树分析在叉车故障分析中的应用

故障树分析法是以故障树作为模型对设备系统进行可靠性分析的一种图形演绎方法，是对故障事件在一定条件下的逻辑推理方法。它围绕一个或一些特定的故障状态作层层深入的分析，从而清晰地表达出系统与部件的内在联系和部件故障的逻辑关系。由于故障树能把系统故障的各种因素联系起来，因此可找出设备系统的薄弱环节，提出补救措施，有利于提高设备系统的可靠性和安全管理。故障树图对不曾参与设备系统设计的管理维修人员是一个形象的管理及维修指南。

基于故障树分析法的上述特点，故障树分析法在港口用叉车等机械设备的故障分析中具有广泛的应用前景。下面介绍其应用实例。

① 故障分析　在港口作业中，叉车经常会出现行走乏力现象，甚至导致叉车不能正常工作。根据实际经验得知，这种现象往往是由于叉车变速器的故障引起的。目前在港口使用的叉车大部分是采用动力换挡变速器。所谓动力换挡变速器，是指在液力-机械传动系统中采用多片湿式摩擦离合器进行换挡的变速器，它与液力变矩器配合使用，换挡时不需切断内燃机传来的动力。换挡离合器一般用液压操纵。下面以目前港口普遍使用的CPCD-5型叉车的动力换挡变速器为例进行故障树分析。

在实际结构中，动力换挡变速器的换挡操纵液压油路往往与传动系统的液力变矩器冷却补偿油路和变速器的强制润滑油路组合在一起共用一个液压泵和油箱。图 6-103 所示为 CPCD-5 型叉车传动及转向系统的液压操纵系统。在这个系统中，除上述 3 个油路共用一个泵外，还与液压转向油路共泵。液压泵排出的压力油通过流量控制阀分流后，分别进入转向器、变速器换挡操纵、变矩器冷却补偿及变速器润滑系统。

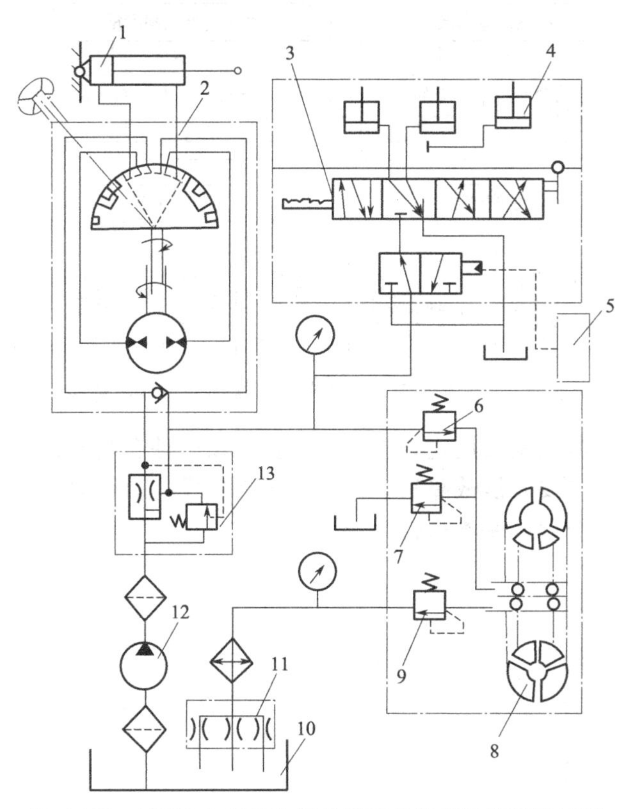

图 6-103 CPCD-5 型叉车传动及转向液压操纵系统原理

1—转向液压缸；2—液压转向器；3—变速器操纵阀；4—变速器换挡液压缸；5—制动阀；6、7、9—溢流阀；8—液力变矩器；10—变速器油底壳；11—润滑变速器摩擦元件；12—液压泵；13—流量控制阀

② 绘制故障树 根据对动力换挡变速器液压操纵系统工作原理的分析，以及对实际工作经验的总结作出图 6-104 所示的 CPCD-5 型叉车动力换挡变速器故障树，其中顶事件是动力换挡变速器运行乏力，边界条件是动力换挡变速器液压操纵系统设计合理和液压系统的管路连接正确，此边界条件不列入故障树。由图 6-104 所示故障树可看出，动力换挡液压操纵系统工作压力偏低是引启动力换挡变速器运行乏力的主要原因，而其他原因很少，在这里其他原因被作为不发展事件处理。由故障树还可看到引起系统工作压力偏低这一中间事件发生的底事件有 11 个。经分析，这 11 个底事件都是一个最小割集，也就是该故障树有 11 个最小割集。所谓割集，即一些底事件的集合。若要使顶事件不发生，即不出现动力换挡变速器运行乏力的现象，则应同时避免各个底事件的发生。也就是说，只要 11 个底事件中发生了一个就会导致动力换挡变速器运行乏力。而一旦出现动力换挡变速器运行乏力现象，便可依据此故障树对有可能发生的事件逐一分析，直至找出其原因，然后依据找到的原因对故障加以排除。实践证明，用故障树分析法对叉车动力换挡变速器进行故障分析是行之有效的，并取得了良好的实用效果。

若要对设备或系统进行故障树分析，建立合理的故障树，首先要在建树前对所分析的对

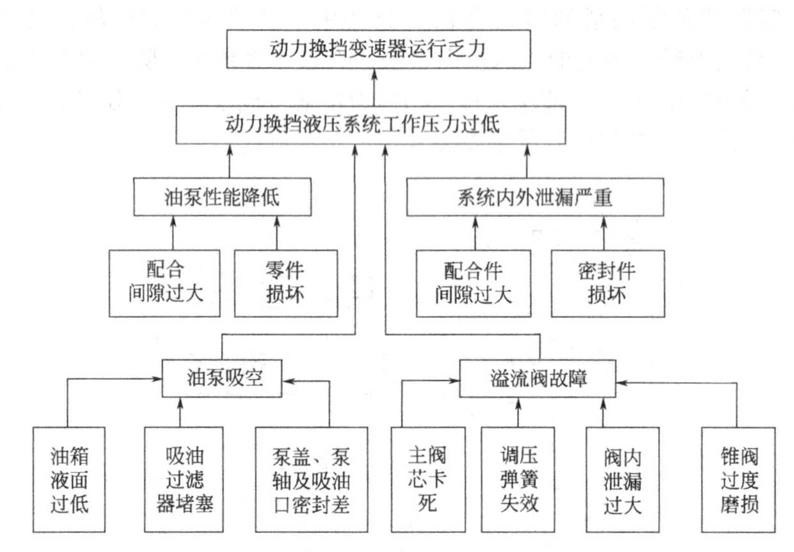

图 6-104　CPCD-5 型叉车动力换挡变速器故障树

象有深刻透彻的了解，其次就要确定顶事件，选择好顶事件有利于整个系统故障分析及改善系统可靠性。下一步就是要发展故障树，即由顶事件出发，通过对系统分析，逐级分解中间事件的直接原因，一直分解到基本事件为止。

参考文献

[1] 张青，宋世军，张瑞军．工程机械概论．北京：化学工业出版社，2009.

[2] 张青，张瑞军．工程起重机结构与设计．北京：化学工业出版社，2008.

[3] 中国建筑业协会建筑机械设备管理分会．建筑施工机械管理使用与维修．北京：中国建筑工业出版社，2002.

[4] 杨国平．现代工程机械故障诊断与排除大全．北京：机械工业出版社，2007.